国家自然科学基金项目资助

新一代 GNSS 卫星导航信号质量评估及其 MATLAB 实现

贺成艳　张兆林
王　伶　郭　际　卢晓春　著

西安电子科技大学出版社

内 容 简 介

卫星导航信号是空间段和用户段之间的唯一接口，因此卫星导航信号的优劣直接决定了卫星导航系统的服务性能。卫星导航信号质量监测评估技术作为卫星导航信号测试评估过程中的主要技术之一，已成为卫星导航信号监测评估领域的研究热点。

本书主要围绕卫星导航信号展开介绍，系统、全面地阐述了 GNSS 信号评估的基本理论、评估方法、评估判决指标和采用 MATLAB 进行仿真的具体实现方式等。本书具体包括 MATLAB 简介、卫星导航系统概述、信号调制方式和复用方式、信号功率特性评估、信号功率谱形特性评估、信号波形特性评估、信号调制特性评估、信号相关域特性评估、载波与伪码相干特性评估共 9 章内容。

本书适合作为本科高年级学生和研究生的参考书，也可以作为 GNSS/BDS 卫星导航信号接收处理和卫星导航系统性能评估等领域工程技术人员的参考书。

图书在版编目(CIP)数据

新一代 GNSS 卫星导航信号质量评估及其 MATLAB 实现 / 贺成艳等著. --西安：
西安电子科技大学出版社，2023.12
ISBN 978-7-5606-6925-0

Ⅰ. ①新… Ⅱ. ①贺… Ⅲ. ①卫星导航—全球定位系统—信号—质量—评估
Ⅳ. ①P228.4

中国国家版本馆 CIP 数据核字(2023)第 129844 号

策　　划　刘玉芳
责任编辑　刘玉芳
出版发行　西安电子科技大学出版社(西安市太白南路 2 号)
电　　话　(029)88202421　88201467　　　邮　　编　710071
网　　址　www.xduph.com　　　电子邮箱　xdupfxb001@163.com
经　　销　新华书店
印刷单位　陕西天意印务有限责任公司
版　　次　2023 年 12 月第 1 版　2023 年 12 月第 1 次印刷
开　　本　787 毫米×1092 毫米　1/16　印张　14.5
字　　数　341 千字
定　　价　50.00 元
ISBN 978-7-5606-6925-0/P
XDUP 7227001-1

* * * 如有印装问题可调换 * * *

前言

全球卫星导航系统(Global Navigation Satellite System，GNSS)通过在轨卫星发射下行导航信号来向全球用户提供定位、导航和授时服务(Positioning，Navigation，Timing，PNT)。目前，全球卫星导航系统已在关系国民经济建设和国家安全的诸多领域(如地理数据采集、测绘、救援、精准农业、地震监测、车辆监控调度和导航、航空航海、军事应用和大众消费等)被广泛采用并发挥着重要作用，成为现代化大国军事能量及综合国力的重要体现，越来越多的国家已经建设或正在建设自己国家的卫星导航系统或增强系统，如四大全球卫星导航系统(美国 GPS、俄罗斯 GLONASS、欧盟 Galileo、中国 BDS)、两个区域卫星导航系统(日本 QZSS、印度 NavIC)、星基增强系统(SBAS，主要包括美国 WAAS、俄罗斯 SDCM、中国 BDSBAS、欧洲 EGNOS、日本 MSAS、印度 GAGAN、韩国 KASS、非洲 A-SBAS 等)和地基增强系统(GBAS，主要包括 LAAS、JPALS、CORS、Locata 和伪卫星等)，卫星导航产业已逐步发展成为一个全球性的高新技术产业。

卫星导航信号作为空间段与用户段之间的唯一接口，其内在性能的极限直接决定了整个卫星导航系统的服务性能极限。随着卫星导航系统的飞速发展，新型 GNSS 信号出现了。相比传统的 BPSK 或 QPSK 调制信号，新型 GNSS 信号虽然有着众多优点，但其设计及实现过程复杂。虽然科研人员在设计新型 GNSS 信号时就非常重视其可靠性，但由于卫星有效载荷器件的非理想特性，实际播发的卫星导航信号不可避免地会产生某种程度的失真，从而会降低导航系统 PNT 的服务精度，严重时可能会导致灾难性后果。高精度和高可信的卫星导航信号质量监测评估技术，能够在第一时间及时准确地发现异常信号并快速告警，确保广大 GNSS 用户，特别是民航、海事等涉及生命安全等的领域的用户高效、可靠地使用导航系统提供的相关服务。

卫星导航信号质量监测评估技术作为卫星导航信号测试评估的主要技术，已成为卫星导航信号测试评估领域的研究热点。此外，随着北斗三号的组网成功，越来越多的学者关注卫星导航信号处理技术，我国高等院校乃至中小学也逐渐普及北斗卫星导航系统的相关知识。

本书主要围绕卫星导航信号展开介绍，系统、全面地阐述了 GNSS 信号评估的基本理论、评估方法、评估判决指标和采用 MATLAB 进行仿真的具体实现方式等。本书共 9 章。第 1 章主要介绍了利用 MATLAB 开展信号质量监测评估的基础知识，包括 MATLAB 中的向量、矩阵和范数，各种常用绘图方法、方程的求解和数据拟合方法，微分和积分中常用的具体计算方法及常见数据文件的读写方法等；第 2 章给出了四大全球卫星导航系统、两个区域卫星导航系统、星基增强系统(SBAS)和地基增强系统(GBAS)的主要情况介绍；第 3 章详细地介绍了卫星导航系统中常见的信号调制方式和复用方式；第 4 章至第 9 章分别介绍了信号功率特性、信号功率谱特性、信号波形特性、信号调制特性、信号相关域特性、载波与伪码相干特性的具体评估方法、评估指标及采用 MATLAB 进行仿真的具体实现方式。

本书作者在卫星导航信号接收处理方面有十多年的研究经历，近年来参与了多项北斗卫星导航系统重大专项关键技术攻关的信号质量监测评估工作。本书内容为作者多年工作经验的积累，综合体现了 GNSS 信号质量评估领域的一些前沿科技和研究成果。

本书内容丰富，题材新颖，理论与实践相结合，具有一定的深度，适合作为本科高年级学生和研究生的参考书，也可作为 GNSS/BDS 卫星导航信号接收处理和卫星导航系统性能评估等领域工程技术人员的参考书。本书提及但未予以充分展开讨论的想法、技术或研究方向，可以作为硕士生或博士生的研究课题。希望本书的出版能够为我国的 BDS 系统建设、服务性能评估及推广应用添砖加瓦。

本书在编写过程中参考了较多相关参考文献，在此特向这些文献的作者深表感谢。

由于作者水平有限，而且编写时间仓促，书中难免存在一些不妥之处，恳请读者不吝指正，意见与建议可发送至电子邮箱 chengyan_he@163. com。

作者于西安
2023 年 5 月

目录

第1章　MATLAB简介 …………………………………………………… 1

1.1　MATLAB概述 …………………………………………………… 2

1.2　向量、矩阵与范数 …………………………………………………… 2

1.2.1　向量 …………………………………………………… 2

1.2.2　矩阵 …………………………………………………… 3

1.2.3　范数 …………………………………………………… 4

1.3　绘图 …………………………………………………… 5

1.4　方程的求解 …………………………………………………… 11

1.4.1　多项式的展开与合并 …………………………………………………… 12

1.4.2　一般方程的求解 …………………………………………………… 13

1.4.3　方程组的求解 …………………………………………………… 13

1.5　数据的拟合 …………………………………………………… 14

1.6　微分 …………………………………………………… 17

1.6.1　泰勒级数展开 …………………………………………………… 17

1.6.2　左右极限 …………………………………………………… 18

1.6.3　渐近线 …………………………………………………… 19

1.6.4　导数与极值 …………………………………………………… 20

1.6.5　微分方程的求解 …………………………………………………… 20

1.7　积分 …………………………………………………… 21

1.7.1　常用积分方法 …………………………………………………… 21

1.7.2　Laplace变换 …………………………………………………… 24

1.7.3　傅里叶变换 …………………………………………………… 24

1.8　数据读写 …………………………………………………… 26

1.8.1　文件的打开与关闭 …………………………………………………… 26

1.8.2　文件的基本操作 …………………………………………………… 27

1.8.3　常见文件格式的数据读写 …………………………………………………… 29

第 2 章　卫星导航系统概述 …… 33
2.1　本章引言 …… 34
2.2　全球卫星导航系统 …… 37
2.2.1　GPS …… 37
2.2.2　GLONASS …… 41
2.2.3　BDS …… 45
2.2.4　Galileo …… 50
2.3　区域卫星导航系统 …… 53
2.3.1　NavIC …… 53
2.3.2　QZSS …… 55
2.4　卫星导航增强系统 …… 57
2.4.1　SBAS …… 59
2.4.2　GBAS …… 70

第 3 章　信号调制方式和复用方式 …… 77
3.1　本章引言 …… 78
3.2　主要调制方式 …… 81
3.2.1　BPSK-$R(n)$调制方式 …… 81
3.2.2　QPSK 调制方式 …… 82
3.2.3　BOCs 和 BOCc 调制方式 …… 83
3.2.4　MBOC 调制方式 …… 86
3.2.5　AltBOC 调制方式 …… 91
3.2.6　TD-AltBOC 调制方式 …… 94
3.2.7　ACE-BOC 调制方式 …… 96
3.2.8　TDDM-BOC 调制方式 …… 97
3.2.9　GMSK 调制方式 …… 98
3.2.10　GMSK-BOC 调制方式 …… 99
3.3　复用方式 …… 99
3.3.1　Interplex 复用方式 …… 100
3.3.2　CASM 复用方式 …… 102
3.3.3　多数表决复用方式 …… 103
3.3.4　POCET 复用方式 …… 106
3.3.5　DualQPSK 复用方式 …… 108

第 4 章　信号功率特性评估 …… 111
4.1　本章引言 …… 112

4.2 信号功率特性评估 …… 112
4.2.1 卫星信号功率特点 …… 112
4.2.2 卫星信号链路预算 …… 114
4.2.3 信号功率评估理论 …… 115
4.2.4 主要评估参数及评估指标 …… 120
4.3 MATLAB 实现 …… 122

第 5 章 信号功率谱特性评估 …… 125
5.1 本章引言 …… 126
5.2 信号功率谱估计理论 …… 127
5.2.1 功率谱估计理论 …… 127
5.2.2 常见功率谱畸变 …… 129
5.2.3 实测数据处理流程 …… 131
5.2.4 主要评估参数及评估指标 …… 132
5.3 MATLAB 实现 …… 133

第 6 章 信号波形特性评估 …… 141
6.1 本章引言 …… 142
6.2 信号时域特性评估理论 …… 143
6.2.1 时域波形数字畸变特性评估 …… 144
6.2.2 时域波形模拟畸变特性评估 …… 150
6.2.3 时域波形不对称特性评估 …… 152
6.2.4 信号时域畸变对相关函数的影响 …… 154
6.2.5 实测数据处理流程 …… 163
6.2.6 主要评估参数及评估指标 …… 164
6.3 MATLAB 实现 …… 164

第 7 章 信号调制特性评估 …… 169
7.1 本章引言 …… 170
7.2 信号调制特性评估理论 …… 170
7.2.1 传统 BPSK/QPSK 调制信号评估理论 …… 171
7.2.2 新型多路复用信号评估理论 …… 172
7.2.3 常见信号调制特性畸变 …… 174
7.2.4 实测数据处理流程 …… 178
7.2.5 主要评估参数及评估指标 …… 179
7.3 MATLAB 实现 …… 179

第8章　信号相关域特性评估 ………………………………………… 183
8.1　本章引言 ………………………………………………………… 184
8.2　信号相关域特性评估理论 ……………………………………… 186
8.2.1　信号相关函数曲线 ………………………………………… 186
8.2.2　评估理论 …………………………………………………… 191
8.2.3　主要评估参数及评估指标 ………………………………… 199
8.3　MATLAB 实现……………………………………………………… 200

第9章　载波与伪码相干特性评估 …………………………………… 205
9.1　本章引言 ………………………………………………………… 206
9.2　载波与伪码相干特性评估理论 ………………………………… 206
9.2.1　评估理论 …………………………………………………… 206
9.2.2　实测数据的处理流程 ……………………………………… 208
9.2.3　主要评估参数及评估指标 ………………………………… 209
9.3　MATLAB 实现……………………………………………………… 209

附录　缩略语 ………………………………………………………… 213

参考文献 ……………………………………………………………… 219

第1章

MATLAB简介

本章结合具体示例简要地介绍了MATLAB 中的向量、矩阵和范数运算，各种常用的绘图、方程求解和数据拟合方法,常用的微分和积分计算方法及常见的数据文件读写方法等，是利用 MATLAB 开展信号质量监测评估的基础知识。

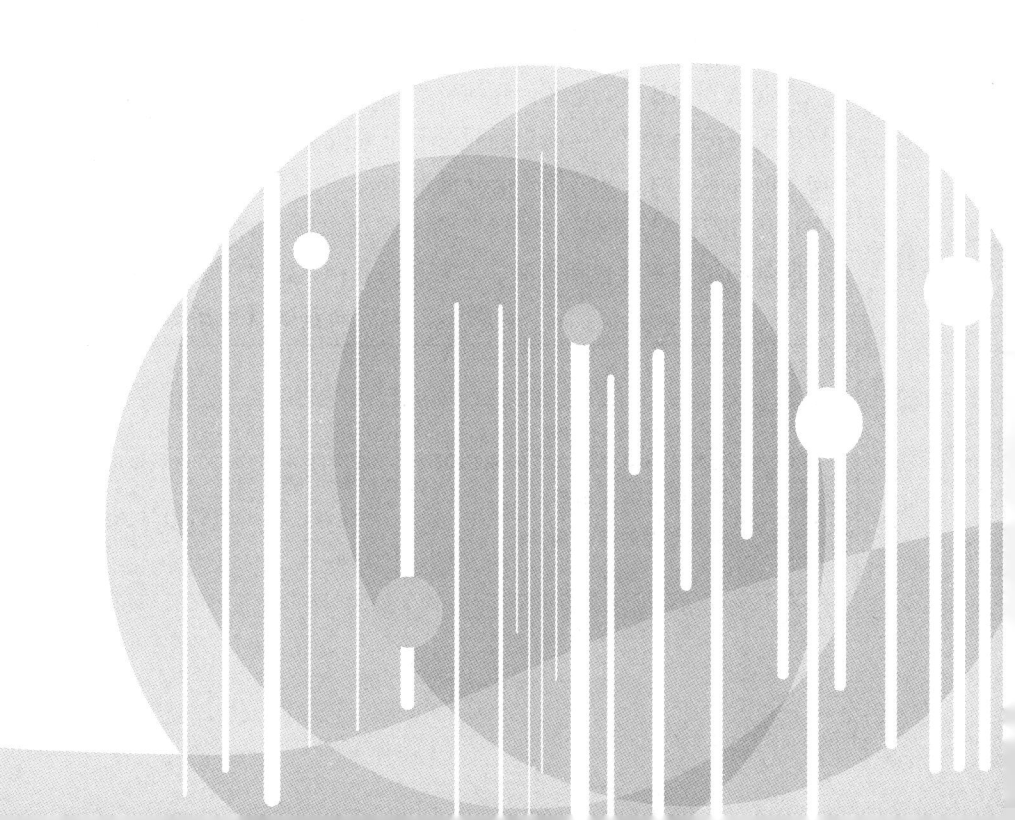

1.1 MATLAB 概述

MATLAB 是 Matrix Laboratory 的缩写，是一款非常流行而且应用广泛的科学计算软件，集数值分析、矩阵运算、信号处理和图形显示于一体，操作方便高效，而且易学易用，在进行矩阵运算、绘制函数曲线、实现算法、创建用户界面、连接其他编程语言的程序等过程中具有独特的优势，在工程计算、系统仿真、控制设计、信号处理与通信、图像处理、信号检测、金融建模设计与分析等领域应用广泛。

在卫星导航领域，MATLAB 也发挥着非常重要的作用。例如，在卫星导航信号质量监测评估工作中的信号仿真设计、卫星发射通道特性建模、空间传输链路误差建模、误差分析与估计、信号捕获跟踪和解调、测评估算法仿真验证等，均离不开 MATLAB。本书主要针对信号质量评估过程中可能用到或需要了解的 MATLAB 的相关功能进行系统介绍，感兴趣的读者可以根据需要进行其他方面的深入学习和研究。

1.2 向量、矩阵与范数

向量是组成矩阵的基本元素之一，是一个一维数组。矩阵是一个二维数组，特别地，一个 $m\times1$ 矩阵也称为一个 m 维列向量；而一个 $1\times n$ 矩阵，也称为一个 n 维行向量。下面将简要介绍向量、矩阵与范数的基本运算。

1.2.1 向量

在 MATLAB 中，允许创建两种类型的向量：行向量和列向量。其中，行向量通过使用空格或逗号分隔元素，列向量通过分号分隔元素。我们可以通过多种方式来引用一个或多个向量的元素，向量 $\boldsymbol{v}$ 的第 i 个分量记作 $v(i)$。例如，$v(2:4)$表示引用向量 $\boldsymbol{v}$ 的第 2～4 个元素；引用带冒号的向量(如 $v(:)$)时，将列出向量的所有元素。

向量的运算主要包括点乘、叉乘和混合积，如表 1.2-1 所示。

表 1.2-1 向量的常用运算

类 型	简 介	示 例	备 注
点乘	点乘又称为内积，将向量的每个元素对应进行相乘后相加。 实现点乘的函数是 dot	A=[1 2 3]; B=[3 4 5]; 注意比较 dot(A,B)与 A. * B 的区别	矩阵的维度必须一致

续表

类型	简介	示例	备注
叉乘	叉乘就是计算两个向量的垂直向量，即找出两向量构成的平面的法向量。 实现叉乘的函数是 cross	cross(A,B) 注意比较 cross(A,B)与 cross(B,A)的区别	其几何意义是计算两向量构成的平行四边形的面积

混合积	混合积同时包含点乘和叉乘运算。
	设 ***a***、***b***、***c*** 是空间中的三个向量，则(***a***×***b***)·***c*** 称为三个向量 ***a***、***b***、***c*** 的混合积
		a=[1 5 8];
		b=[3 6 9];
		c=[2 4 7];
		y=dot(c, cross(a,b)) %输出结果为-9;
		y1=dot(a,cross(c,b))% %输出结果为 9
			它的绝对值表示以向量为棱的平行六边形的体积

1.2.2 矩阵

在数学中，矩阵(Matrix)是一个按照长方阵列排列的二维复数或实数集合，最早来自方程组的系数及常数所构成的方阵。矩阵的一个重要用途是用来解线性方程组。在线性方程组中，用未知数的系数可以排成一个矩阵，如再加上常数项，即为增广矩阵。此外，矩阵还可用来表示线性变换。

矩阵的常用运算主要包括求矩阵的逆、矩阵乘法、矩阵除法和转置矩阵，如表 1.2-2 所示。

表 1.2-2 矩阵常用运算

类型	简介	示例	备注
矩阵的逆	若 ***A*** 为非奇异方阵，则存在逆矩阵 ***B***，使得 ***AB***=***BA***=***E***	利用 inv 求逆：inv(A)	
矩阵乘法	***A*** 为 $m\times n$ 矩阵，***B*** 为 $k\times j$ 矩阵，当 $n=k$ 时，***A*** 可以与 ***B*** 相乘，乘积为 $m\times j$ 矩阵	A=[24; 69]; B=[15 58]; C=A*B	注意乘法和点乘的区别
矩阵除法	(1) 若 a 和 b 均为数值，则有 $a/b=a./b$。 (2) 数值 a 与矩阵 ***B*** 进行除法运算时： ① 若数值在前，则只能表示为 $a./B$。 ② 若数值在后，则有 ***B***/a=***B***./a。 (3) 矩阵 ***A*** 与矩阵 ***B*** 进行除法运算时： ① ***A***/***B*** 可粗略地看作 ***A*** * inv(***B***)(强烈建议不进行求逆运算)。 ② ***A***./***B*** 表示 ***A*** 矩阵与 ***B*** 矩阵对应元素相除，所以要求 ***A***、***B*** 的行数和列数相等	(1) a=1; b=2，则有：a/b=a./b=0.5。 (2) a=2; B=[1 4]，则有： ① a./B=[2 0.5]; ② B/a=B./a=[0.5 2]。 (3) A=[1 2]; B=[1 4]，则有： ① A/B=0.5294; ② A./B=[1 0.5]	

续表

类型	简介	示例	备注
矩阵转置	矩阵的转置操作是用一个单引号“′”表示的，该操作能够切换一个矩阵的行和列	A=[1 2]; B=[1 4]，则有： A′=[1; 2]; B′=[1; 4]	

1.2.3 范数

范数是具有“长度”概念的函数。在线性代数、泛函分析及相关的数学领域，范数可以看作一个函数，是矢量空间所有矢量赋予非零的正长度或大小。这里不对范数的具体定义及特点展开说明，仅给出相应的 MATLAB 语句。感兴趣的读者可以查阅线性代数中有关范数的具体介绍。

(1) 向量的范数：n=norm(v, p)，返回向量 $\boldsymbol{v}$ 的 p-范数，不定义 p 时默认情况下 $p=2$，此时也称为 2-范数、向量模或欧几里得范数。

(2) 矩阵的范数：n=norm(X, p)，返回矩阵 $\boldsymbol{X}$ 的 p-范数，默认情况下 $p=2$，此时称为矩阵 $\boldsymbol{X}$ 的 2-范数或最大奇异值，该值近似于 max(svd(X))。

在计算向量或矩阵的范数时，p 有几种取值，如表 1.2-3 所示。

表 1.2-3 计算向量或矩阵的范数时 p 取值及含义

p 取值	向量	矩阵	备注
1	sum(abs(X))	max(sum(abs(X)))	矩阵 $\boldsymbol{X}$ 的最大绝对列之和
2	sum(abs(X).^2)^(1/2)	max(svd(X))	
正整数	sum(abs(X).^p)^(1/p)	—	
Inf	max(abs(X))	max(sum(abs(X′)))	矩阵 $\boldsymbol{X}$ 的最大绝对行之和
-Inf	min(abs(X))	—	
′fro′	norm(X)	sqrt(sum(diag(X′ * X)))	矩阵 $\boldsymbol{X}$ 的 Frobenius 范数

【例 1.2-1】 ① 创建两个向量 $\boldsymbol{a}$ 和 $\boldsymbol{b}$，表示欧几里得平面上两个点的 (x, y) 坐标 $\boldsymbol{a}$=[0 3]，$\boldsymbol{b}$=[−2 1]，然后计算两个点之间的距离作为向量元素之差的范数（两个点之间的欧几里得距离）：

d=norm(b−a)

返回值 $d=2.8284$。

② 计算一个稀疏矩阵 $\boldsymbol{S}$=sparse(1:25,1:25,1)的 Frobenius 范数：

n=norm(S,′fro′)

返回值 $n=5$。

1.3 绘 图

MATLAB 具有非常强大的绘图功能。在实际应用中，完成计算或统计之后，一般都需要将计算结果以二维、三维或多维图形的方式展示出来。本节简要介绍常见二维图、三维图的绘制方法。

常见的二维曲线图绘制函数主要有 plot、plotyy、loglog、semilogx、semilogy、contour、polar 等函数，二维柱状图绘制函数主要有 bar、hist、stem 等，如表 1.3-1 所示。

表 1.3-1 MATLAB 常用绘图函数及调用格式说明

图形绘制	函数名	功 能	调 用 格 式	备 注
二维图绘制	plot	在线性坐标系中绘制二维图	Plot(x,y,'Property Name',Property Value,…)	一般画图
	plotyy	在线性坐标系中绘制二维双 y 轴图形	plotyy(X1,Y1,X2,Y2,'function1','function2')	图形的左右侧各有一个 y 轴
	loglog	在对数坐标系中绘制二维图	loglog(…,'PropertyName',PropertyValue,…)	对数绘图
	semilogx	x 轴为对数坐标，y 轴为线性坐标	semilogx(…,'PropertyName',PropertyValue,…)	仅 x 轴为对数坐标
	semilogy	x 轴为线性坐标，y 轴为对数坐标	semilogy(…,'PropertyName',PropertyValue,…)	仅 y 轴为对数坐标
	contour	在线性坐标系中绘制等高线图	contour(X,Y,Z,'PropertyName',PropertyValue,…)	创建一个包含矩阵 **Z** 的等值线的等高线图，其中 **Z** 包含 $x-y$ 平面上的高度值
	polar	在极坐标系中绘制二维图	polar(theta,r)	theta 为弧度角数组，r 为距离数组

续表

图形绘制	函数名	功　能	调用格式	备　注
二维图绘制	bar	在线性坐标系中绘制二维直方图	bar(x,y)	bar 和 bar3 分别用来绘制二维和三维竖直方图，barh 和 bar3h 分别用来绘制二维和三维水平直方图
	hist	在线性坐标系中绘制基于频数的直方图	hist(y,x)	表示以向量 $\boldsymbol{x}$ 的各个元素为统计范围，绘制 $\boldsymbol{y}$ 的分布情况
	stem	在线性坐标系中绘制以圆圈终止的离散茎秆线图	stem(X,Y)	如果 $\boldsymbol{Y}$ 是一个矩阵，则将其每一列按照分隔方式画出
三维图绘制	plot3	在线性坐标系中绘制三维曲线	plot3(X,Y,Z,'Property Name',Property Value,…)	$\boldsymbol{X}$、$\boldsymbol{Y}$、$\boldsymbol{Z}$ 为向量或矩阵
	mesh	在线性坐标系中绘制三维网格图	mesh(X,Y,Z,'Property Name',Property Value,…)	图像的颜色由 $\boldsymbol{Z}$ 确定
	surf	在线性坐标系中绘制三维表面图	surf(X,Y,Z,'Property Name',Property Value,…)	图像的颜色由 $\boldsymbol{Z}$ 确定
	meshc	在线性坐标系中绘制带有等值线的三维网格图	meshc(X,Y,Z)	其下方有等高线图
	surfc	在线性坐标系中绘制带有等值线的三维表面图	surfc(X,Y,Z)	其下方有等高线图

表 1.3-2 给出了用 MATLAB 绘图时经常用到的各种线型及常用颜色。

表 1.3－2　MATLAB 绘图时常用的线型和颜色

选项名称	功　能	选项名称	功　能
颜　色		点的形状	
k	黑色	。	圆
b	蓝色(默认)	.	点
r	红色	*	星号
g	绿色	+	加号
m	粉红	∧	上三角
c	青色	∨	下三角
w	白色	>	右三角
y	黄色	<	左三角
线型		x	叉形状
—	实线	d	菱形
--	虚线	s	方形
:	点线	p	正五边形
.—	点画线	h	正六边形
边缘颜色		填充颜色	
MarkerEdgeColor	设置标记点边缘颜色	MarkerFaceColor	设置标记点填充颜色
线宽		背景颜色	
LineWidth	设置线的宽度或粗细	Color	设置图片背景颜色
坐标轴注释		指定坐标轴范围	
xlabel	设置 x 轴的名称	axis	设置坐标轴最大最小值
ylabel	设置 y 轴的名称	xlim	仅设置 x 轴的范围
title	设置图表题的名称	ylim	仅设置 y 轴的范围
添加图例		添加网格	
legend	为图形标注图例说明	grid on	为图形添加网格线

【例 1.3－1】　为舞台表演设计的麦克风大多是定向麦克风，它能够增大演唱者的信号，抑制后面观众的噪声信号。一个心形麦克风的增益 Gain 是关于角度 θ 的函数，关系式如下：

$$\text{Gain} = 2g(1+\cos\theta) \tag{1.3-1}$$

其中，g 是和特定的心形麦克风有关的常量；θ 是声源和麦克风之间的夹角。假设一个麦克风的 g 是 0.5，画出函数 Gain 的极坐标图，如图 1.3－1 所示。

```
g=0.5;
theta=0:pi/20:2*pi;
gain=2*g*(1+cos(theta));
%Plotgain
figure('color','w')
```

```
polar(theta,gain, 'r');
title('Gainversusangle\it\theta');
```

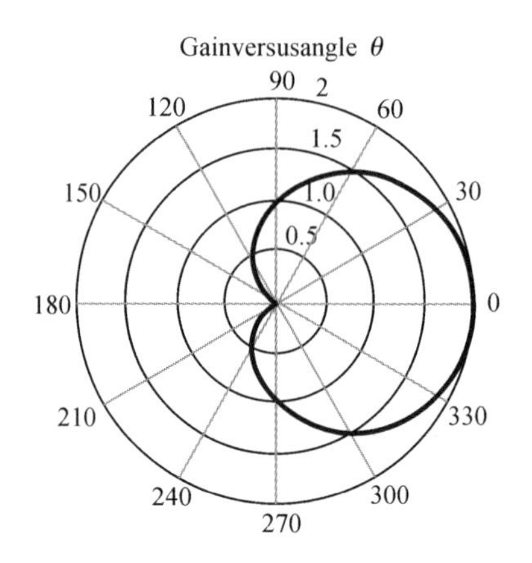

图 1.3-1 麦克风增益与角度关系

【例 1.3-2】 利用 bar 函数进行图形绘制，绘图结果如图 1.3-2 所示。

```
y=[5 3 2 9; 4 7 2 7; 1 5 7 3];
subplot(2,2,1)
bar(y); grid minor
x=[5 6 7];
subplot(2,2,2)
bar3(x,y)
subplot(2,2,3)
barh(x,y,'grouped'); grid minor
subplot(2,2,4)
bar3h(x,y)
```

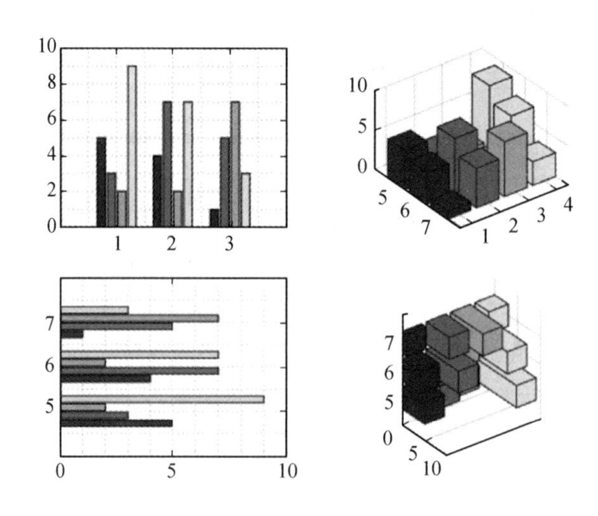

图 1.3-2 bar 函数绘制结果

【例 1.3-3】 利用 stem 函数绘制二维茎秆线，绘图结果如图 1.3-3 所示。

```
X=linspace(0,2 * pi,50)';
Y=[cos(X),0.5 * sin(X)];
stem(Y)
```

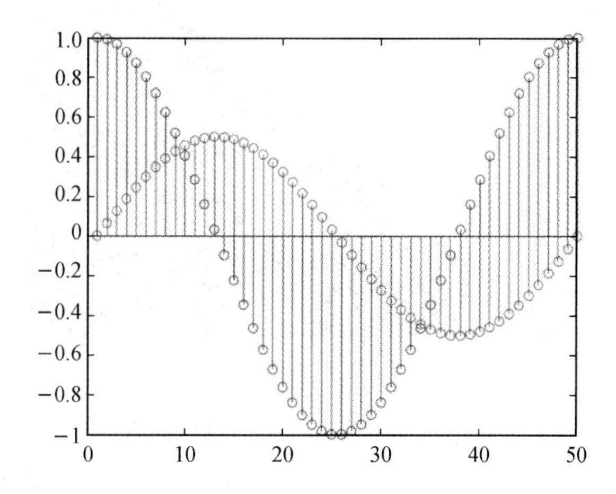

图 1.3－3　stem 函数绘制的二维茎杆线

【例 1.3－4】 利用 contour3 函数进行三维等高线绘制，绘图结果如图 1.3－4 所示。

```
[X,Y]=meshgrid(-2:0.05:2);
Z=X. * exp(-X.^2-Y.^2);
contour3(X,Y,Z,[-.2 -.1 .1 .2],'ShowText','on')
```

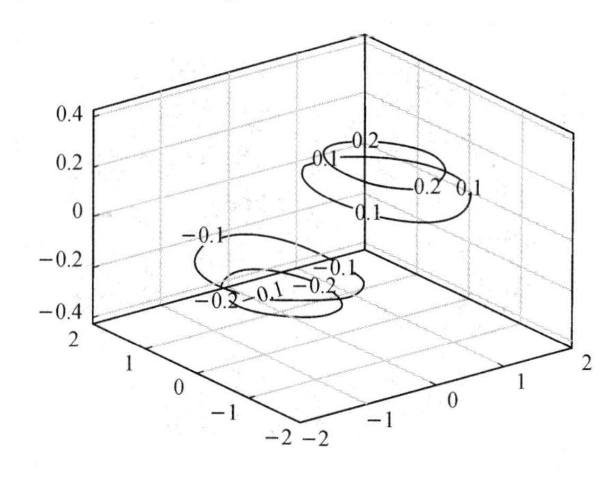

图 1.3－4　contour3 绘制的三维等高线

【例 1.3－5】 利用 area 函数构建一个层叠区域图，曲线下面填充颜色，绘图结果如图 1.3－5 所示。

```
x=0:10;
y=2 * x;
area(x,y)
```

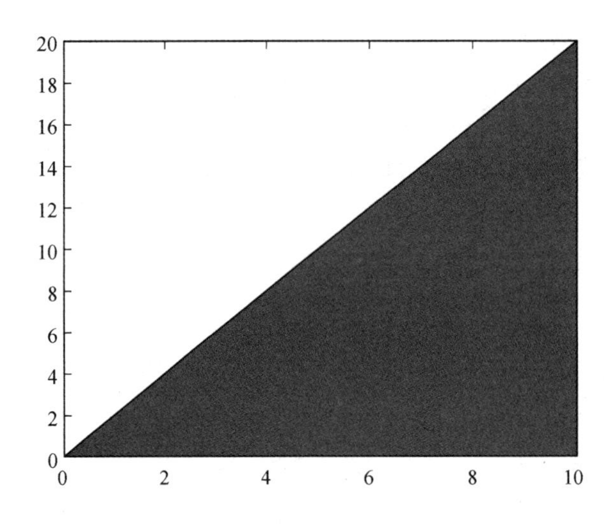

图 1.3-5　area 函数进行颜色填充

【例 1.3-6】 利用 fill 函数生成一个六边形，并填充为红色，绘图结果如图 1.3-6 所示。

```
t=(1:2:11)*pi/6; %六边形
x=sin(t);
y=cos(t);
fill(x,y,'r')
```

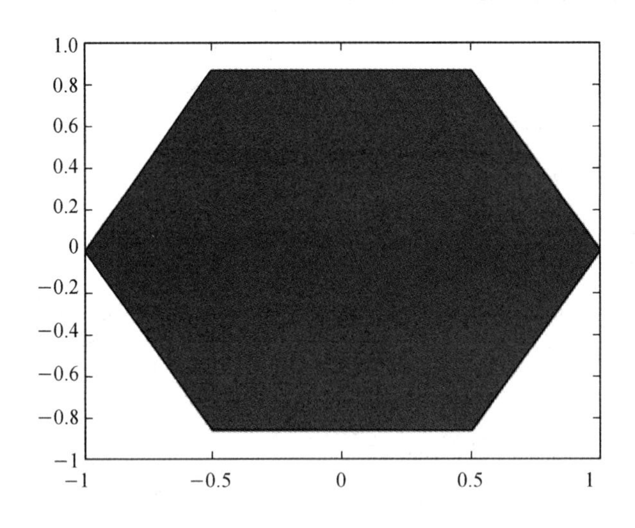

图 1.3-6　六边形颜色填充

【例 1.3-7】 利用 pie 函数绘制饼状图，并显示各部分比例，绘图结果如图 1.3-7 所示。

```
x=[1 6 3 5];
pie(x)
legend('1','6','3','5')
set(0,'defaultfigurecolor','w')
```

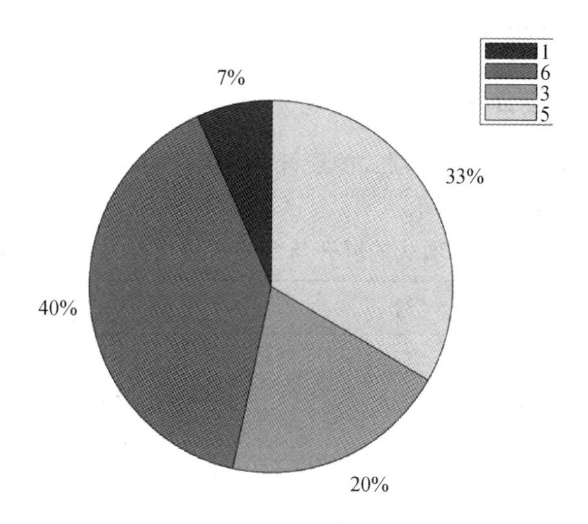

图 1.3-7 饼状图示比例显示

【例 1.3-8】 利用 meshc 函数绘制带有等高线的三维网格图。网格图使用 Z 确定高度，使用 C 确定颜色，绘图结果如图 1.3-8 所示。

```
[X,Y]=meshgrid(-8：0.5：8)；
R=sqrt(X.^2+Y.^2)+eps；
Z=sin(R)./R；
C=X.*Y；
meshc(X,Y,Z,C)
colorbar
```

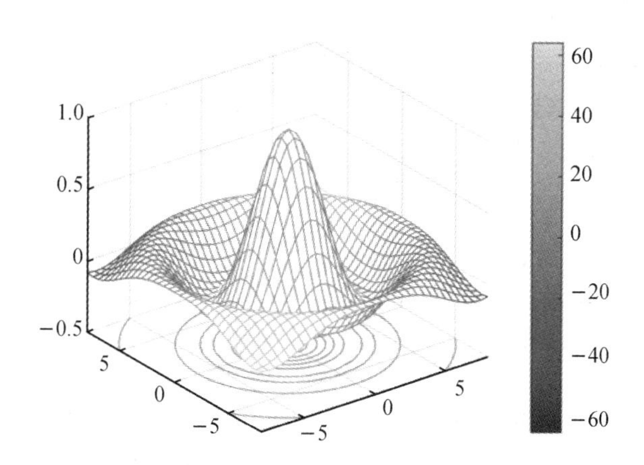

图 1.3-8 meshc 绘制含等高线的三维网格图

1.4 方程的求解

方程的求解是数学中一项非常重要的问题。本小节将简要介绍一下多项式的展开与合并、一般方程的求解和方程组的求解。

1.4.1 多项式的展开与合并

多项式的展开与合并主要包括多项式的展开、多项式的合并、多项式的分解以及多项式的简化几个方面，详见表 1.4-1 所示。

表 1.4-1 多项式的展开与合并常用语句及示例说明

名称	函 数	示 例	备 注

多项式展开	expand	syms x y;
		f1=x+y;
		f2=x−y;
		f=f1 * f2;
		expand(f)
			输出结果为 x^2−y^2
			说明：使用 expand 函数展开树或树节的节点

		syms x taylor(sin(x),x,pi/2,'Order',6)	输出结果为(pi/2−x)^4/24−(pi/2−x)^2/2 + 1
多项式合并	collect	syms x y f1=collect(x^2 * y+y * x−x^2−2 * x) f2=collect(x^2 * y+y * x−x^2−2 * x,y)	f1 默认 x 为符号变量，输出结果为 (y−1) * x^2 + (y−2) * x f2 修改为以 y 为符号变量，输出结果为 (x^2 + x) * y−x^2−2 * x
多项式分解	factor	syms x y f=2 * x^2−7 * x * y−5 * x−22 * y^2 +35 * y−3; factor(f)	输出结果为[2 * x−11 * y+1, x+2 * y−3]
多项式简化	simplify	syms x simplify((x^4−81)/(x^2−9))	输出结果为 x^2 + 9
		syms a b x y z D= [a * x + b * y, a * y + b * z, b * x + a * z] [a * y + b * z, b * x + a * z, a * x + b * y] [b * x + a * z, a * x + b * y, a * y + b * z] (1) det(D) (2) simplify(det(D))	(1) 输出矩阵 ***D*** 的行列式为 −a^3 * x^3+3 * a^3 * x * y * z−a^3 * y^3 −a^3 * z^3−b^3 * x^3+3 * b^3 * x * y (2) 化为最简结果为 −(a^3+b^3) * (x^3−3 * x * y * z+y^3+z^3)

1.4.2 一般方程的求解

这里所说的一般方程是指只含有一个未知变量的方程。在 MATLAB 中常用函数 solve 进行一般代数方程或方程组的求解。solve 函数的主要用法如下：

S=solve(eq,var)　　(1.4-1)

求解方程 eq 的解，自变量为 var。具体示例如表 1.4-2 所示。

表 1.4-2 一般方程求解方法示例

示　例	结 果 输 出
syms x Eq=sin(x)==1; solve(Eq,x)	pi/2
syms a b c x S1=solve(a*x^2+b*x+c==0); %默认待求解的变量是 x S2=solve(a*x^2+b*x+c==0,a); %指定待求解的变量是 a	S1= -(b + (b^2-4*a*c)^(1/2))/(2*a) -(b-(b^2-4*a*c)^(1/2))/(2*a) S2=-(c+b*x)/x^2

注：为了避免在求解方程时符号参数产生混乱，需要指明在一个方程中需要求解的变量。如果不指明的话，solve 函数就会通过 symvar 选择一个变量(认为该变量是要求解的变量)。

1.4.3 方程组的求解

在进行方程组的求解过程中，用到的函数也是 solve，主要用法及说明如下：

S=solve(eq1, eq2,…, eqn,var1,var2, …, varn)　　(1.4-2)

上式表示求由方程 eq1，eq2,…，eqn 组成的方程组的解，其自变量为 var1,var2，…，varn。

【例 1.4-1】 一般方程组的求解。函数 solve 如下：

```
syms a u v
[sola,solu,solv]=solve(a*u^2+v^2==0,u-v==1,a^2+6==5*a,a,u,v)
solutions=[sola,solu,solv]
```

【例 1.4-2】 返回方程组完整的解。此时需要指定 ReturnConditions 为 true。结果输出需要多附加两项，包括参数(parameter)和约束条件(condition)。返回函数如下：

```
syms x y
[solx,soly,parameter,condition]=solve(sin(x)==cos(2*y),x^2==y,[x,y],
'ReturnConditions',true)
solutions=[solx,soly]
```

【例 1.4-3】 返回数值解。一般来说，解析解(analytical solution)是可以用严格的公式来表示的解，而数值解(numerical solution)则无法用严格的公式来表示，它是采用某种计算方法(有限元、逼近、插值)得到的解。返回数值解函数如下：

```
syms x
solve(sin(x)==x^2-1,x)
ezplot(sin(x),-2,2); hold on
ezplot(x^2-1,-2,2); hold off
```

此外，也可以直接用函数 vpasolve 求出数值解(需要定义(寻找)解的范围)。例如：

```
vpasolve(sin(x)==x^2-1,x,[0 2])
```

【例 1.4-4】 求解不等式。函数如下：

```
syms x y
S=solve(x^2+y^2+x*y<1, x>0, y>0, [x,y], 'ReturnConditions',true);
solx=S.x; soly=S.y;
params=S.parameters; conditions=S.conditions;
```

我们也可以利用 subs 和 isAlways 检验某些特定结果是否满足约束条件，若返回值为 1 则表示结果满足约束条件：

```
isAlways(subs(S.conditions,S.parameters,[7/2,1/2]))
```

若结果满足约束条件，则将这两个参数的值代入 S.x 和 S.y 相应的 subs 函数中，得到一组 x 和 y 的解：

```
solx=subs(S.x,S.parameters,[7/2,1/2])
soly=subs(S.y,S.parameters,[7/2,1/2])
```

也可以用函数 vpa 得到解的数值形式 vpa(solx)、vpa(soly)。

1.5 数据的拟合

在卫星导航信号数据处理过程中，经常用到数据的拟合。所谓数据处理，一般是指通过简明而又严格的方法将原始数据所代表的事物内在规律提炼出来，从带有较小误差的数据中提取所需参数，进一步验证和寻找经验规律并外推试验数据等的过程。最常用的就是基于最小二乘法的多项式拟合，该方法通过最小化误差的平方和寻找数据的最佳函数匹配，使得这些求得的数据与实际数据之间误差的平方和为最小。下面我们将结合具体示例对数据的拟合方法进行简要介绍。

【例 1.5-1】 线性多项式拟合。假设需要拟合的输入数据 (x_i, y_i) 满足 $y=f(x)$，进行 n 阶多项式拟合的具体用法是

$$A=\mathrm{polyfit}(x,y,n) \tag{1.5-1}$$

这里拟合得到的 A 为系数，表示为$[a_n\ a_{n-1}\ \cdots\ a_1\ a_0]$。拟合后的数据可以用 polyval 函数表示为

$$y_1=\mathrm{polyval}(A,x)=a_n x^n+a_{n-1}x^{n-1}+\cdots+a_1 x+a_0 \tag{1.5-2}$$

程序如下：

```
x=[1 2 3 4 5 6 7 8 9 10];
y=[45 67 79 98 106 128 145 162 179 196];
a=polyfit(x,y,1);
plot(x,y,'*',x,polyval(a,x))
legend('Raw data', 'Fitted data')
grid on
```

绘图结果如图 1.5-1 所示。

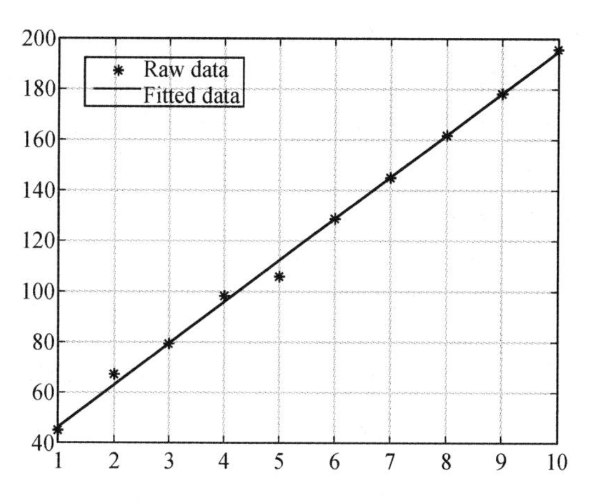

图 1.5-1 线性多项式拟合

【例 1.5-2】 计算拟合残差。拟合优度的一个度量是决定系数或 R^2(读作 R 的平方)。该统计量表明通过拟合模型得到的值与模型可预测的因变量的匹配程度。通常利用拟合模型的残差方差定义：

$$R^2 = 1 - S_{resid} / S_{total} \tag{1.5-3}$$

其中，S_{resid} 是真实值与拟合值之间残差的平方和，S_{total} 是真实值与因变量均值的差的平方和(总平方和)，二者都是正标量。R^2 的值越接近 1 表明拟合结果越好。具体示例如表 1.5-1 所示。

表 1.5-1 计算拟合残差示例

示 例	输出结果
clc; clear X=[1 2 3 4 5 6 7 8 9 10]; Y=[45 67 79 98 106 128 145 162 179 196]; A=polyfit(X,Y,1); plot(X,Y,'*',X,polyval(A,X)) Y_fit=polyval(A,X) Y_resid=Y-Y_fit;%真值与拟合值求差 S_resid=sum(Y_resid.^2);%计算残差的平方并相加，以获得残差平方和 S_total=(length(Y)-1) * var(Y);%通过将观测次数减 1 再乘以 Y 的方差，计算总平方和 R2=1-S_resid / S_total;%计算 R2	Y_fit= 46.2909 62.7818 79.2727 95.7636 112.2545 128.7455 145.2364 161.7273 178.2182 194.7091 R2= 0.9970

【例 1.5-3】 其他拟合方法。这里介绍两种方法进行数据拟合，一种方法是利用 MATLAB 内部统计工具箱里的 cftool 函数，需要先输入数据，然后调用 cftool 工具。代码如下：

```
x=[0.25,0.5,1,1.5,2,3,4,6,8];
y=[19.21,18.15,15.36,14.10,12.98,9.32,7.45,5.24,3.01];
cftool(x,y)
```

调用的 cftool 工具箱界面如图 1.5-2 所示，包括左上部分的数据导入区、右上部分的参数设置区、左下部分的结果输出区、右下部分的绘图区和最下面的参数与结果列表区几部分。可以根据数据特点及需要自行选择和设置所需的拟合方法和拟合阶数等。

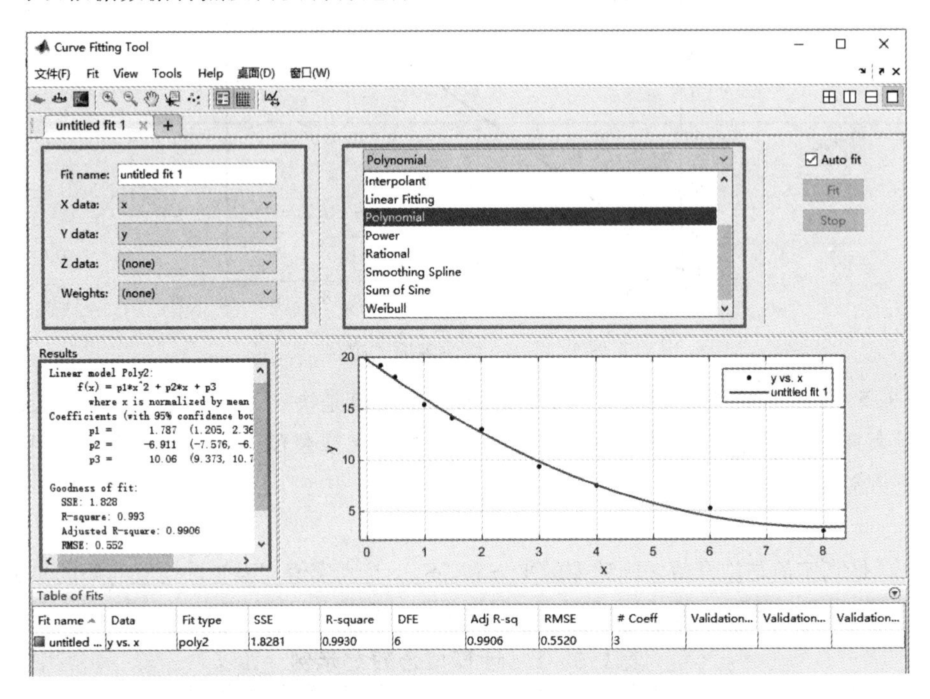

图 1.5-2　cftool 工具箱界面及参数设置示意图

另一种方法是可以在 MATLAB 脚本中自己定义拟合的相关参数进行拟合，拟合结果如图 1.5-3 所示。

```
%数据生成
c=0.5; k=2;
x=(0:.1:5)';
y=c*k.^x+2*(rand(size(x))-0.5);
%拟合
ft=fittype(@(c,k,x)c*k.^x); %需要拟合的函数形式
[frsquare]=fit(x,y,ft,'StartPoint',[1 1]);
plot(frsquare, x,y);
frsquare%包含拟合精度
frsquare=
    General model:
    frsquare(x)=c*k.^x
    Coefficients (with 95% confidence bounds):
      c=      0.4552  (0.3849, 0.5256)
      k=      2.041  (1.969, 2.112)
```

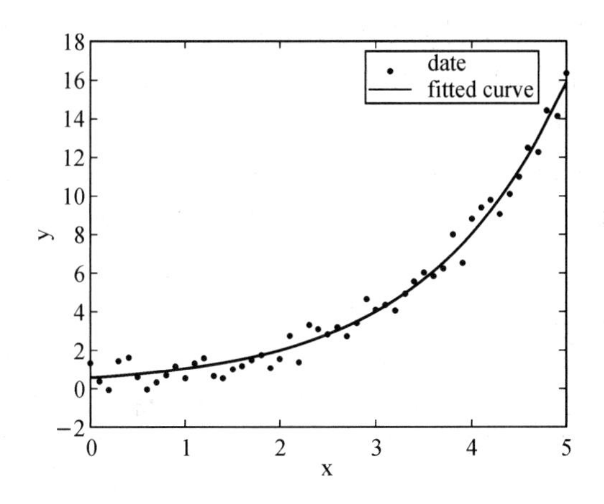

图 1.5-3　自定义拟合参数的拟合结果

注：这里调用了 fittype 函数和 fit 函数进行自定义设置。其语法可简述如下：

(1) f＝fittype('公式具体表达','independent','自变量名','coefficients',{'待定参数1','待定参数 2'})；

(2) [cfun,函数输出设置]＝fit(x,y,ft,'函数输入设置 1',输入设置 1 具体定义,'函数输入设置 2',输入设置 2 具体定义，…，'函数输入设置 n',输入设置 n 具体定义)。例如：

[f,rsquare]＝fit(x,y,f,'Lower',[580,1.4],'Upper',[3000000,3],'StartPoint',[600,1.5])　　(1.5-4)

其中：

➢ Lower：拟合参数的下界限和参数一一对应。式中，'Lower',[580,1.4]表示拟合过程中参数 C 取值不小于 580，参数 n 取值不小于 1.4。

➢ Upper：拟合参数的上界限和参数一一对应。式中，'Upper',[3000000,3]表示拟合过程中参数 C 取值不大于 3000000，参数 n 取值不大于 3。

➢ StartPoint：拟合参数的初始值和参数一一对应。式中，'StartPoint',[600,1.5]表示拟合开始时参数 C 取值为 600，参数 n 取值为 1.5。

需要注意的是，函数的输出是作为一个整体输出的，如 SSE、R-square、DFE、Adjusted R-square、RMSE 都会在结果中给出。

1.6　微　　分

微积分在数学中具有不可替代的作用，在工程应用中更是起到举足轻重的作用。MATLAB 数学工具箱提供了大量的函数来支持基础微积分运算，本节将主要针对泰勒级数展开、左右极限、渐进线、导数与极值、一般微分方程的求解进行简要介绍。

1.6.1　泰勒级数展开

MATLAB 里使用函数 taylor 实现泰勒级数展开和计算。这个函数的调用格式如下：

taylor(f,v,a,Name,Value)　　(1.6-1)

该函数将符号表达式 f 按变量 v 在 a 点展开为泰勒级数，v 省略时按默认规则确定变量，a 的默认值为 0，Name 和 Value 为设置选项，经常成对使用，前者为选项名，后者为该选项的值。Name 有 3 个取值：

➢ ExpansionPoint 为指定展开点，对应值可以是标量或向量。未设置时，展开点为 0。

➢ Order 为指定截断参数，对应值为一个正整数。默认截断参数为 6，即展开式的最高阶为 5。

➢ OrderMode 为指定展开式采用绝对阶或相对阶，对应值为“Absolute”或“Relative”，默认取“Absolute”。表 1.6－1 所示为泰勒级数展开的 MATLAB 示例。

表 1.6－1　泰勒级数展开的 MATLAB 示例

示　例	输 出 结 果
syms x y f=exp(x) * y; f1=taylor(f,[x y],4) f2=taylor(f,[x y],'order',4) %没有写展开点默认在 0 展开	f1=4 * exp(4)+4 * exp(4) * (x-4)+exp(4) * (y-4)+2 * exp(4) * (x-4)^2+(2 * exp(4) * (x-4)^3)/3+(exp(4) * (x-4)^4)/6+(exp(4) * (x-4)^5)/30+exp(4) * (x-4) * (y-4)+(exp(4) * (x-4)^2 * (y-4))/2+(exp(4) * (x-4)^3 * (y-4))/6+(exp(4) * (x-4)^4 * (y-4))/24 f2=(y * x^2)/2+y * x+y 说明： f1 里的 4 表示展开点，f2 里的 4 代表阶数

1.6.2　左右极限

极限是微积分的基础，微分和积分都是“无穷逼近”时的结果。在 MATLAB 中，求符号表达式极限的命令为 limit，其调用格式为 limit(f,x,a)。即求函数 f 关于变量 x 在 a 点的极限。若 x 省略，则采用系统默认的自变量，a 的默认值为 0。

limit 函数的另一种功能是求单边极限，其调用格式为

右极限：limit(f,x,a,'right')　　(1.6－2)

左极限：limit(f,x,a,'left')　　(1.6－3)

【例 1.6－1】 求下列两个表达式的极限值。

(1) $\lim\limits_{x\to a}\dfrac{\sqrt[m]{x}-\sqrt[m]{a}}{x-a}$；　(2) $\lim\limits_{n\to\infty}\left(1+\dfrac{1}{n}\right)^{n}$。

```
syms x m n a;
f=(x^(1/m)-a^(1/m))/(x-a);
g=(1+1/n)^n;
x1=limit(f,x,a);
x2=limit(g,n,inf);
disp('第一个表达式极限值如下：');
disp(x1);
disp('第二个表达式极限值如下：');
disp(x2);
```

输出结果如下：

第一个表达式极限值为
a^(1/m-1)/m
第二个表达式极限值为
exp(1)

1.6.3　渐近线

求渐近线为高数极限的内容之一，共有三种情况：水平渐近线、垂直渐近线和斜渐近线。

1. 水平渐近线

若$\lim\limits_{x\to\infty}f(x)=a_1$，则 $f(x)$存在一条水平渐近线。

2. 垂直渐近线

若$\lim\limits_{x\to x_1}f(x)=\infty$，则 $f(x)$存在一条垂直渐近线。

3. 斜渐近线

若$\lim\limits_{x\to+\infty}\dfrac{f(x)}{x}=k_1$与$\lim\limits_{x\to+\infty}[f(x)-k_1x]=b_1$同时存在，则 $f(x)$存在一条斜渐近线；

若$\lim\limits_{x\to-\infty}\dfrac{f(x)}{x}=k_2$与$\lim\limits_{x\to-\infty}[f(x)-k_2x]=b_2$同时存在，则 $f(x)$存在另一条斜渐近线；

若 $k_1=k_2$ 且 $b_1=b_2$，则可以算作同一条渐近线。

【例 1.6-2】　求曲线 $y=\dfrac{x^2}{2x+1}$的斜渐近线方程。

```
syms x
f=x^2/(2*x+1);
y=f/x;
k=limit(y,x,inf)
b=limit(f-k*x,inf)
ezplot(f)
hold on
ezplot(k*x+b)
```

输出曲线如图 1.6-1 所示。

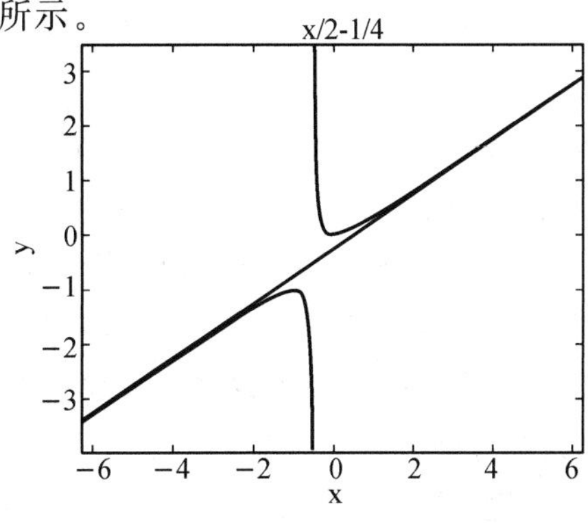

图 1.6-1　计算斜渐近线示例

1.6.4 导数与极值

MATLAB 中常用函数 diff 实现求导或求微分，可以实现一元函数求导和多元函数求偏微分。当输入的参数为符号表达式时，表示对符号求微分，具体调用格式如下：

y=diff(f,x,n)　　　　(1.6-4)

式(1.6-4)表示计算函数 fun 对变量 x 的 n 阶导数。表 1.6-2 结合具体示例对 diff 函数的用法进行了说明。

表 1.6-2　求导与求极值具体示例

名称	示　例	输出结果

求导数	syms x
	f=x^2/(2*x+1);
	y=f/x;
	diff(f,x,2)
		2/(2*x+1)-(8*x)/(2*x+1)^2+(8*x^2)/(2*x+1)^3

求偏导	syms x y z=(x^2-2*x)*exp(-x^2-y^2-x*y); zx=simplify(diff(z,x)) %∂z/∂x zy=simplify(diff(z,y)) %求∂z/∂y	z_x=exp(-x^2-x*y-y^2)*(2*x+2*x*y-x^2*y+4*x^2-2*x^3-2) z_y=-x*exp(-x^2-x*y-y^2)*(x+2*y)*(x-2)
求极值	syms x y y=x^3+x^2+1 result=diff(y) %求导 solve(result==0) %求极值	result=3*x^2+2*x 极值为-2/3，0。 说明：求最值时，可以先在规定的区间上求其极值和两端的值，然后排序，即可得到最值

1.6.5 微分方程的求解

MATLAB 中微分方程的求解主要是通过函数 dsolve 实现的，一般用于求解常微分方程。该函数的调用格式如下：

r=dsolve('eq1,eq2,… ', 'cond1, cond2,…', 'v')　　　　(1.6-5)

式中，eq1,eq2，…表示待求解的方程或方程组，方程中用 D 表示微分，如 Dy 则表示 dy/dt，D2y 则表示 d^2y/dt^2；cond1, cond2，…表示初始值，通常可以表示为 y(a)=b 或者 Dy(a)=b。在不指定初始值的情况下，或者初始值方程的个数小于因变量个数时，最后得到的结果中会有常数项。一般情况下，dsolve 函数最多可以接受 12 个输入参数。下面结合具体示例给出利用 dsolve 函数进行微分方程求解的方法。

【例 1.6-3】 一般微分方程的求解方法如表 1.6-3 所示。

表 1.6-3 一般微分方程求解示例

待求解方程	MATLAB 语句	输出结果
$\frac{d^2x}{dt^2}=\cos t$	syms x t dsolve('D2x=cos(t)')	C3-cos(t)+C2 * t
$\frac{dy}{dt}=ay$ $y(0)=b$	syms a b t dsolve('Dy=a * y', 'y(0)=b')	b * exp(a * t)

【例 1.6-4】 微分方程组的求解方法如表 1.6-4 所示。

表 1.6-4 微分方程组求解示例

待求解方程	MATLAB 语句	输出结果
$\begin{cases} f'=3f+4g \\ g'=-4f+3g \end{cases}$	syms f g Result = dsolve('Df =3 * f+4 * g', 'Dg= -4 * f+3 * g')	Result= g: [1x1 sym] f: [1x1 sym] Result. f= C1 * cos(4 * t) * exp(3 * t)+C2 * sin(4 * t) * exp(3 * t) Result. g= C2 * cos(4 * t) * exp(3 * t)-C1 * sin(4 * t) * exp(3 * t)

此外，还有关于常微分方程的 ODE 解法，因为有很多常微分方程虽然从理论上讲是有解的，但是却无法求出其解析解。此时，则需要计算方程的数值解。ode 是 MATLAB 专门用于求解微分方程的函数，包含 ode45、ode23、ode113、ode15s、ode23s、ode23t 和 ode23tb 等，感兴趣的读者可以进一步学习。

1.7 积分

1.6 节讲到了微分，与微分对应的是积分。本节将针对积分常用的方法、常见的拉普拉斯(Laplace)变换以及傅里叶(Fourier)变换进行介绍。

1.7.1 常用积分方法

积分主要包括符号积分和数值积分，其中数值积分包括一元函数的自适应数值积分和矢量积分、二重积分和三重积分等。用于数值积分的 MATLAB 函数主要有 trapz、cumtrapz、quad、dblquad、triplequad 等；符号积分通常使用 int 函数来实现。表 1.7-1 给出了 MATLAB 用于积分的常用函数及调用格式说明。

表 1.7-1　MATLAB 用于积分的常用函数及调用格式说明

函　数	调 用 格 式	功 能 说 明
trapz	trapz(x,y)	梯形法沿列方向求函数 y 关于自变量 x 的积分，给出一个积分近似值
cumtrapz	cumtrapz(x,y)	梯形法沿列方向求函数 y 关于自变量 x 的累积积分，返回多个累积过程结果
quad	quad(fun,a,b,tol)	一元函数的 Simpson 自适应数值积分，计算函数 fun 在区间[a,b]内的积分，精度为指定误差 tol(需要大于 1E－6，默认精度为 1E－6)
quadl	[q,fcnt]=quadl(fun,a,b,…)	一元函数的 Lobatto 自适应数值积分，输出函数值和计算函数值所需次数，参数定义同上
quadv	quadv(fun,a,b,tol)	一元函数的矢量数值积分，参数定义同上
dblquad	dbquad(fun, xmin, xmax, ymin, ymax, zmin, zmax,tol)	二重积分
quad2d	quad2d(fun,a,b,c,d)	二重积分
integral2	integral2(fun,xmin,xmax,ymin,ymax,Name,Value)	二重积分
triplequad	triplequad(fun,xmin,xmax,ymin,ymax,zmin,zmax,tol,method)	三重积分
integral3	integral3(fun, xmin, xmax, ymin, ymax, zmin, zmax,Name,Value)	三重积分
int	int(Ex,v,a,b)	计算表达式 Ex 在区间[a,b]上的定积分，自变量为 v
symsum	symsum(s,v,a,b)	级数求和，计算 v 从 a 到 b 之间的 s 的和

注：感兴趣的读者可以比较一下表中几种二重积分和三重积分函数之间的区别。

【例 1.7-1】 利用 trapz 函数通过梯形法执行数值积分运算。

我们将一个区域划分为包含多个梯形区域，通过 trapz 函数对区域进行积分计算以获得近似值。例如，使用八个均匀间隔的梯形对正弦函数求梯形积分，如图 1.7-1 所示。

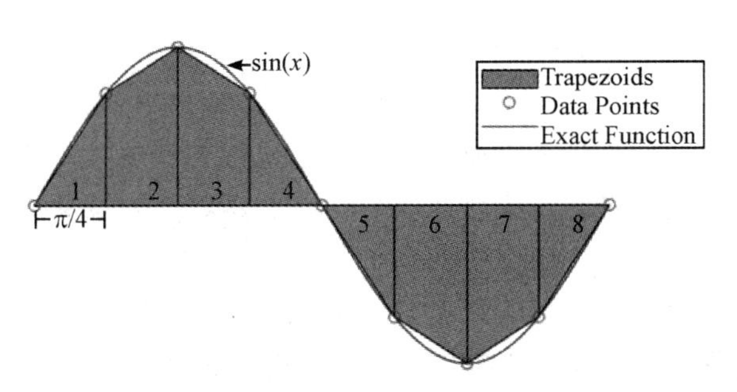

图 1.7-1 八等分正弦函数计算积分示意图

对于具有 $N+1$ 个均匀分布的点的积分，近似值为

$$\int_a^b f(x)=\frac{b-a}{2N}\sum_{n=1}^{N}(f(x_n)+f(x_{n+1}))$$

例如，有函数 y=x^3-2x-3，为了计算在[0,1]上的积分，MATLAB 语句可表示为

```
x=0:0.05:1;
y=x.^3-2.*x-3;
I=trapz(x,y);
```

输出结果为 I=-3.7494。

【例 1.7-2】 利用 int 函数计算二重积分。

有函数 f=x^2+2*y，为了计算 x 在 [2,4]区间且 y 在[1,2]区间上的积分，MATLAB 语句可表示为

```
syms x y;
f=x^2+2*y;
Re=int(int(f,x,2,4),y,1,2)
```

输出结果为 Re=74/3。

【例 1.7-3】 三重积分运算如表 1.7-2 所示。

表 1.7-2 三重积分运算示例

三重积分示例	输出结果

f=@(x,y,z)z.*sin(x)./(1+cos(z).*cos(y));
xmin=0; xmax=1;
ymin=0; ymax=1;
zmin=0; zmax=1;
triplequad(f,xmin,xmax,ymin,ymax,zmin,zmax)
	0.1412

g=@(x,y,z)1./(1+x+y+z);
xmin=0; xmax=1;
ymin=0; ymax=@(x)(1-x);
zmin=0; zmax=@(x,y)(1-x-y);
integral3(g,xmin,xmax,ymin,ymax,zmin,zmax)
	0.0966

1.7.2 Laplace 变换

在实际应用过程中，拉普拉斯变换和傅里叶变换是工程数学中应用非常广泛的两种积分变换，其中拉普拉斯变换又名拉氏变换。下面将主要对拉普拉斯变换和傅里叶变换进行简要介绍。

拉氏变换是一个线性变换，可将一个包含实数参数 $t(t\geqslant 0)$ 的时域函数转换为一个参数为复数 s 的复频域函数。MATLAB 中的拉普拉斯算子在图像处理领域有非常广泛的应用。例如，图像边缘检测、图像拉普拉斯变换和滤波等。拉普拉斯正变换和反变换如下：

$$F(s)=\int_0^{\infty} f(t)\mathrm{e}^{-st}\,\mathrm{d}t \quad (\text{正变换}) \tag{1.7-1}$$

$$f(t)=\frac{1}{2\pi \mathrm{j}}\int_{\sigma-\mathrm{j}\infty}^{\sigma+\mathrm{j}\infty} F(s)\,\mathrm{e}^{st}\,\mathrm{d}s \quad (\text{反变换}) \tag{1.7-2}$$

MATLAB 提供了进行拉普拉斯变换和反变换的相关函数指令 laplace 和 ilaplace，其具体的调用语法及功能如下：

Fs＝laplace(ft,t,s)，求“时域”函数 ft 的 laplace 变换 Fs。式中，t 表示时域变量，s 表示复频域变量。

ft＝ilaplace(Fs,s,t)，求“频域”函数 Fs 的 laplace 变换 ft。式中，t 表示时域变量，s 表示复频域变量。

指令中的输入 ft 和 Fs 分别是以 t 为自变量的时域函数和以复数频率 s 为自变量的频域函数。

【例 1.7－4】 对函数 exp(－a * t) * sin(b * t)进行拉普拉斯变换。实现代码如表 1.7－3 所示。

表 1.7－3 拉普拉斯变换示例

MATLAB 语句示例	输出结果
syms t s a b ft=exp(-a * t) * sin(b * t); FS=laplace(ft,t,s) Ft_i=ilaplace(FS,s,t)	FS = b/((a+s)^2+b^2) Ft_i= exp(-a * t) * sin(b * t) 从结果中可以看出，Ft_i=ft

1.7.3 傅里叶变换

傅里叶变换能将满足一定条件的某个函数表示成三角函数(正弦和/或余弦函数)或者它们积分的线性组合。在不同的研究领域中，傅里叶变换具有多种不同的变体形式，如连续傅里叶变换和离散傅里叶变换。在信号处理中，傅里叶变换具有重要作用。

根据信号的类型，可以将傅里叶变换分为四种类型：周期性连续信号傅里叶级数、非周期性连续信号傅里叶变换、周期性离散信号傅里叶变换和非周期性离散信号离散时域傅里叶变换。在第 7 章将对傅里叶变换进行较为详细的介绍，本节简要介绍一下用于傅里叶变换的 MATLAB 函数。

傅里叶变换及其逆变换可表示为

$$F(\omega)=\int_{-\infty}^{+\infty} f(t)\mathrm{e}^{-\mathrm{j}\omega t}\,\mathrm{d}t \quad （正变换） \tag{1.7-3}$$

$$f(t)=\frac{1}{2\pi}\int_{-\infty}^{+\infty} F(\omega)\mathrm{e}^{\mathrm{j}\omega t}\,\mathrm{d}\omega \quad （逆变换） \tag{1.7-4}$$

MATLAB 提供了进行傅里叶变换和反变换的相关函数指令 fft 和 ifft，其具体的调用语法及功能如下：

Fw=fft(X,n)，用快速傅里叶变换(FFT)算法计算 X 的 n 点离散傅里叶变换(DFT)。

(1) 如果 X 是向量且 X 的长度小于 n，则为 X 补上尾零以达到长度 n。

(2) 如果 X 是向量且 X 的长度大于 n，则对 X 进行截断以达到长度 n。

(3) 如果 X 是矩阵，则每列的处理与向量情况下相同。

(4) 如果 X 为多维数组，则大小不等于 1 的第一个数组维度的处理与在向量情况下相同。

ft=ifft(Fw,n)，用快速傅里叶变换(FFT)算法计算 Fw 的 n 点逆离散傅里叶变换(DFT)。Fw 与 n 的长度关系参照上述傅里叶正变换。

【例 1.7-5】 以信号 $x(t)$为例，信号包含两个正弦信号，频率分量分别为 15 Hz 和 20 Hz，数据长度为 10 s，采样率为 50 Hz，绘制 $x(t)$的时域波形、单边频谱和功率谱。信号时域波形、单边频谱和功率谱分析如表 1.7-4 所示。

表 1.7-4　信号时域波形、单边频谱和功率谱分析示例

MATLAB 语句	输出结果

Fs=50; Ts=1/Fs;
t=0:Ts:10-Ts;
x=sin(2 * pi * 15 * t)+sin(2 * pi * 20 * t);
 	
subplot(311)
plot(t, x);
title('x(t)时域波形')
xlabel('Time (seconds)')
ylabel('Amplitude');grid on
y=fft(x);
f=(0:length(y)-1) * fs/length(y);
 	
subplot(312)
LEN=length(y);
plot(f(1: LEN /2+1),
  abs(y(1: LEN /2+1)))
xlabel('Frequency (Hz)')
ylabel('|X(f)|')
title('单边幅度谱');
grid on
	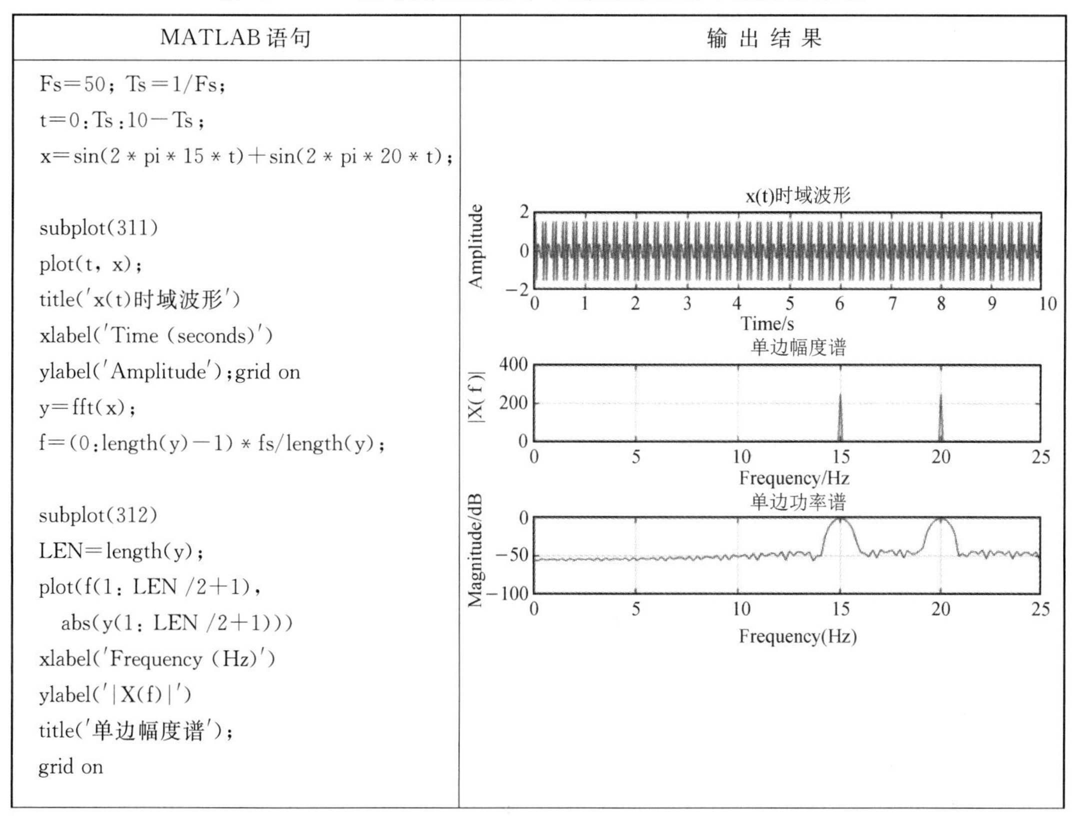

续表

MATLAB语句	输出结果
subplot(313) [px,f]=pwelch(x,[],[],[],Fs); plot(f,10 * log10(px)) xlabel('Frequency (Hz)') ylabel('Magnitude (dB)'); title('单边功率谱'); grid on	

1.8 数据读写

在利用MATLAB进行数据处理或仿真的时候，通常会从外部读入数据，或是将程序运行的结果数据进行保存。所以文件操作是一种重要的数据输入/输出方式，MATLAB提供了一系列底层输入/输出函数，专门用于文件操作。

1.8.1 文件的打开与关闭

1. 打开文件

在读写文件之前，必须先用fopen函数打开或创建文件，并指定对该文件进行的操作方式。fopen函数的调用格式为

fid=fopen(文件名，'打开方式')　　　　(1.8-1)

说明：其中fid用于存储文件句柄值，如果返回的句柄值大于0，则说明文件打开成功。文件名用字符串形式，表示待打开的数据文件。

常见的打开方式如下：

(1)"r"：只读方式打开文件(默认的方式)，该文件必须已存在。

(2)"r+"：读写方式打开文件，打开后先读后写。该文件必须已存在。

(3)"w"：打开后写入数据。该文件已存在则更新；不存在则创建。

(4)"w+"：读写方式打开文件。先读后写。该文件已存在则更新；不存在则创建。

(5)"a"：在打开的文件末端添加数据。文件不存在则创建。

(6)"a+"：打开文件后，先读入数据再添加数据。文件不存在则创建。

另外，在这些字符串后添加一个"t"，如"rt"或"wt+"，则将该文件以文本方式打开；如果添加的是"b"，则文件以二进制格式打开，这也是fopen函数默认的打开方式。

2. 关闭文件

文件在完成读、写等操作后，应及时关闭，以免数据丢失。关闭文件用fclose函数，调用格式为

sta=fclose(fid)

说明：该函数关闭 fid 所表示的文件。sta 表示关闭文件操作的返回代码，若关闭成功，则返回 0；否则返回－1。如果要关闭所有已打开的文件，用 fclose('all')。

1.8.2　文件的基本操作

打开文件后，对文件的常见基本操作及其 MATLAB 函数如表 1.8－1 所示。函数主要包括 feek、ftell、fgetl、fgets、ferror、frewind、feof、fprintf、fread、fwrite 等。

表 1.8－1　MATLAB 对文件的基本操作及相关函数

函数名称	调用格式	功能说明
feek	fseek(fileID，offset，origin)	设置指针位置是从 origin 位置开始跳过 offset 字节数。其中，fileID 为文件标识符；offset 为跳过的字节数，取值可以为正数、负数或 0；origin 可以有三种取值：为'bof'或－1 时表示文件开始，'cof'或 0 时表示文件当前位置，'eof'或 1 时表示文件结尾
ftell	position＝ftell(fileID)	获得指针位置，返回从文件开始到指针当前位置之间的字符数
fgetl	tline＝fgetl(fileID)	读入一行，忽略换行符。返回读入行的下一行，读到文件结尾时返回为－1
fgets	tline＝fgets(fileID)	读入一行，直到换行符。读到文件结尾时返回为－1
ferror	message＝ferror(fileID)	查找文件输入输出中的错误，若无错误，则返回值为空
frewind	frewind(fid)	重设指针到文件起始位置
feof	status＝feof(fileID)	判断指针是否在文件结束位置，是则返回值为 1
fprintf	fprintf (fileID，formatSpec，A1，…，An)	按照 formatSpec 指定的格式将 A1…An 中的数字输出到文件 fileID 中，若 fileID 缺省则直接输出到屏幕
fread	A＝fread(fileID)	从二进制文件中读取数据，将文件中的数据放入列矢量 **A** 中
fwrite	fwrite(fileID,A)	向二进制文件中写入数据，将 A 的各元素以无符号整型数据格式按列写入二进制文件中

在进行文件数据读取时，可以根据文件中文本字符的特点或实际需要，用特定的标识符进行文件读写操作。表 1.8－2 给出了文件数据格式化输出时各种常见的标识符和其含义。

表 1.8-2　常见标识符及其含义

标识符	含　义
%c	输出单个字符
%d	输出有符号十进制数
%e	以指数格式输出，采用小写字母 e
%E	以指数格式输出，采用大写字母 E
%f	以定点数格式输出
%g	以比%e 和%f 更加紧凑的格式输出，不显示数字中无效的 0
%G	与%g 相同，但是使用大写字母 E
%i	有符号十进制数
%u	无符号十进制数
%o	无符号八进制数
%s	输出字符串
%x	十六进制数，采用小写字母 a～f
%X	十六进制数，采用大写字母 A～F
\b	退格
\f	表格填充
\n	换行
\r	回车
\t	Tab
\\	反斜线\
\″	单引号′
%%	百分号%

【例 1.8-1】　fprintf 格式化输出。

(1) 输出文本和数组中的数值，MATLAB 语句如下：

```
A1=[1.1, 1100];
A2=[2.2, 3.3 ; 2200, 3300];
formatSpec='The length is %3.1f meters or %7.2f mm\n';
fprintf(formatSpec,A1,A2)
```

屏幕输出结果为

```
The length is 1.1 meters or 1100.00 mm
The length is 2.2 meters or 2200.00 mm
```

The length is 3.3 meters or 3300.00 mm

(2) 将较短的列表数据写入文本文件，MATLAB语句如表1.8-3所示。

表1.8-3　将列表写入文本文件示例

MATLAB语句	输出结果

x=0:.2:3;
A=[x; 2 * exp(x)];
fileID=fopen('指数结果.txt','w');
fprintf(fileID,'%6s %12s\n','x','exp(x)');
fprintf(fileID,'%6.2f %12.8f\n',A);
fclose(fileID);
	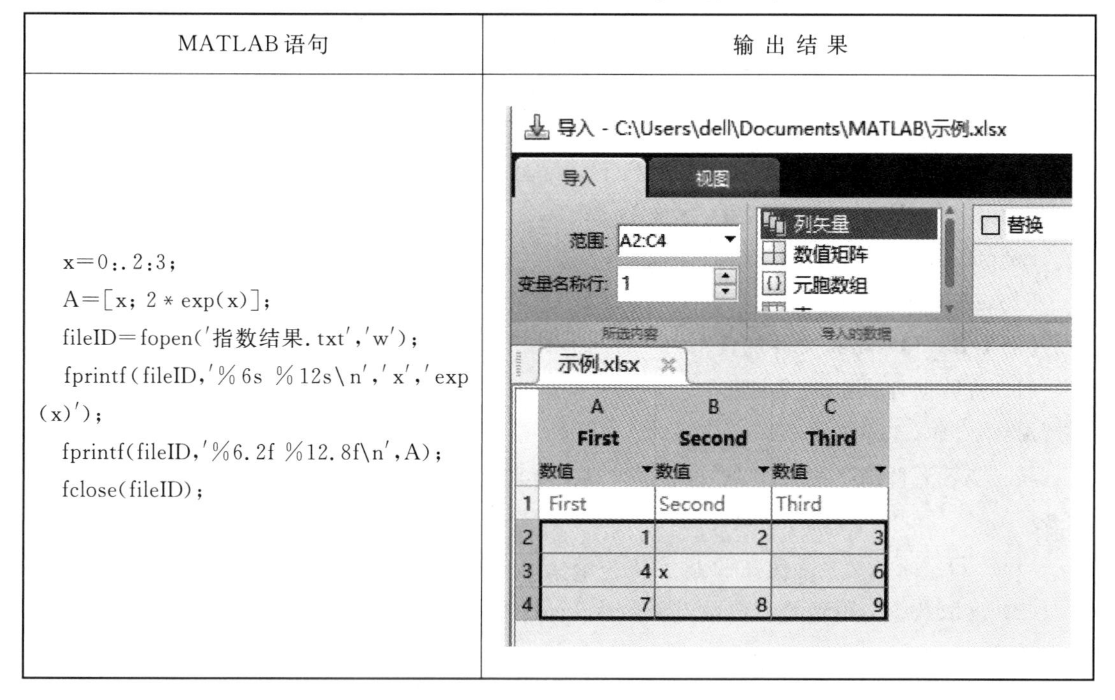

1.8.3　常见文件格式的数据读写

在实际工作中，经常会遇到要打开txt格式、bin格式、mat格式、excel格式等的文件，并对文件进行数据读写操作。下面将结合具体示例主要对这几种格式文件的相关操作进行简要说明。需要说明的是，文件读写方式不仅局限于本书介绍的这几种，有兴趣的读者可以尝试其他读写方式。

【例1.8-2】 文本文件的读写。

(1) 读取文件。用到的数据读取函数为textread，具体调用格式为

$$[A, B, C, \cdots]=\text{textread}(\text{filename},\text{format}) \quad (1.8-2)$$

该函数主要用于以特定的format格式从文件名为filename的文本文件中读取数据并放入A，B，C等变量中，直到读完整个文档。

例如，需要读取的文件名为"我的数据.txt"，其中文件的第一行为

您好　hello　12.34　56　OK

输入MATLAB如下：

```
[Ch, En, x, y, answer]=textread('我的数据.txt', '%s %s %6.4f %d %s', 1)
```

则输出结果如下：

```
Ch=    '您好'
En=    'hello'
```

```
x=        12.3400
y=        56
answer=  'OK'
```

(2) 写入数据。用到的数据写入函数为 fprintf。

```
x=1:.2:3;
A=[x; 2* x];
fileID=fopen('我的数据.txt','w');
fprintf(fileID,'%4s %7s\n','x','2x');
fprintf(fileID,'%6.2f %6.2f\n',A);
fclose(fileID);
```

【例 1.8-3】 mat 文件的读写。

(1) 将数据存入 mat 文件：

```
A=[1:10; 11:20];
save A; %自动生成一个 A.mat 的文件，并将数据存入文件中
```

或者

```
save('D:\a'); % 自动在D盘创建一个 a.mat 的文件，并将数据存入文件中
```

(2) 读取数据。用到的读取数据函数为 load：

```
load('A.mat');
```

或者

```
load('D:\a.mat');
```

【例 1.8.-4】 二进制文件的读写。

以只读方式读取文件名为 data.bin 的二进制文件，则用到的 MATLAB 语句为

$$[fid, message]=fopen(data.bin, 'rb') \tag{1.8-3}$$

语句中的"r"表示读，若改为"w"则表示写，若文中有数据，则先删除已有内容后再重新写入；若改为"a"，则表示在文件已有内容的结尾写入新数据，不删除文中已有内容。

例如，创建一个名为"我的数据.bin"的二进制文件，向文中写入一个 4×4 矩阵，MATLAB 语句如下：

```
fileID=fopen('我的数据.bin','w');
B=[1 2 3 4; 5 6 7 8; 9 10 11 12; 13 14 15 16]
fwrite(fileID,B,'double');
fclose(fileID);
B=
    1    2    3    4
    5    6    7    8
    9    10   11   12
    13   14   15   16
```

然后以列的顺序读取其中前 9 个数据并放入 3×3 的矩阵中。

```
fileID=fopen('我的数据.bin ');
A=fread(fileID,[3,3],'double')
A=
    1    13    10
    5     2    14
    9     6     3
```

【例 1.8-5】 excel 文件的读写。

(1) 读取数据。MATLAB 读取 Excel 文件的命令为 xlsread，调用格式为

$$\text{xlsread(filename,sheet,xlRange)} \tag{1.8-4}$$

表示从指定的工作表中读取 xlRange 区域的数据。默认读取 Sheet1 中的数据。

例如，读取 Sheet2 中行列范围为 a1：c2 的区域，MATLAB 语句可表示为

$$\text{A=xlsread('name.xlsx', 'Sheet2', 'a1:c2')} \tag{1.8-5}$$

(2) 写入数据。MATLAB 写入 Excel 的命令为 xlswrite，调用格式为

$$\text{xlswrite(filename,A,sheet,xlRange)} \tag{1.8-6}$$

上行语句表示将数值 A 写入 filename 文件中工作表 sheet 的 xlRange 区域。下面结合示例对 xlsread 和 xlswrite 的具体用法进行说明：

```
a={1, 2, 3 ; 4, 'x', 6; 7, 8, 9};
title={'First ','Second','Third'};
xlswrite('示例.xlsx', [title; a]);
```

自动生成一个示例.xlsx 文件，并将[title; a]写入 Sheet1 中，写入后结果如图 1.8-1 所示。

图 1.8-1 自动生成 Excel 文件并写入数据示例

A＝xlsread('示例.xlsx')，则输出结果为

```
A=
    1     2     3
    4   NaN     6
    7     8     9
```

此外还有类似函数包括 importdata(要求文件中的字母和数值是分开的，而且是以数字为主，字母只存在前几行)、load(纯数据文件)、dlmread(单一分隔符的纯数据或 ASCII 数据文件)、textscan(类似于 textread，但使用前必须用 fopen 打开文件)、csvread(类似于 xlsread，读取.csv 格式的文件)、save(数据保存)等，这里不再逐一介绍。

第2章

卫星导航系统概述

本章给出了四大全球卫星导航系统、两个区域卫星导航系统、星基增强系统(SBAS)和地基增强系统(GBAS)的主要情况介绍和说明，包括各系统的发展史、现状及采用的信号体制情况等。

2.1 本章引言

GNSS(Global Navigation Satellite System)是全球卫星导航系统的统称，包括四大全球卫星导航系统(美国 GPS、俄罗斯 GLONASS、中国 BDS、欧盟 Galileo)、两个区域卫星导航系统(日本 QZSS、印度 NavIC)、星基增强系统(SBAS，主要包括美国 WAAS、俄罗斯 SDCM、中国 BDSBAS、欧洲 EGNOS、日本 MSAS、印度 GAGAN、韩国 KASS、非洲 A-SBAS 等)和地基增强系统(GBAS，主要包括 LAAS、JPALS、CORS、Locata 和伪卫星等)。本章将对这些导航系统分别进行相关介绍。

为了便于比较分析，表 2.1-1 给出了 GNSS 四大全球卫星导航系统和两个区域卫星导航系统的主要情况介绍。

表 2.1-1　GNSS 全球系统和区域系统主要参数比较

比较项目	GPS	GLONASS	Galileo	BDS-3	NavIC	QZSS
多址方式	CDMA	FDMA(旧) CDMA(新)	CDMA	CDMA	CDMA	CDMA
星座卫星	24MEOs +6 备份星	24MEOs +2 备份星	24MEOs +6 备份星	24MEOs+ 3GEOs+3IGSOs +备份星	5IGSOs+ 3 GEO	3IGSOs+ 1 GEO
轨道面	6	3	3	3	3	3
轨道倾角/(°)	55	64.8	56	55	29	45
轨道高度/km	22 200	19 100	23 222	21 528(MEO) 35 786(GEO/IGSO)	42 164 (半长轴)	42 165 (半长轴)
信号发射功率	低	低	高	低	低	低
所用频段数	3(L1,L2,L5)	4(L1,L2, L3,L5)	3(E1,E5, E6)	3(B1,B2, B3)	3(C,L5,S)	4(L1,L2, L5,L6)
运行周期	11h58min	11h15min	14h21min	12h37min	24h	23h56min
测地坐标系	WGS-84	PZ-90	GTFR	CGCS 2000	WGS-84	JGS
时间基准	GPST	RUS	GST	BDT	IRNWT	QZSST

为了满足用户不同方面的需求，各卫星导航系统的信号体制也不尽相同。图 2.1－1 是 GPS、GLONASS、Galileo、BDS、QZSS 和 NavIC 卫星导航系统在占用频带内的信号分布情况。

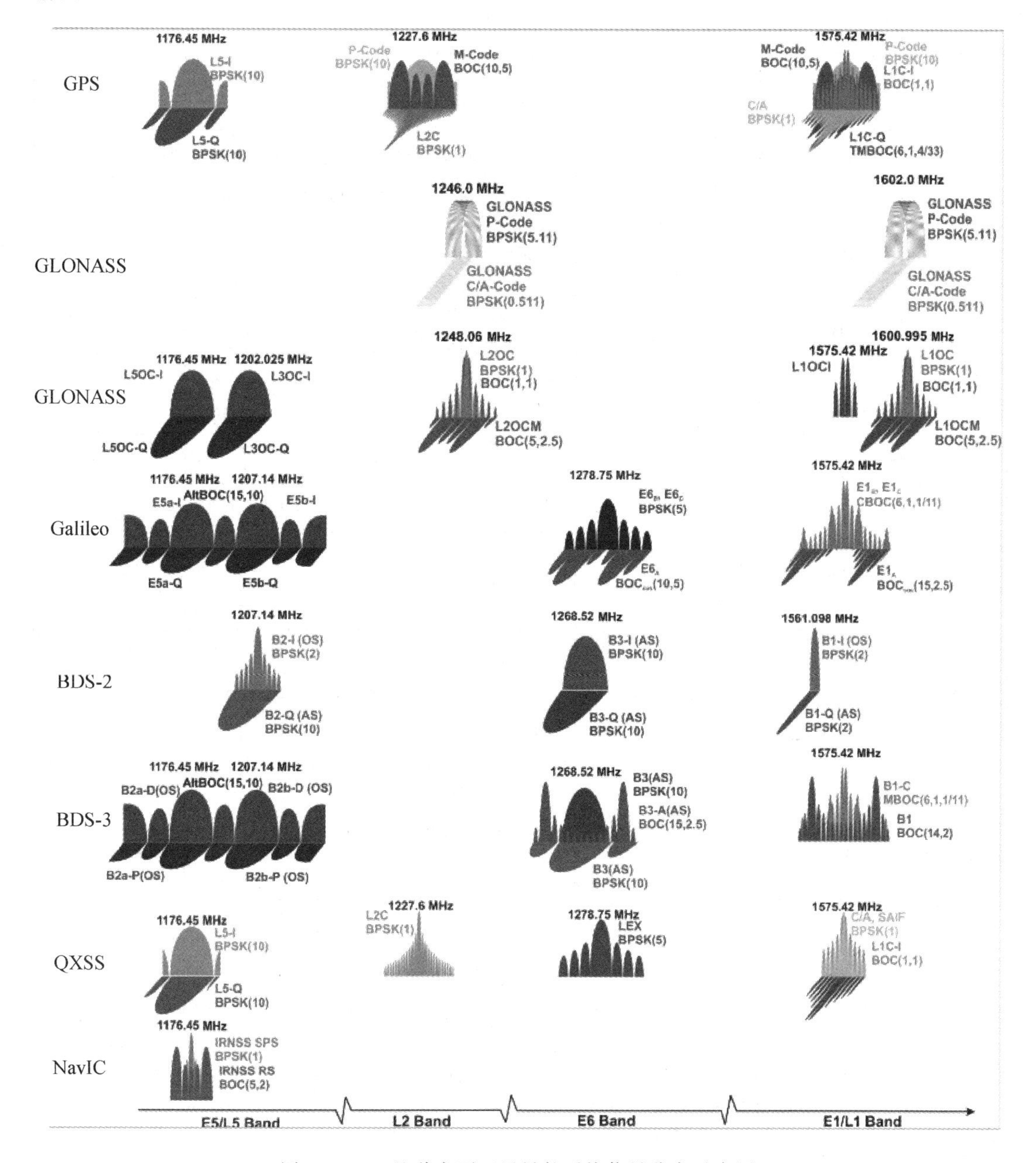

图 2.1－1　几种主要卫星导航系统信号分布示意图

GNSS 给人们的生活带来了极大的方便，但是单独的 GNSS 定位精度并不能满足用户的所有需求。导航增强系统作为辅助系统，配合 GNSS 可实现高精度定位等导航服务。本章还介绍了几种现有的导航增强系统的发展现状及发展趋势、卫星状态及信号特点等。

表 2.1－2 给出了基于 SBAS 互操作工作组(Interoperability Working Group，IWG)讨论给出的增强服务及精度。

表 2.1-2　基于 SBAS 互操作工作讨论给出的增强服务及精度

系统	服务	精度	支持的卫星星座	所属国家
A-SBAS	SBAS		当前：GPS 未来：GPS+Galileo	阿塞尼亚
	PPP-AR*		GPS+Galileo	
BDSBAS	SBAS	水平：<5 m； 垂直：<8 m	当前：BDS+GPS+GLONASS 未来：BDS+GPS+GLONASS+Galileo	中国
	PPP-AR		BDS	
EGNOS	SBAS	水平：<1 m； 垂直：<1.5 m	当前：GPS 未来(EGNOS V3)：GPS+Galileo	欧盟
	PPP-AR		GPS+Galileo	
GAGAN	SBAS	水平：<1.5 m； 垂直：<2.5 m	GPS	印度
KASS	SBAS	水平：<1 m； 垂直：<1.7 m	GPS	韩国
MSAS	SABS	<2 m	当前：GPS 未来(MSASV4)：GPS+GLONASS+Galileo+BDS+QZSS	日本
SDCM	SBAS	水平：<0.5 m； 垂直：<0.8 m	当前：GPS+GLONASS 未来：GPS+GLONASS+Galileo+BDS	俄罗斯
	PPP-RTK		GPS/GLONASS/Galileo/BDS	
SPAN	SBAS	<1 m	当前：GPS 未来：GPS+Galileo	澳大利亚和新西兰
	PPP*		GPS+Galileo	
WAAS	SBAS	水平：<1 m； 垂直：<1.5 m	GPS	美国

注：* 表示 2020 年 3 月的试验阶段。

大多数的卫星导航系统及卫星增强系统将在近期内正式提供多频服务。图 2.1-2 给出了 2020—2025 年间各主要卫星导航系统及增强系统的发展规划。

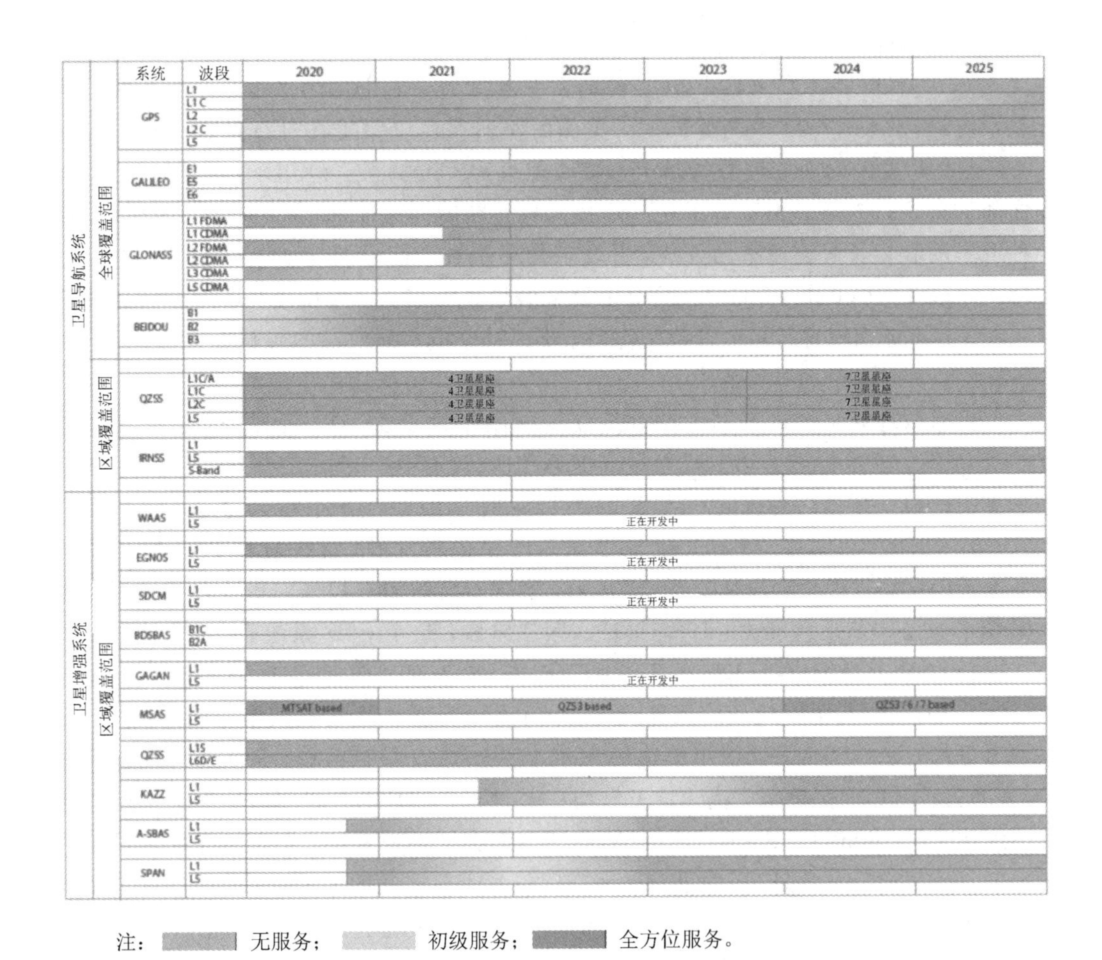

注：无服务；初级服务；全方位服务。

图 2.1-2 各主要卫星导航系统及增强系统 2020—2025 年发展规划

2.2 全球卫星导航系统

全球导航卫星系统是能够在全球范围内向用户提供空间位置和时间信息的卫星定位系统，主要包括美国的 GPS(Global Positioning System)，俄罗斯的 GLONASS(GLObal NAvigation Satellite System)，中国的北斗卫星导航系统(BeiDou navigation satellite System，BDS)以及欧洲的 Galileo(Galileo navigation satellite system)。

2.2.1 GPS

1. GPS 系统

1959 年，美国第一颗子午仪卫星定位系统(Transit)试验星的成功发射，标志着人类社会进入了卫星导航新时代。早期的导航系统主要有三个(Tsui，2008)：美国海军导航系统(也称子午仪，英文表示为 Transit)、美国海军的 Timation 和美国空军 621B 计划。美国海军于 1963 年建成的子午仪导航系统，主要是以轨道高度为 1000 km 的低轨卫星为星座，工作频段为 150 MHz 和 400 MHz，以多普勒频率测量为导航定位的基本观测量的第一代卫星导航系统(唐祖平，2009)；与此同时，美国海军研究实验室也在进行星载高稳定时钟试验，以获得高精度的时间传递测量结果，该计划也称 Timation，利用单边带调制技术计算星地之间的距离；在 1963 年，为了进一步提高导航精度，美国空军提出了 621B 计划，研究了各种卫星的数量及其轨道布局方式，并建议使用带数字信号的伪随机噪声(PRN)调制技术进行测距(Elliott et al.，2002)，但由于卫星信号频率较低、数量较少、运行轨道较低等缺点，导致其不能实时定位，难以精密定轨，难以补偿电离层效应的影响等，无法满足高动态、高精度和实时定位的导航需求。

为了更有效地满足全球范围内精确导航定位的军事需要，美国国防部从 1973 年开始筹建 GPS 系统，这也标志着第二代卫星导航系统时代的到来。图 2.2-1 给出了 GPS 卫星星座示意图。GPS 系统的建设共经历三个阶段(谢钢，2013)，历时 20 年建成：第一阶段始于 1973 年，1978 年 2 月 22 日第 1 颗 GPS 试验卫星成功发射，标志着整个 GPS 系统的建设由理论转向实践；第二阶段从 1979 年开始，实现对特殊用户提供二维定位服务，标志着 GPS 系统已具备初步运行能力；1985 年进入第三阶段，整个 GPS 系统于 1994 年 3 月全部建成，共由 24 颗卫星组成，1995 年 7 月 17 日，GPS 达到全面运行能力(Full Operational Capability，FOC)。与第一代系统相比，第二代卫星导航系统主要有四个方面的提升：一是卫星轨道更高，如 GPS MEO 卫星轨道约为 20 000 km；二是卫星数量明显增多，GPS 星座有 24 颗卫星；三是工作频率更高，其工作均在 L 波段；四是第二代卫星导航系统定位原理是基于到达时间(Time Of Arrival，TOA)的三球交会原理来测量，大大地提高了系统导航定位精度及连续性。GPS 是 20 世纪人类在空间技术上最重大的成就之一，是继阿波罗计划和航天飞机计划之后的又一庞大的空间计划。1999 年 1 月，美国政府宣布进行 GPS 现代化改造，目的是维护 GPS 系统在全球范围内的主导地位，在保护战区内美军及其同盟军正常使用 GPS 的同时也在防止敌军使用，以保证 GPS 民用信号被和平利用。

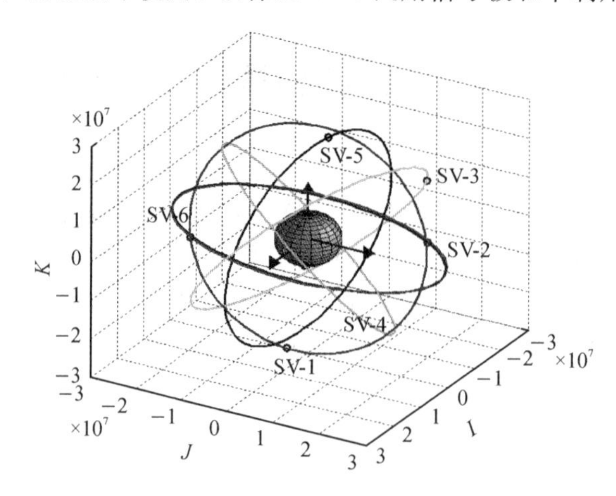

图 2.2-1　GPS 卫星星座示意

GPS 系统具有覆盖全球、全天候工作，提供高动态、高精度服务等特点，可为全球范围的用户提供精确和连续的三维位置和速度信息，其粗码精度达 100 m，精码精度可达 10 m。GPS 系统由卫星空间星座、地面监测系统和用户终端组成。卫星运行周期约半个恒星日，合 11 小时 57 分钟 58.3 秒，具体参数详见表 2.1－1。

目前，美国正在进行一项雄心勃勃的 GPS 现代化计划。该计划自 2018 年初开始部署了名为 Vespucci 和 Magellan 的新卫星(GPS-Ⅲ)，这两颗卫星分别于 2020 年 1 月和 4 月加入了可运行的 GPS 星座，详情请参见 GPS 官网。

截至 2021 年 10 月底，GPS 星座共有 31 颗在轨运行卫星，主要包括 7 颗 GPS Block IIR 在轨运行卫星，7 颗 GPS Block IIR-M 在轨运行卫星，12 颗 GPS Block IIF 在轨运行卫星和 5 颗 GPS III 卫星，详见表 2.2－1 所示。

表 2.2－1　GPS 卫星发射时刻表

卫星编号	星位	卫星型号	发射时间	卫星编号	星位	卫星型号	发射时间
G24	A1	IIF	2012-10-04	G21	D3	IIR	2003-03-31
G31	A2	IIR-M	2006-09-25	G06	D4	IIF	2014-05-17
G30	A3	IIF	2014-02-21	G11	D5	III	2021-06-17
G07	A4	IIR-M	2008-03-15	G18	D6	III	2019-08-22
G16	B1	IIR	2003-01-29	G03	E1	IIF	2014-10-29
G25	B2	IIF	2010-05-28	G10	E2	IIF	2015-10-30
G12	B4	IIR-M	2006-11-17	G05	E3	IIR-M	2009-08-17
G26	B5	IIF	2015-03-25	G20	E4	IIR	2000-05-11
G14	B6	III	2020-11-05	G23	E5	III	2020-06-30
G29	C1	IIR-M	2007-12-20	G22	E6	IIR	2003-12-21
G27	C2	IIF	2013-05-15	G32	F1	IIF	2016-02-05
G08	C3	IIF	2015-07-15	G15	F2	IIR-M	2007-10-17
G17	C4	IIR-M	2005-09-26	G09	F3	IIF	2014-08-02
G19	C5	IIR	2004-03-20	G04	F4	III	2018-12-23
G02	D1	IIR	2004-11-06	G13	F6	IIR	1997-07-23
G01	D2	IIF	2011-07-16				

2. GPS 信号体制

第一代 GPS 卫星导航系统信号于 1973 年设计，采用的是直序扩频通信(Direct Sequence Spread Spectrum，DSSS)体制。1999 年初美国提出了 GPS 现代化改造计划：从卫星星座、信号体制、星上抗干扰、军民信号分离等角度出发，对 GPS 系统进行全面改造和进一步完善。1997 年，美国 GPS 联合计划办公室(Joint Program Office，JPO)成立了“GPS 现代化信号设计组”(GPS Modernization Signal Design Team，GMSDT)，到 2002 年基本完成 L2C、L5、L1 和 L2 频段上 M 码军用信号的设计，2003—2013 年完成 GPS II 的现代化任务，并于 2013 年底开始部署 GPS III(Barker et al.，2006；Director et al.，2011)。在 GPS 现代化改造计划中，增加了一些新的军用和民用导航信号，同时对导航信号的调制方式、导航电文设计等方面进行了一系列改进，具体改进内容如下：

（1）新增 L2C 信号，与 L1C/A 实现双频电离层校正；新增 L5 信号，提供民用高精度信号；新增 L1C 信号，实现多系统互操作；增加新的民用信号频点，可以提供更优质的非军事应用。

（2）使用 BOC 调制方式，在实现较高定位精度的前提下，提高频率资源的利用率。

（3）使用导频通道以实现稳健的信号接收和提升信号的定位精度。

（4）使用强大的纠错编码实现在更低信号电平下导航信息的解调。

（5）改进导航电文设计，与纠错编码配合实现更低的差错率和更短的首次定位时间。

（6）改进军用信号(M 码信号)导航电文设计，实现更高效的导航信息分发。

对于民用用户，现代化改造计划后的 GPS 信号，提供了更稳健的抗干扰能力，大气层延时补偿和三维着陆能力；对于军用用户，提高了反敌意用户使用能力，提供了更强大的抗干扰能力和安全性。新信号整体提升了精度、可靠性、完好性和有效性。

GPS 系统信号体制的发展历程可总结如下：

（1）1978—1985 年：共发射 11 颗 Block I 卫星，组成演示系统，用于验证 GPS 可行性。播发 L1C/A 导航信号、L1&L2(P 码)导航信号。该类型卫星设计寿命为 5 年，但一般都工作了十多年，在 1995 年退役。

（2）1986—2004 年：共发射 9 颗 Block II 卫星，在 2007 年退役；共发射 19 颗 IIA 卫星，具有 SA 和 AS 功能；共发射 13 颗 IIR 卫星，具有星间通信和自主导航功能。这些卫星能够提供单频 L1C/A 码标准服务和双频(L1 和 L2)精密服务，进行 Y 码导航，初步具备导航服务能力，卫星设计寿命为 7.5 年，寿命最长的一颗卫星服役 26.5 年，在 2020 年 4 月退役。

（3）2005—2009 年：此阶段为现代化第一阶段，共发射了 8 颗 Block IIR-M 卫星。该类型卫星是对 Block IIA/IIR 卫星性能的进一步提升，并且开始播发第二个民用信号 L2C，目的是满足商业需求。同时该类型卫星播发 M 码信号(L1M 和 L2M)，可以进行 L5 频点演示及抗干扰可变功率，卫星设计寿命为 7.5 年。目前，7 颗卫星可用，其中 1 颗卫星为备用状态。

（4）2010—2016 年：此阶段为现代化第二阶段，共发射了 12 颗 Block IIF 卫星。该类型卫星是对 IIR-M 性能的进一步提升，开始播发第三民用信号 L5，目的是满足交通运输系统对人身安全的需求。在该类型卫星上具备可编程的导航处理器，从而能够达到更高的精度，卫星设计寿命为 12 年，目前全部卫星可用。

（5）2016—2024 年：此阶段为现代化第三阶段，计划在此阶段集中发射 GPS III 和 GPS IIIF 卫星。截至目前已发射 4 颗 GPS III 卫星，其中第一颗卫星于 2018 年 12 月 23 日发射。该类型卫星是对 IIF 性能的进一步提升，开始使用第四民用信号 L1C，目的是满足全球 GNSS 对互操作性的要求，进一步提高全球覆盖率，提高准确度并增强完好性。另外，该卫星能够提供近似实时命令，并使用点波束抗干扰技术，卫星设计寿命为 15 年。

图 2.2-2 和表 2.2-2 分别给出了 GPS 系统的信号频谱结构及信号体制概况。在第 3 章中将对卫星导航信号各种常见的调制方式、复用方式及其特点展开详细介绍。

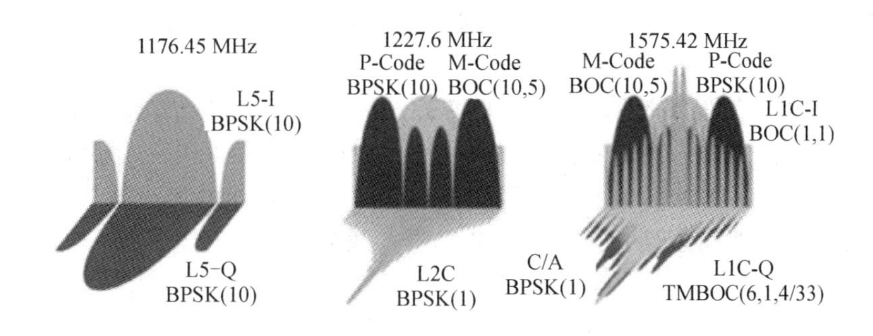

图 2.2－2　GPS 信号频谱结构

表 2.2－2　GPS 信号体制概况

信号	载波频率/MHz	调制方式	码长	二次码长/bit	码速率/(Mc/s)	符号速率/(S/s)	服务类型
L1 C/A	1575.42	BPSK	1023	N/A	1.023	50	OS
$L1C_D$		MBOC	10 230	N/A	1.023	100	OS
$L1C_P$			10 230	1800	1.023	—	
L1P(Y)		BPSK	6.187104×10^{12}	N/A	10.23	50	AS
L1M		BOC(10,5)	N/A	N/A	5.115	N/A	AS
$L2C_D$	1227.6	BPSK	10 230	N/A	1.023	50	OS
$L2C_P$			767 250	N/A	CM/CL	—	
L2P(Y)		BPSK	N/A	N/A	10.23	50	AS
L2M		BOC(10,5)	N/A	N/A	5.115	N/A	AS
$L5C_D$	1176.45	QPSK	10 230	10	10.23	100	OS
$L5C_P$			10 230	20	10.23	—	

注：C_D 表示数据通道，C_P 表示导频通道，N/A 表示未知或未公开。

2.2.2 GLONASS

1. GLONASS 系统

1957 年 10 月 4 日，苏联发射了人类历史上第一颗人造地球卫星，并于 1976 年初，开始启动建设与美国 GPS 系统相类似的卫星定位系统 GLONASS，2011 年 1 月 1 日正式向用户提供服务，目前该系统由俄罗斯空间局管理。GLONASS 卫星星座由 24 颗卫星组成，均匀分布在 3 个近圆形的轨道面上，轨道高度为 19 100 km，运行周期为 11 时 15 分，轨道倾角为 64.8°。该系统可提供高精度的三维空间位置信息和速度信息，同时也提供授时服务，具体参数详见表 2.1－1。GLONASS 系统分为空间卫星部分、地面监控部分和用户终端三部分(Bernhard et al.，2008；Revnivykh，2007；Nosenko，2008；Menshikov et al.，2006)。GLONASS 系统的控制部分由 1 个系统控制中心、5 个遥测遥控站和 9 个监测站组成，系统时间溯源到俄罗斯国家 Etalon 时 UTC(SU)。

俄罗斯虽然先后发射了 80 多颗 GLONASS 卫星，但由于卫星寿命及资金等方面的原因，GLONASS 系统尚未形成与 GPS 系统分庭抗礼的局面。图 2.2－3 为 GLONASS 系统卫星星座示意图。GLONASS 卫星工作寿命仅为 3～5 年，由于补网更新卫星迟迟跟不上，所以导致该系统一度处于崩溃边缘，2000 年仅有 7 颗卫星可以工作。

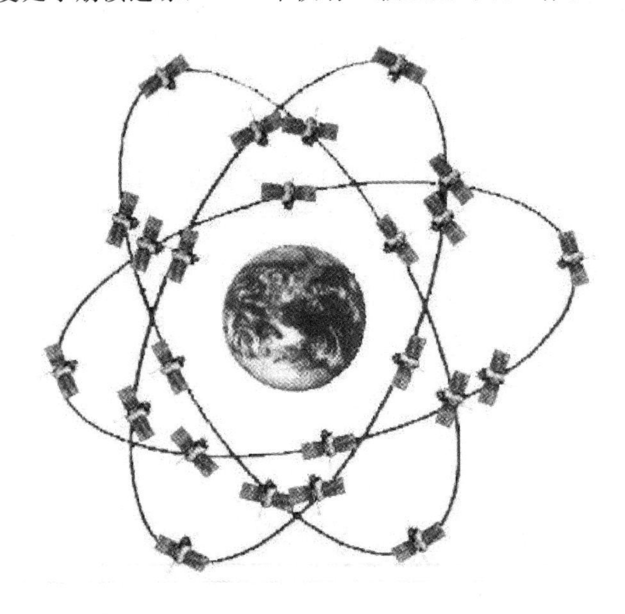

图 2.2－3　GLONASS 卫星星座示意

GLONASS 采用频分多址(FDMA)体制，依据工作频率的不同来区分卫星，各个卫星的伪随机码相同，因此 GLONASS 可以防止整个卫星导航系统同时被敌方干扰，具有更强的抗干扰能力。为了进一步提升系统的性能，并增加与其他 GNSS 系统的兼容性，俄罗斯正在发展新型的 CDMA 多址方式的 GLONASS-K 和 GLONASS-KM 卫星。

GLONASS-K 是最新一代的 GLONASS 卫星。其中，第一颗卫星于 2016 年 2 月投入使用。GLONASS-K 卫星除了发射传统的 FDMA 信号外，还发射 CDMA 信号(目前在 E5 频段 L3＝1202.025 MHz 发射，但将来也在 L1 和 L2 频率发射)，并配有 SAR(合成孔径雷达)转发器。2011 年 2 月 26 日俄罗斯发射了第一颗 GLONASS-K 测试卫星，这是第三代 GLONASS 卫星，其重量更轻，寿命至少为 12 年，且传送第三个民用和军用信号 L3，还增加了搜索和救援载荷功能；GLONASS-KM 卫星是第四代卫星，其性能更高，并将发射 L5 信号。上一代 GLONASS-M 卫星在 2019 年之前一直用于星座维护，但从 2020 年起将被 GLONASS K1 和 K2 卫星取代。这些卫星还具有改进后的时钟稳定性，以及新的控制、指挥和 ODTS 技术。从长远来看(约 2025 年以后)，现有的仅由 MEO 卫星构成的星座可能会增加 6 颗高椭圆轨道卫星(HEO)，详情请参见 GLONASS 官网。

截至 2021 年 10 月底，GLONASS 星座共有 23 颗在轨运行卫星，表 2.2－3 所示为 GLONASS 各卫星发射情况表。

表 2.2-3　GLONASS 卫星发射时刻表

卫星编号		信道频道号	发射时间	卫星编号		信道频道号	发射时间
R01	730	+1	2009-12-24	R14	752	−7	2017-09-22
R02	747	−4	2013-04-26	R15	757	0	2018-11-03
R03	744	+5	2011-11-04	R16	736	−1	2010-09-02
R04	759	+6	2019-12-11	R17	751	+4	2016-02-27
R05	756	+1	2018-06-17	R18	754	−3	2014-03-24
R06	733	−4	2009-12-14	R19	720	+3	2007-10-26
R07	745	+5	2011-11-04	R20	719	+2	2007-10-26
R08	743	+6	2011-11-04	R21	755	+4	2014-06-14
R09	702	−2	2014-12-01	R22	735	−3	2010-03-02
R10	723	−7	2007-12-25	R23	732	+3	2010-03-02
R12	758	−1	2019-05-27	R24	760	+2	2020-03-16
R13	721	−2	2007-12-25				

GLONASS 系统主要应用于俄罗斯本国的军事领域和交通等重要部门，随着 ICD 文件的公布，GLONASS 与 GPS 组合导航接收机在民用领域应用越来越广泛。

2. GLONASS 信号体制

现有的 GLONASS-M 卫星信号主要采用 FDMA 体制。从 2008 年开始，GLONASS 系统开始着手研究应用新型 CDMA 信号。最新发射的 GLONASS-K1 卫星播发新型 CDMA 试验信号，该信号位于 L3 波段，中心频率为 1202.025 MHz。近几年即将发射的 GLONASS-K2 卫星，将在原有 FDMA 频率附近额外加 3 个 CDMA 信号：一个加在 L2 波段频率为 1242 MHz 处，另外两个信号加在 L1 波段频率为 1576.45 MHz 处。计划发射的 GLONASS-KM 卫星，将发射 L5 波段频率为 1176.45 MHz 的 CDMA 信号。

目前，GLONASS 系统 CDMA 信号的格式与调制方式尚未公开，但有消息称，L1 OS 信号将是以 1575.42 MHz 为中心频率的 BOC(2，2)调制，L3 OS 信号将是以 1202.025 MHz 为中心频率的 QPSK(10)调制，L5 OS 信号将是以 1176.45 MHz 为中心频率的 BOC(4，4)调制。这些信号与 GPS、Galileo 和 BDS 信号调制性能相近，易于实现与其他 GNSS 系统间互操作。随着 CDMA 信号的陆续推出，GLONASS 星座将拓展到 30 颗卫星，并最终取消 FDMA 信号。

GLONASS-M 卫星信号在信号组成上与 GPS 系统的 BPSK 调制信号类似，在载波频率 L1 和 L2 上发送的导航信息是二进制序列，调制方式为 BPSK，载波相移键控是在 π rad 上实现的，最大误差为 ± 0.2 rad。

GLONASS 调制信号是由伪随机(PR)测距码、导航电文、辅助的明德(Meander)码序列模二和后调制在 L1 或 L2 载波上而产生的。GLONASS 系统采用了军民合用、不加密的开放政策(GLONASS-ICD，2008)。下面分别从载波、测距码和导航电文三部分简要介绍 GLONASS 信号的特点。

(1) 载波。在 L1 与 L2 频带载波定义如下：

$$f_{k1} = f_{01} + K\Delta f_1 \tag{2.2-1}$$

$$f_{k2} = f_{02} + K\Delta f_2 \tag{2.2-2}$$

式中，$k=-7,-6,-5,\cdots,6$，表示卫星发射频率数量；$f_{01}=1602$ MHz；$f_{02}=1246$ MHz；$\Delta f_1=562.5$ kHz，$\Delta f_2=437.5$ kHz。L1 频率范围为 1598.0625～1 605.375 MHz，L2 为 1242.9375～1248.625 MHz。

新增 L3 频段载波为 1175×1.023 MHz=1202.025 MHz，采用 QPSK(10)调制方式，在正交载波上分别调制数据分量和导频分量(L3I 和 L3Q)。

(2) 测距码。GLONASS 信号调制有两种伪随机噪声码：S 码和 P 码。GPS 的伪随机码是 GOLD 码，由两个 M 序列模二和构成的，而 GLONASS 的测距码是周期为 1 ms、比特率为 511 kHz 的 M 序列，由 9 级移位寄存器的第 7 级输出，生成多项式为 $G(x)=1+x^5+x^9$，初始相位为 111111111。

(3) 导航电文。导航电文数据速率为 50 b/s，主要包括即时数据和非即时数据。即时数据与发送导航信号的卫星直接相关，非即时数据(GLONASS 历书)与 GLONASS 星座中所有卫星有关，表 2.2-4 给出了 GLONASS 卫星导航系统所采用的信号体制概况。

表 2.2-4 GLONASS 信号体制概况

信号		L1 FDMA	L1 CDMA	L2 FDMA	L2 CDMA	L3 CDMA	L5 CDMA
卫星	时间	1602+n×0.5625 MHz	1575.42 MHz	1246+n×0.4375 MHz	1242 MHz	1202.025 MHz	1176.45 MHz
GLONASS	1982—2003	L1OF、L1SF	N/A	L2SF	N/A	N/A	N/A
GLONASS-M	2003—2011	L1OF、L1SF	N/A	L2OF、L2SF	N/A	N/A	N/A
GLONASS-K1	2011—2020	L1OF、L1SF	N/A	L2OF、L2SF	N/A	L3OC	N/A
GLONASS-K2	计划 2021	L1OF、L1SF	L1OC、L1SC	L2OF、L2SF	L2SC	L3OC	N/A
GLONASS-KM		L1OF、L1SF	L1OC，L1SC，L1OCM	L2OF、L2SF	L2SC，L2OC	L3OC，L3SC	L5OC

注："O"表示开放服务信号(标准精度信号)，该信号测距码速率为 0.511 MHz；"S"表示授权服务信号(高精度信号)，该信号测距码速率为 5.11 MHz，本书仅评估标准精度信号；"F"表示 FDMA；"C"表示 CDMA；$n=-7,-6,-5,\cdots,6$；FDMA 的 L1、L2 测距码周期为 1 ms，码速率为 511 kb/s，电文传输速率 50 b/s；"N/A"表示未知或未公开。

2.2.3　BDS

1. BDS 系统

20 世纪后期，我国开始逐步探索适合本国国情的卫星导航系统的发展道路，北斗卫星导航系统(BeiDou Navigation Satellite System，BDS)便应运而生。BDS 系统是我国自主设计研发、独立运行且具有完全自主知识产权的全球卫星导航定位与通信系统(谭述森，2006；谭述森，2008；杨元喜，2010)，也是继 GPS、GLONASS 和 Galileo 之后的第四个成熟的卫星导航系统。BDS 系统秉承开放、自主、兼容、渐进的基本原则，致力于为全球用户提供连续、稳定、可靠的定位、导航、授时服务。

北斗卫星导航系统采取“先区域后全球”的战略方针，逐步形成了三步走的发展战略(冉承其，2019)：第一步，到 2000 年年底，建成北斗一号系统，向中国提供服务；第二步，到 2012 年年底，建成北斗二号系统，正式向亚太地区提供服务；第三步，到 2020 年 7 月，建成北斗全球系统，向全球提供服务。其发展过程如表 2.2－5 所示。

表 2.2－5　BDS 系统的发展过程

步骤	时 间	具 体 状 态
第一步	1994—2003 年	1994 年，启动北斗一号系统工程建设；2000 年，发射 2 颗地球静止轨道卫星，建成北斗一号，采用有源定位体制，为中国用户提供定位、授时、广域差分和短报文通信服务，适应中低动态用户，缺点是容量受限；2003 年发射第 3 颗地球静止轨道卫星，进一步增强系统性能
第二步	2004—2012 年	2004 年，启动北斗二号系统工程建设；2012 年年底，完成 14 颗卫星(5 颗地球静止轨道卫星、5 颗倾斜地球同步轨道卫星和 4 颗中圆地球轨道卫星)发射组网，建成北斗二号，为中国及周边地区提供导航、定位、授时、广域差分和短报文通信服务，能够适应所有动态用户，容量无限
第三步	2012—2020 年	2009 年启动北斗三号系统建设，2015—2016 年 BDS 系统完成了 5 颗北斗三号卫星试验验证，全面突破了系统的关键核心技术，卫星状态基本固化。2018 年 12 月 27 日，系统建成由 18 颗 MEO(Medium Circle Orbit)卫星构成的基本星座，开始向全球用户提供初始的导航定位服务(RNSS)；2020 年 6 月 23 日，北斗三号第 30 颗组网卫星成功发射，标志着北斗三号全球组网成功，再次让世人见证了中国速度。目前，北斗三号由 24 颗 MEO 卫星、3 颗 IGSO 卫星和 3 颗 GEO 卫星组成，能够提供完整的服务(RNSS、RDSS、SBAS、全球短报文、PPP、SAR)，精度、可用性全面提升，星间链路、自主导航创新领先，用户体验优异，全面实现了国际化

BDS 系统卫星星座由 3 颗地球静止轨道(GEO)卫星、26 颗中圆地球轨道(MEO)卫星和 5 颗倾斜地球同步轨道(IGSO)卫星组成。GEO 卫星轨道高度为 35 786 km，分别定点于东经 58.75°、80°、110.5°、140°和 160°；MEO 卫星轨道高度为 21 528 km，轨道倾角为 55°；IGSO 卫星轨道高度为 35 786 km，轨道倾角为 55°。北斗三号卫星将增加性能更优的互操作信号 B1C，并随着全球系统建设将 B2I 逐步升级为性能更优的 B2a 信号，另外还将提供星基增强服务(Satellite-Based Augmentation System，SBAS)及搜索救援服务(Search And

Rescue, SAR），同时北斗三号将采用性能更优的铷原子钟和氢原子钟。图2.2-4所示为北斗卫星星座示意图。

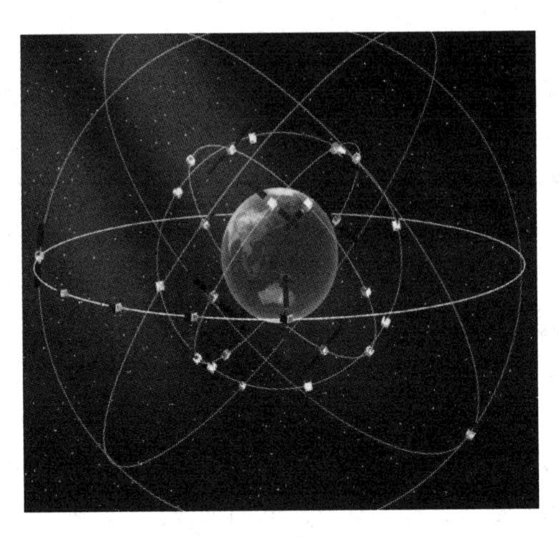

图2.2-4 北斗卫星星座示意

截至2021年10月底，北斗星座共有49颗在轨卫星，其中包括15颗北斗二号卫星（5颗GEO卫星、7颗IGSO卫星和3颗MEO卫星）、4颗在轨试验卫星（1颗IGSO-1S卫星，1颗IGSO-2S卫星，1颗MEO-1S卫星和1颗MEO-2S卫星）以及30颗北斗三号全球卫星，详情请参见BDS官网。表2.2-6为北斗卫星发射时刻表。

表2.2-6 BDS卫星发射时刻表

卫星编号		系统阶段	发射时间	卫星编号		系统阶段	发射时间
C01	GEO-8	BDS-2	2019-05-17	C19	MEO-1	BDS-3	2017-11-05
C02	GEO-6	BDS-2	2012-10-25	C20	MEO-2	BDS-3	2017-11-05
C03	GEO-7	BDS-2	2016-06-12	C21	MEO-3	BDS-3	2018-02-12
C04	GEO-4	BDS-2	2010-11-01	C22	MEO-4	BDS-3	2018-02-12
C05	GEO-5	BDS-2	2012-02-25	C23	MEO-5	BDS-3	2018-07-29
C06	IGSO-1	BDS-2	2010-08-01	C24	MEO-6	BDS-3	2018-07-29
C07	IGSO-2	BDS-2	2010-12-18	C25	MEO-11	BDS-3	2018-08-25
C08	IGSO-3	BDS-2	2011-04-10	C26	MEO-12	BDS-3	2018-08-25
C09	IGSO-4	BDS-2	2011-07-27	C27	MEO-7	BDS-3	2018-01-12
C10	IGSO-5	BDS-2	2011-12-02	C28	MEO-8	BDS-3	2018-01-12
C11	MEO-3	BDS-2	2012-04-30	C29	MEO-9	BDS-3	2018-03-30
C12	MEO-4	BDS-2	2012-04-30	C30	MEO-10	BDS-3	2018-03-30
C13	IGSO-6	BDS-2	2016-03-30	C31	IGSO-1S	BDS-3S	2015-03-30
C14	MEO-6	BDS-2	2012-09-19	C32	MEO-13	BDS-3	2018-09-19
C16	IGSO-7	BDS-2	2018-07-10	C33	MEO-14	BDS-3	2018-09-19

续表

卫星编号		系统阶段	发射时间	卫星编号		系统阶段	发射时间
C34	MEO-15	BDS-3	2018-10-15	C44	MEO-22	BDS-3	2019-11-23
C35	MEO-16	BDS-3	2018-10-15	C45	MEO-23	BDS-3	2019-09-23
C36	MEO-17	BDS-3	2018-11-19	C46	MEO-24	BDS-3	2019-09-23
C37	MEO-18	BDS-3	2018-11-19	C56	IGSO-2S	BDS-3S	2015-09-30
C38	IGSO-1	BDS-3	2019-04-20	C57	MEO-1S	BDS-3S	2015-07-25
C39	IGSO-2	BDS-3	2019-06-25	C58	MEO-2S	BDS-3S	2015-07-25
C40	IGSO-3	BDS-3	2019-11-05	C59	GEO-1	BDS-3	2018-11-01
C41	MEO-19	BDS-3	2019-12-16	C60	GEO-2	BDS-3	2020-03-09
C42	MEO-20	BDS-3	2019-12-16	C61	GEO-3	BDS-3	2020-06-23
C43	MEO-21	BDS-3	2019-11-23				
PPP 服务				SBAS 服务			
C59	GEO-1	BDS-3	2018-11-01	C130	GEO-1	BDS-3	2018-11-01
C60	GEO-2	BDS-3	2020-03-09	C143	GEO-3	BDS-3	2020-06-23
C61	GEO-3	BDS-3	2020-06-23	C144	GEO-2	BDS-3	2020-03-09

2. 北斗信号体制

北斗区域系统信号调制方式以 QPSK 调制为主，而北斗全球系统信号则广泛采用了 BOC 调制方式。相比区域系统，全球系统信号体制主要做了如下改进：

(1) 采用性能更优的导航信号调制方式来进一步提升系统性能。

(2) 拟对军、民信号进行频谱分离，使其互不影响。

(3) 对信号参数进一步优化，如适当降低信息速率，增加数据通道和导频通道，进一步优化导航电文编排等。

(4) 在信号体制设计时，充分考虑与其他主要 GNSS 系统间的兼容性与互操作性。

图 2.2-5 给出了我国北斗全球系统信号频谱结构图。

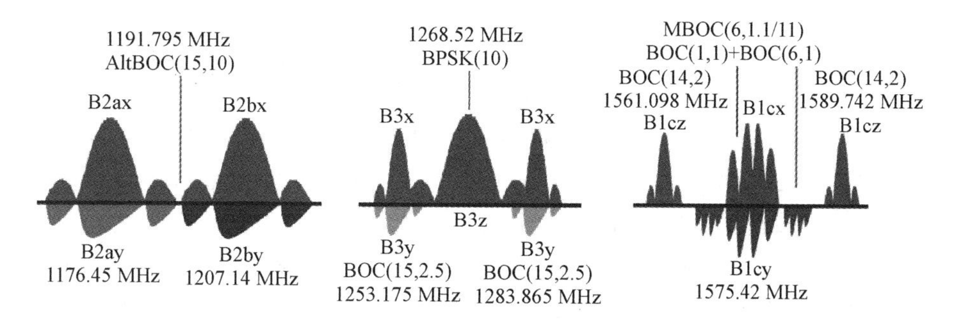

图 2.2-5　BDS 信号频谱结构

目前，公布的北斗全球系统(北斗三号)信号体制如表 2.2-7 所示。

表2.2-7　北斗全球系统(北斗三号)信号体制概况

信号	载波频率/MHz	码速率/MHz	码长	符号速率/(S/s)	二次码长/bit	调制方式	服务类型
B2(I)	1207.14	2.046	2046	MEO/IGSO：50	20	BPSK(2)+BPSK(10)	OS
				GEO：500	N/A		
B2(Q)		10.23	N/A	500	N/A		AS
B3(I)	1268.52	10.23	10 230	MEO/IGSO：50	20	QPSK(10)	OS
				GEO：500	N/A		
B3(Q)		10.23	N/A	500	N/A		AS
B1(I)	1561.098	2.046	2046	MEO/IGSO：50	20	QPSK(2)	OS
				GEO：500	N/A		
B1(Q)		2.046	N/A	500	N/A		AS

注：N/A表示未知或未公开。

北斗三号全球系统相比北斗二号区域系统，在星座特点、服务范围、服务类型、信号体制等方面发生了巨大变化，具体详见表2.2-8所示。从表中可以，BDS-3星座卫星数量更多，服务范围更广，服务类型更加多样化，播发的下行信号分量更多。同时，BDS-3新增加了星间链路和自主导航等功能。

表2.2-8　北斗二号与北斗三号主要特点比较

名　称	BDS-2	BDS-3
星座	5GEO+5IGSO+4MEO	3GEO+3IGSO+24MEO
服务范围	亚太	全球
服务类型	RNSS，RDSS	RNSS，RDSS，全球短报文，SBAS，PPP，SAR
下行信号	B1I，B2I，B3I，B1Q，B2Q，B3Q	B1I，B1C，B2a，B2b，B3I，B1A，B3Q，B3A
星间链路	无	有
自主导航	无	有

北斗三号提供RNSS及无线电测定等(Radio Determination Satellite Service，RDSS)6种服务，各类服务与播发信号间的映射关系如表2.2-9所示。其中，B1I、B3I、B1C、B2a、B2b用来提供公开导航定位服务；3个GEO的B1C、B2a信号是星基增强信号；区域短报文RSMCS使用3个GEO卫星，L上传，S频率下传；全球短报文使用14个MEO卫星，L上传，B2b下传；国际搜救由6个MEO来完成，服务频点为406 MHz和1544.21 MHz；3个GEO通过B2b信号提供精密单点定位服务(蔡洪亮，2019)。

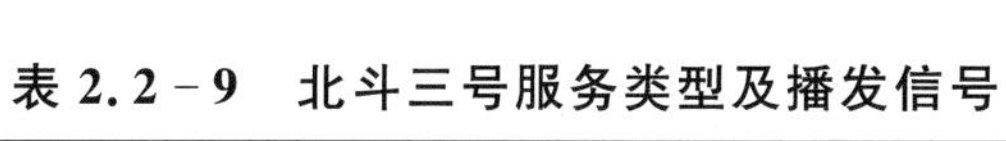

表 2.2-9 北斗三号服务类型及播发信号

序号	服务类型		信号分量	卫星	覆盖范围
1	导航定位	公开	B1C、B1I、B2a、B3I	GEO IGSO MEO	全球
		授权	B1A、B3A、B3Q		
2	星基增强	公开	SBAS-B1C、SBAS-B2a	GEO	我国及周边
		授权	SBAS-B1A		
3	精密定位信息播发	公开	B2b	GEO	我国及周边
4	区域短报文通信	公开 授权	L(入站) S(下行)	GEO	我国及周边
5	全球短报文通信	公开	L(上行) B2b(下行)	上行：MEO(14 个) 下行：IGSO、MEO	全球
6	国际搜救	公开	UHF(上行) B2b(下行)	上行：MEO(6 个) 下行：IGSO、MEO	全球

在信号体制方面，北斗三号很好地兼容了北斗二号，并增加了 B1C、B2a、B1A、B3A 信号，详见表 2.2-10。其中，B1C、B2a 信号的带宽更宽、测距精度更高、互操作性能更好；北斗三号增加了导频通道以调高弱信号接收灵敏度；采用全球电离层模型 BDGIM，轨道精度和电离层改正精度较北斗二号都有显著提升。

表 2.2-10 北斗三号信号特点

序号	频点	中心频率/MHz	信号分量	调制方式	信息速率/(b/s)	兼容互操作
1	B1	1575.42	B1C_data	BOC(1,1)	50	GPS L1 Galileo E1
			B1C_pilot	QMBOC(6,1,4/33)	0	
		1561.098	B1I	BPSK(2)	50(MEO/IGSO), 500(GEO)	—
2	B2	1176.45	B2a_data	QPSK(10)	100	GPS L5 Galileo E5a
			B2a_pilot		0	
		1207.14	B2b_I	QPSK(10)	500	Galileo E5b
			B2b_Q		500	
3	B3	1268.52	B3I	BPSK(10)	50(MEO/IGSO), 500(GEO)	—

2.2.4 Galileo

1. Galileo系统

考虑到卫星导航系统建设在政治、经济和军事等领域内的重大战略意义，1996年7月23日，在欧洲议会和欧盟交通部长会议上，首次提出了建立欧洲自主定位和导航系统的问题，目的是要建成一个独立于美国GPS系统的Galileo卫星导航系统，并强调在其性能上将会优于GPS系统。1998年3月17日，欧盟交通部委托欧洲委员会研究拟定欧洲全球卫星导航系统发展计划。2000年11月22日，欧洲委员会提交了《欧洲伽利略卫星导航系统可行性评估报告》，汇总了伽利略卫星导航系统论证阶段的重要成果。2002年3月26日，欧盟首脑会议批准了Galileo卫星导航定位系统的实施计划。这标志着在不久的将来，欧洲将拥有自己的卫星导航定位系统，并结束美国的GPS系统一家独大的局面(刘春保，2019)。

Galileo系统是欧洲联合研制的新一代民用全球卫星导航系统，按照规划"伽利略计划"将耗资约27亿美元。建成后的Galileo系统将由30颗卫星组成，其中27颗卫星为工作卫星，3颗为候补卫星，具体参数详见表2.1-1所示。Galileo系统能够实现与美国GPS系统和俄罗斯GLONASS系统相兼容，为未来用户提供多种导航定位系统的选择，而不再受单一系统的制约。Galileo系统可以实现分米级的定位精度，即便是免费信号的定位精度也可达到6 m。

2005年12月28日，Galileo系统首颗在轨验证卫星GIOVE-A的成功发射，标志着"伽利略计划"在轨验证阶段迈出了重要一步(第二颗验证卫星GIOVE-B也于2008年4月27日成功发射)。2011年10月21日，首批两颗Galileo在轨验证卫星Galileo-IOV PFM和Galileo-IOV FM2发射成功，2012年10月12日20点15分，第三、四颗伽利略在轨验证卫星Galileo-IOV FM3和Galileo-IOV FM4搭载"联盟"号运载火箭，成功发射升空，这也标志着该系统建设已取得阶段性成果。目前，四颗伽利略在轨验证卫星分别处于相隔大约120°的两个轨道平面上，每个轨道面内的卫星相位差约为40°。这种轨道配置使得GNSS监测站在一定的时间段内可同时跟踪这四颗在轨验证卫星，这样就可以仅利用在轨验证数据就能实现定位测试。

截至2021年10月底，Galileo星座已发射26颗卫星，其中GIOVE-A和GIOVE-B两颗卫星已退役，2颗卫星不可用，所以目前共有22颗卫星在轨可用，包括GIOVE-A/B、4颗IOV卫星和20颗FOC卫星。2016年11月17日，欧盟采用一箭四星的方式成功发射了Galileo FOC 07、FOC 12、FOC 13和FOC 14四颗卫星，后续又分别于2017年和2018年采用一箭四星的方式成功发射了8颗卫星。Galileo卫星发射时刻表如表2.2-11所示。

建成后的Galileo卫星星座将呈Walker型星座形式，它将由30颗地球中轨(MEO)卫星组成，其中27颗为工作卫星，3颗作为备用卫星。图2.2-6所示为Galileo卫星星座示意图。这些卫星将分布在3个圆形轨道面上，轨道面两两之间为120°，在每个轨道面上安置着10颗卫星，其中1颗为备用卫星，其余的9颗工作卫星均匀地分布在轨道面上，即在同一轨道面上的两两相邻工作卫星之间均相隔40°。卫星运行轨道的长半径为29 601 km，轨道高度为23 222 km，相对于地球赤道面的轨道倾角为56°。与GPS和

GLONASS 相比，Galileo 空间星座的一个特点是其卫星运行在轨道高度较高的轨道上，可覆盖一个范围更广的区域，在高纬度地区也可以有着较好的信号覆盖性能。在全球各地的任何时刻，都能至少能看到 Galileo 卫星星座的 6 颗卫星，详情请参见 Galileo 官网。

表 2.2－11　Galileo 卫星发射时刻表

卫星编号		星位	发射时间	卫星编号		星位	发射时间
E31	GSAT-218	A1	2017-12-12	E30	GSAT-206	A5	2015-09-11
E01	GSAT-210	A2	2016-05-24	E02	GSAT-211	A6	2016-05-24
E21	GSAT-215	A3	2017-12-12	E25	GSAT-216	A7	2017-12-12
E27	GSAT-217	A4	2017-12-12	E24	GSAT-205	A8	2015-09-11
E13	GSAT-220	B1	2018-07-25	E12	GSAT-102	B6	2011-10-21
E15	GSAT-221	B2	2018-07-25	E33	GSAT-222	B7	2018-07-25
E36	GSAT-219	B4	2018-07-25	E26	GSAT-203	B8	2015-03-27
E11	GSAT-101	B5	2011-10-21	—	—	—	—
E05	GSAT-214	C1	2016-11-17	E07	GSAT-207	C6	2016-11-17
E09	GSAT-209	C2	2016-12-17	E08	GSAT-208	C7	2016-12-17
E04	GSAT-213	C3	2016-11-17	E03	GSAT-212	C8	2016-11-17
E19	GSAT-103	C4	2012-10-12	—	—	—	—

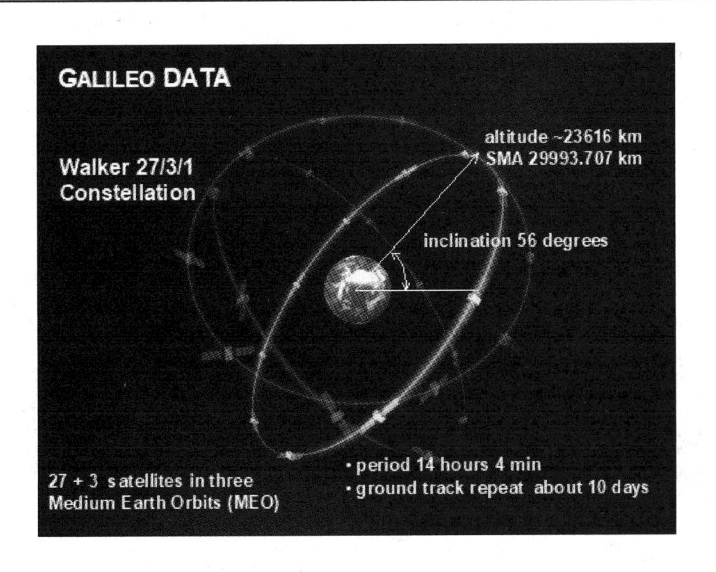

图 2.2－6　Galileo 卫星星座示意图

Galileo 卫星导航系统主要用于民用方面，共提供 3 种信号：免费信号、加密信号和加密且满足更高要求的信号。Galileo 卫星导航系统的卫星发射功率比 GPS 系统的发射功率要大，所以在一些 GPS 信号不能覆盖的区域可以轻松地接收到 Galileo 卫星信号并获取服务。从某种程度上说，与美国的 GPS 系统相比，Galileo 系统更加先进、可靠。

2. Galileo 信号体制

2001 年 3 月，欧洲委员会成立了 Galileo 信号设计任务组(Galileo Signal Task Force，GSTF)，负责开展 Galileo 信号设计工作，参研的主要单位包括法国航天局、德国慕尼黑国防大学、英国国防科技实验室等。2006 年初，Galileo 信号设计方案有了初步定论，但由于信号设计涉及与导航系统间的协调与谈判，直到 2007 年，欧盟和美国经过三十多次的技术和政治谈判才最终达成协议，并确定了民用互操作信号的格式(Galileo，2008；Union，2010；Hein et al.，2001；Hein et al.，2002；Angel et al.，2007)。

相比美国的 GPS 系统，Galileo 系统的相关研究领域涉及面更宽，信号设计广泛使用 BOC 及其衍生调制方式，如 MBOC、AltBOC、BOCc、BOCs 等调制方式，相比 BPSK 或 QPSK 的调制方式，其接收信号有更好的性能：

(1) 可以实现频谱分离以及导频与数据通道分离。

(2) 采用二次编码技术提高了电文解调性能。

(3) 利用双频及合理安排电文内容，加快了用户接收机接收数据的速度，以及用户接收机首次定位时间。

(4) 在 E1 频点采用多路复用方式、在 E5 频点采用 AltBOC 调制方式来实现恒包络，减小了通道的非线性失真给卫星导航信号带来的畸变影响。

(5) 更好地控制信号杂散，与其他信号有更好的兼容性，并确保分配给带内信号的功率最大化，在确保信号兼容的同时更方便地实现系统间互操作。

Galileo 除了在传统 L 频段信号设计上开展了大量的工作外，还对 S、C 波段等频率资源用于导航的可行性以及相关技术实现方法，进行了较深入的研究。早在 2000 年的全球无线电大会(World Radiocommunication Conference，WRC)会议上，欧盟就申请了 5010～5030 MHz 频段作为 Galileo 系统的 C 波段 RNSS 导航业务下行信号频段。在新的导航信号频率使用中，Galileo 系统对 C 波段下行信号的带外干扰、卫星载荷、链路预算、接收机设计及其实现等方面进行了较为全面的研究。图 2.2-7 为 Galileo 系统的信号频谱结构图。

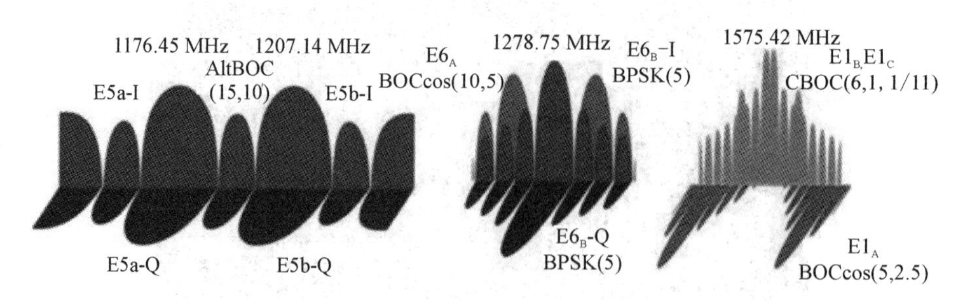

图 2.2-7　Galileo 信号频谱结构

Galileo 信号主要分布在 E1、E5 和 E6 三个频点，信号体制概况见表 2.2-12。

表 2.2-12　Galileo 信号体制概况

信号		载波频率/MHz	调制方式	码速率/(Mc/s)	码长	二次码长/bit	符号速率/(S/s)	数据类型
E5a	I	1191.795	AltBOC(15,10)	10.23	10 230	20	50	OS/CS/SoL
	Q			10.23	10 230	100	—	
E5b	I			10.23	10 230	4	250	
	Q			10.23	10 230	100	No	
E6	A	1278.75	BOCc(10,5)	5.115	N/A	N/A	N/A	PRS
	B		BPSK(5)	5.115	5115	100	1000	CS
	C		BPSK(5)	5.115	5115	N/A	No	—
E1	A	1575.42	BOCc(15,2.5)	2.5575	N/A	N/A	N/A	PRS
	B		MBOC(6,1,1/11)	1.023	4092	N/A	250	OS/CS/SoL
	C			1.023	4092	25	No	OS/CS/SoL

2.3　区域卫星导航系统

区域卫星导航系统的服务范围主要是国土范围及其周边地区。目前，主要有两个区域卫星导航系统：印度的区域卫星导航系统(Navigation with Indian Constellation，NavIC)以及日本准天顶卫星导航系统(Quasi-Zenith Satellite System，QZSS)。

2.3.1　NavIC

印度卫星导航系统早期被称为印度区域卫星导航系统(Indian Regional Navigation Satellite System，IRNSS)，是 2006 年由印度空间研究组织(ISRO)建设的独立的区域卫星导航系统，于 2016 年建成，是世界上第四个拥有独立卫星导航系统的国家，于 2020 年 11 月 4 日被国际海事组织(IMO)认可为世界无线电导航系统(WWRNS)的一部分，前三个国家分别是美国、俄罗斯和中国。NavIC 主要提供两种服务类型：民用的标准定位服务以及授权服务。NavIC 民用导航服务定位精度约为 10 m，覆盖印度及其周边 1500 km 的范围，军用精度基本在 1 m 以内，详情请参见 NavIC 官网。

NavIC 系统由三部分构成：

(1) 空间段：目前该系统由 7 颗卫星组成，包括 3 颗 GEO 卫星和 4 颗 IGSO 卫星，发射两种测距信号(SPS 和 RS)。

(2) 地面段：包括位于卡纳塔克邦的主控站和一些地面站。主控站预测卫星位置、计算完好性、电离层、星钟等信息，并产生卫星要广播的信息。

(3) 用户段：包括单频、双频用户，支持 SPS 和 RS 信号。

需要说明的是，NavIC 卫星星座中的 3 颗 GEO 卫星原本属于为南亚地区提供服务的印度 GPS 辅助型静地轨道增强导航(GAGAN)卫星。也就是说，GAGAN 被扩展成为 NavIC 的一部分。这 3 颗 GEO 卫星分别位于东经 32.5°、东经 83°和东经 129.5°。另外 4 颗 IGSO 卫星分布在两个轨道上，每个轨道上有两颗卫星，两个轨道在赤道上分别穿过东经 55°和东经 111.75°，倾角为 29°。预计第二阶段，再发射 4 颗卫星以实现更好的覆盖。

在 2017 年，IRNSS-1A 上的三颗铷原子钟发生问题，IRNSS-1A 装备的一个主钟和两个备份钟都是铷钟，但现在这三颗钟都发生问题，导致 IRNSS-1A 无法提供准确的测距服务。印度在 2017 年 8 月 31 日发射 IRNSS-1H 卫星，用于替换 IRNSS-1A 卫星，结果发射失败，IRNSS-1H 未进入预定轨道。截至目前，IRNSS-1A 变成一颗通信卫星，能传送数据，但不能用于定位。NavIC 卫星发射状态见表 2.3-1。

表 2.3-1　NavIC 卫星发射状态

卫星编号	卫星类型	发射时间	备　注
IRNSS-1A	IGSO	2013-07-01	原子钟失效，变成一颗通信卫星，仅能传输数据
IRNSS-1B	IGSO	2014-04-04	可用
IRNSS-1C	GEO	2014-10-16	可用
IRNSS-1D	IGSO	2015-03-28	可用
IRNSS-1E	IGSO	2016-01-20	可用
IRNSS-1F	GEO	2016-03-10	可用
IRNSS-1G	GEO	2016-04-28	可用
IRNSS-1H	IGSO	2017-08-31	用于替换 IRNSS-1A 但发射失败
IRNSS-1I	IGSO	2018-04-12	可用

NavIC-1I 于 2018 年 4 月 12 日成功发射，目的是将 NavIC 星座增加至 7 颗运行卫星。NavlC 为印度提供服务，范围为 1500 公尺(930 英里)。未来计划将卫星星座从 7 个增加到 11 个，进一步扩大覆盖范围。

NavIC 信号提供的服务主要包括标准定位服务和精密服务，在 L5(1176.45 MHz)和 S (2492.028 MHz)波段上发射 CDMA 导航信号，其中 L5 频段与 GPS 的 L5 和 Galileo 的 E5a 波段重合，S 频段范围为 2483.5～2500.0 MHz。NavIC 信号特点见表 2.3-2。

表 2.3-2 NavIC 信号特点

服务信号	频段	载波频率/MHz	带宽/MHz	调制方式	扩频码速率/(Mc/s)	码长	数据/符号速率/(b/s)	最大/最小接收功率/dBW
SPS	L5	1176.45	24	BPSK	1.023	1023	25/50	−153.69/−159.30
RS data	L5	1176.45	24	BOC(5,2)	2.046	未知	25/50	−153.69/−159.30
RS pilot	L5	1176.45	24	BOC(5,2)	2.046	未知	未知	−150.69/−156.30
SPS	S	2492.028	16.5	BPSK	1.023	1023	25/50	−157.0/−162.8
RS data	S	2492.028	16.5	BOC(5,2)	2.046	未知	25/50	−157.0/−162.8
RS pilot	S	2492.028	16.5	BOC(5,2)	2.046	未知	未知	−154.0/−159.8

2.3.2 QZSS

准天顶卫星导航系统(Quasi-Zenith Satellite System，QZSS)是日本研发的区域性功能的卫星增强系统。

早在1972年，当时的日本电波研究所(现为信息与通信研究所)就提出了准天顶卫星系统的概念，论证了这种系统很适合日本这样地处中纬度、国土狭小的国家。1997年，日本政府发表报告，要求对建立卫星导航定位系统中的三项基本技术进行自主研发，即星载原子钟的研制、系统时间的管理和卫星的精密定轨。2002年，日本政府综合科学技术会议正式决定开发建立国家项目准天顶卫星系统，为导航定位、新一代移动通信等提供技术手段。准天顶卫星系统建成后，它将成为日本高精度定位和移动通信的中心。2006年，日本政府提出了建立一个为日本及其邻近国家提供服务的区域性卫星导航系统，即准天顶卫星系统(QZSS)，它除了发射与GPS和Galileo卫星信号兼容的导航信号以外，还播发GNSS差分校正量。

计划截至2023年，QZSS卫星星座将由7颗卫星构成，包括1颗地球静止(GEO)卫星、3颗倾斜地球同步轨道(IGSO)卫星和3颗大椭圆轨道(HEO)卫星。QZSS星座在设计上保证在任何时刻至少有一颗卫星位于日本的天顶方向附近，希望通过QZSS提供接近于日本天顶方向的卫星信号，帮助解决由于高楼林立而阻挡低仰角GNSS卫星信号所造成的城市峡谷问题。QZSS的地面监控部分包括1个主控站和10个监测站。

目前，QZSS系统由4颗卫星组成，在2010年9月11日发射第一颗QZSS卫星(QZS-1)，在2017年连续发射了三颗卫星，2018年11月实现了四星组网运行与应用。2021年10月26日日本成功发射了QZS-1R卫星，用于替代QZS-1卫星。根据应用情况，日本可能会考虑2023年前再发射3颗QZS(编号为QZS-5、QZS-6、QZS-7)，实现七星组网运行与应用，从而有可能将QZSS扩展为不依赖GPS而独立运行的区域导航系统(邵佳妮 等，2009)。QZSS的主要目的是增加日本多城市中GPS的可用性，次要目的是性能增强，提高GPS的准确性和可靠性。QZSS提供多种服务，包括基于GPS信号传输的基础卫星PNT服务，以及SBAS传输服务、公共监管服务、亚米级增强服务(SLA)、厘米级增强服务(CLAS)和利用QZSS数据链路的各种其他服务(如用于灾害和危机管理的卫星报告)，详情请参见QZSS官网。

QZSS 卫星发射状态如表 2.3-3 所示。

表 2.3-3　QZSS 卫星发射状态

卫星编号	发射时间	状　态	播 发 信 号
QZS-1	2010-09-11	可用	L1C/A L1C、L2C L5、L1SAIF、L6
QZS-2	2017-06-01	可用	L1C/A L1C、L2C L5、L1SAIF L6、L5S
QZS-3	2017-08-19	可用	L1C/A L1C、L2C L5、L1SAIF L6、L5S Sr/Sf
QZS-4	2017-10-10	可用	L1C/A L1C、L2C L5、L1SAIF L6、L5S
QZS-1R	2021-10-26	测试	—

QZSS 既是独立的卫星导航系统，可实现独立定位，又是 GPS 系统的增强和补充。QZSS 大大改善了日本及其周边地区 GPS 用户在定位、定时和导航方面的服务质量，为该地区的经济与公共交通安全提供了新的保障。在当前所有的 GNSS 中，QZSS 与 GPS 具有最高的互操作性。QZSS 发射 L1C/A、L1C、L1-SAIF、L2C、L5 和 E6-LEX 总共 6 个信号。其中，除了 LEX 信号采用一种新型的调制技术外，其余信号几乎等同于 GPS 的相应信号，而 E6 波段又与 Galileo 的 E6 波段相重合，从而有利于实现与 GPS 和 Galileo 的兼容性和互操作性。此外，QZSS 所采用的时间、空间坐标系也与 GPS 高度一致。QZSS 信号特点如表 2.3-4 所示。

表 2.3-4　QZSS 系统信号特点

信号	类型	载波频率 /MHz	码元速率 /(Mc/s)	调制方式	码周期 /ms	最小接收 功率/dBW
L1C/A	$L1_{CA}$	1575.42	1.023	BPSK(1)	1	−158.5
L1C	$L1_{CD}$		1.023	BOC(1,1)	10	−163.0
	$L1_{CP}$		1.023	TMBOC(6,1,4/33)	10	−158.25
L1-SAIF	—		1.023	BPSK(1)	1	−161.0
L2C	—	1227.60	1.023	BPSK(1)	20(L2CM) 1500(L2CL)	−163.0 −163.0

续表

信号	类型	载波频率/MHz	码元速率/(Mc/s)	调制方式	码周期/ms	最小接收功率/dBW
L5	$L5_I$	1176.45	10.23	BPSK(10)	10	−157.9
	$L5_Q$		—	BPSK(10)	20	−157.9
LEX	—	1278.75	5.115	BPSK(5)	4(短码) 410(长码)	−158.7
						−158.7

2.4 卫星导航增强系统

导航增强系统的主要目的是提高卫星导航系统的定位精度、完好性和增强服务区域。首先，通过地面参考站(WRS)完成对卫星信号的监测，通过地球静止轨道卫星(GEO)搭载的卫星导航增强信号转发器，向用户提供卫星钟差、卫星轨道参数、电离层改正参数和载荷状况，实现对于原卫星导航系统定位精度的改进(沈大海 等，2019)。

导航增强系统的实现方式有两种：

(1) 通过增加性能相似的卫星实现：星基增强系统(Satellite-Based Augmentation System，SBAS)，见2.4.1节。

(2) 通过增加相似的地面参考站实现：地基增强系统(ground-based augmentation systems，GBAS)，见2.4.2节。

表2.4-1给出了几种主要的商用增强服务及其特点。由于该领域不断飞速发展和变化，因此表2.4-1给出的内容并不是全面和完善的，详情请读者参见其官网。

表2.4-1 几种主要商用增强服务及其特点

名称	服务	性能	卫星系统	传递方式	模式	提供
Atlas	Atlas Basic	<50 cm	GPS+GLONASS+Galileo+BDS	L波段	PPP	加拿大Hemisphere公司
	Atlas H30	<30 cm	GPS+GLONASS+Galileo+BDS	L波段	PPP	
	Atlas H10	<8 cm	GPS+GLONASS+Galileo+BDS	L波段	PPP	
C-Nav	C-Nav[1]	<15 cm	GPS	网络、L波段	PPP	美国海洋工程公司
	C-Nav[2]	<5 cm	GPS+GLONASS	网络、L波段	PPP	

续表一

名称	服务	性能	卫星系统	传递方式	模式	提供
GeoFlex	PPP Float L1	50 cm	GPS+GLONASS+Galileo+BDS	网络、L 波段	PPP	法国 GeoFlex 公司
	PPP Float L1/L2	10 cm	GPS+GLONASS+Galileo+BDS	网络、L 波段	PPP	
	PPP Fix	4 cm	GPS+GLONASS+Galileo+BDS	网络、L 波段	PPP	
	Local PPP Fix & Rapid	4 cm	GPS+GLONASS+Galileo+BDS	网络、L 波段	PPP	
	Global PPP Fix & Rapid	4 cm	GPS+GLONASS+Galileo+BDS	网络、L 波段	PPP	
Here	HD GNSS	<1 m	GPS+GLONASS+Galileo+BDS	网络	PPP	诺基亚 Here
Magic	MagicPPP	<10 m	GPS+GLONASS+Galileo+BDS+OZSS	网络	PPP	GMV
NAVCAST	NAVCAST	<20 cm	GPS+Galileo	网络	PPP	Spaceopal
omniSTAR	VBS	<1 m	GPS	L 波段	DGNSS	Trimble
	HP	5−10 cm	GPS	L 波段	PPP	
	XP	8−10 cm	GPS	L 波段	PPP	
	G2	8−10 cm	GPS+GLONASS	L 波段	PPP	
RTX	ViewPoint	<1 m	GPS+GLONASS+Galileo+BDS+OZSS	网络、L 波段	PPP	Trimble
	RangePoint	<50 cm	GPS+GLONASS+Galileo+BDS+OZSS	网络、L 波段	PPP	
	FieldPoint	<10 cm	GPS+GLONASS+Galileo+BDS+OZSS	网络、L 波段	PPP	
	CenterPoint	<2 cm	GPS+GLONASS+Galileo+BDS+OZSS	网络、L 波段	PPP	
SAPA	Sapa Basic	<1 m	GPS+GLONASS	网络、L 波段	PPP-RTK	Sapcorda
	Sapa Premium	<10 cm	GPS+GLONASS	网络、L 波段	PPP-RTK	
	Sapa Premium+	<10 cm	GPS+GLONASS	网络、L 波段	PPP-RTK	

续表二

名称	服务	性能	卫星系统	传递方式	模式	提供
Skylark	Skylark	10 cm	GPS+Galileo	网络	PPP	Swift Navigation
Starfire	SF2	<10 cm	GPS+GLONASS	L 波段	PPP	John Deere
	SF3	<3 cm	GPS+GLONASS	L 波段	PPP	
Starfix	G2	<10 cm	GPS+GLONASS	网络、L 波段	PPP	Fugro
	G2+	<3 cm	GPS+GLONASS	网络、L 波段	PPP	
	G4	<10 cm	GPS+GLONASS+Galileo+BDS	网络、L 波段	PPP	
	Xp2	<10 cm	GPS+GLONASS	网络、L 波段	PPP	
	Hp	<10 cm	GPS	网络、L 波段	DGNSS	
	L1	<1 cm	GPS	网络、L 波段	DGNSS	
TeraStar	TeraStar-L	50 cm	GPS+GLONASS	L 波段	PPP	Hexagon AB
	TeraStar-C	5 cm	GPS+GLONASS	L 波段	PPP	
	TeraStar-CPRO	3 cm	GPS+GLONASS+Galileo+BDS	L 波段	PPP	
Veripos	Apex	<5 cm	GPS	L 波段	PPP	Hexagon AB
	Apex^{2}	<5 cm	GPS+GLONASS	L 波段	PPP	
	Apex^{3}	<5 cm	GPS+GLONASS+Galileo+BDS+OZSS	L 波段	PPP	
	Ultra	<10 cm	GPS	L 波段	PPP	
	Ultra^{2}	<10 cm	GPS+GLONASS	L 波段	PPP	
	Standard	<1 m	GPS	L 波段	DGNSS	
	Standard^{2}	<1 m	GPS+GLONASS	L 波段	DGNSS	

2.4.1　SBAS

星基增强系统由空间星座部分、地面控制站、运行维护站和用户四个部分组成。空间星座部分主要由地球静止轨道(GEO)卫星组成，星座部分通过发送与 GNSS 导航信息相近的信号实现增强效果，这些信号被 SBAS 地面控制站接受并进行解算处理，可以消除部分导航误差，生成导航增强信息并发送给用户。同时，用户接收 GNSS 和 SBAS 信号，通过差分解算消除区域导航误差，从而获取更高精度的导航定位服务(曾思弘，2015)。

SBAS 系统原理如图 2.4-1 所示，由在地面上广泛分布且已知位置的差分站完成对卫星的监测，获得原始定位数据(伪距、载波相位观测值等)并传送到中央处理设施，即主控站(WMS)，主控站将计算得到的各卫星的各种定位修正信息，通过上行注入站发给 GEO 卫星，最后将修正信息播发给广大用户，达到提高定位精度的目的(周昀 等，2016)。

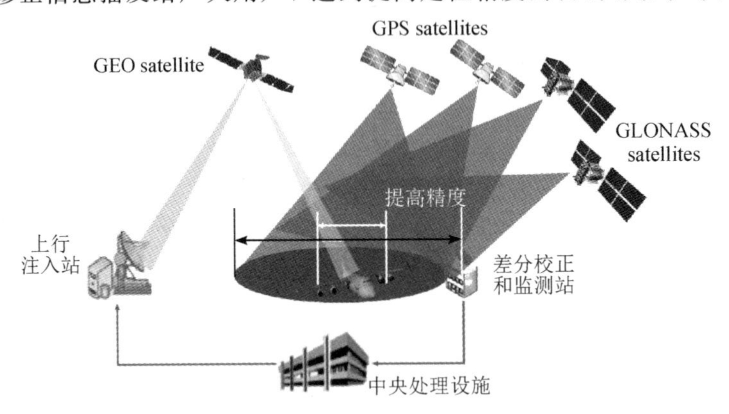

图 2.4-1　SBAS 系统原理

全球已经建立的星基增强系统有美国的广域增强系统(Wide Area Augmentation System，WAAS)，俄罗斯的差分校正和监测系统(System for Differential Corrections and Monitoring，SDCM)，欧洲的欧洲地球静止导航重叠服务(European Geostationary Navigation Overlay Service，EGNOS)，日本的多功能卫星星基增强系统(Multi-functional Satellite Augmentation System，MSAS)以及印度的 GPS 辅助静地轨道增强导航系统(GPS Aided Geo Augmented Navigation，GAGAN)。中国也正在紧锣密鼓地建立自己的北斗星基增强系统(BeiDou Satellite-Based Augmentation System，BDSBAS)。

增强系统使用的卫星导航增强技术主要包括精度增强技术、完好性增强技术、连续性和可用性增强技术。

(1) 精度增强技术主要运用差分原理，可分为广域差分技术、局域差分技术、广域精密定位技术和局域精密定位技术。

(2) 完好性增强技术主要运用监测原理，可分为系统完好性监测技术和广域差分完好性监测技术等。

(3) 连续性和可用性增强技术主要是增加导航信号源，可分为天基卫星增强技术和地基伪卫星增强技术等。

1. WAAS

1) WAAS 系统构成

美国设计建设的广域增强系统简称 WAAS，于 20 世纪 90 年代开始研发，2003 年 7 月 10 日实现对 95%的美国领土的覆盖。WAAS 系统由地面段(WAAS Ground Segment)、空间段(WAAS Space Segment)和用户段(WAAS User Segment)三部分组成(牛飞，2008)。

WASS 系统构成如图 2.4-2 所示。

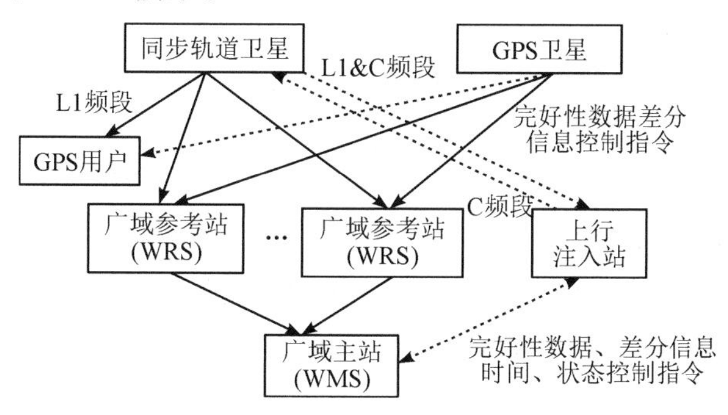

图 2.4-2 WAAS 系统构成

(1) 地面段由 38 个广域参考站(Widearea Reference Stations, WRSs)、3 个位于美国大陆两端的广域主控站(Wide-area Master Stations, WMSs)、6 个地面上行注入站(Ground Uplink Stations, GUS)、2 个系统运行中心(operational centers, OC)以及陆地通信网络(Terrestrial Communication Network, TCN)组成，其中地面上行注入站一般又称为地球站(Ground Earth Stations, GESs)。

(2) WAAS 系统空间段利用 3 颗 GEO 地球静止同步轨道卫星组成，也称为完好性通道。透明转发由地面广域主控站 WMSs 生成的增强信息。WAAS 使用的 3 颗 GEO 卫星情况见表 2.4-2。

表 2.4-2 WAAS 使用的 3 颗 GEO 卫星情况

GEO 卫星名称	卫星编号	轨道位置	NMEA 编号
Galaxy 15	PRN 135	133.0°W	48
Anik-F1R	PRN 138	107.3°W	51
Inmarsat-4 F3	PRN 137	98.0°W	46

WAAS 为单频伪距差分，利用 GEO 构成数据通信链路。WAAS 将星历误差、电离层延时误差和卫星钟差误差进行分离并分别进行模型化，主控站利用参考站的位置信息和接收到的 GPS 信号计算出差分改正，将改正信息经上行注入站传送给 WAAS 地球同步卫星，GEO 卫星将信息传送给地球上的用户，用户通过改正信息精确计算自己的位置，在覆盖范围内提高用户的定位精度(宋炜琳 等，2007)。

2) WAAS 系统信号

WAAS 系统信号结构主要包括三部分：

(1) 用于长距离传输和多普勒测速的调制载波。

(2) 用于距离测量的扩频伪码。

(3) 用于传送信息的基带数据。

WAAS 导航信号的数学表示为

$$s(t)=Ap(t)D(t)\cos(2\pi ft) \tag{2.4-1}$$

式中，A 为信号幅度，$p(t)$ 为伪随机码，$D(t)$ 为基带数据，$\cos(2\pi ft)$ 为调制载波。

WAAS 信号载波频率为 1575.42 MHz，与 GPS L1 频率相同。用信号增强改进导航定位的几何精度因子（Geometric Dilution Precision，GDOP）时，WAAS 导航信号采用 C/A PRN 码，提供测距码相位定时和 GPS L1 信号时间同步。

WAAS 增强信息包括测距信号、差分改正数以及系统完好性信息三个分量，同时可播发卫星数最大可达 51 颗。其中，测距码信号可以改善民用航空用户的导航可用性；差分改正数分 3 种类型，根据需要播发：一种是快变参数（如卫星钟差快变量），一种是慢变参数（如卫星钟长期漂移量和卫星轨道参数），一种是对所有用户广播的慢变参数（如电离层延迟修正量），系统完好性信息是必须播发的，主要为涉及生命安全应用的用户提供系统可用性信息。此外，WAAS 还包括时间、用户差分测距误差 UDRE、格网电离层垂直误差 GIVE、对流层延迟模型以及服务水平降级等一些辅助信息。

WAAS 系统将增加 L5 频段信号，实现 L1 和 L5 的双频跟踪能力。以 L1 频点增强信号为例，其主要接口特征如表 2.4－3 所示。

表 2.4－3　WAAS 系统 L1 频点增强信号的主要接口特征

参　数	说　　明
调制	SBAS 增强数据和测距码模二加生成扩频信号，利用 BPSK 二相移位键控技术将扩频信号调制到 L1 载波信号上
带宽	L1±30.69 MHz，L1±12 MHz 带宽内。信号功率不小于 95%
测距码	Gold 码，码周期为 1 ms，伪码速率为 1023 kb/s
载波相位噪声	当单边噪声带宽 10 Hz 时，单载波信号的相位噪声谱密度要使接收机锁相环路能够跟踪到载波信号的精度是 0.1 rad
SBAS 数据	信息速率为 500 b/s，module-2 调制（有效速率为 250 b/s）
功率	－161～－155 dBW，用户 5°仰角

WAAS 增强信号与 GPS 导航信号的主要差异有两个方面：

一是导航电文的信息数据速率、格式略有不同。GPS 信息速率为 50 b/s，而 WAAS 为了快速发播的需求，采用了更高的 500 b/s 信息速率。

二是 WAAS 导航电文内容、格式与 GPS 存在较大差异。GPS 以差分数据、电离层栅格等数据为主，同步卫星星历直接以空间三维坐标、速度、加速度的方式表示，区别于 GPS 星历格式。此外，WAAS 导航信号功率虽未增大，但导航电文的传输速率却增加了。因此，为了保证用户在低仰角时，信号电平较低情况下保持导航电文的解调能力（误码率），WAAS 导航电文采用了卷积码，区别于 GPS 采用的一般 CRC 校验码。

2. SDCM

俄罗斯联邦 2002 年开始着手研究建立差分校正和监测系统，简称 SDCM。SDCM 为 GLONASS 以及其他全球卫星导航系统提供性能强化服务，以满足所需的高精度及可靠性。SDCM 系统空间部分覆盖范围如图 2.4－3 所示。

和其他卫星导航增强系统类似，SDCM 系统也主要由三部分组成：空间段、地面段和用户段。空间段由三颗 GEO 卫星组成，分别为 Luch-5A、Luch-5B 和 Luch-4（王菁等，2019）。SDCM 使用的 3 颗 GEO 卫星情况如表 2.4－4 所示。SDCM 系统利用 Luch 多功能

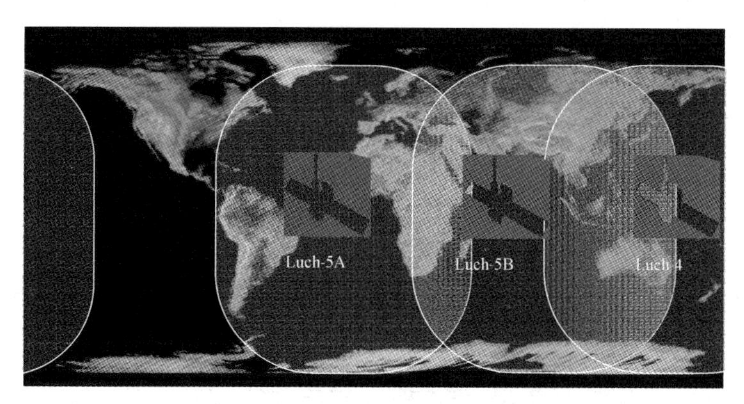

图 2.4-3　SDCM 系统空间部分覆盖范围

空间中继卫星系统的 3 颗 GEO 地球静止轨道通信卫星，通过搭载差分校正和监视系统转发器载荷，播发差分改正数和系统完好性信息，实现对俄罗斯服务区的覆盖。

表 2.4-4　SDCM 使用的 3 颗 GEO 卫星情况

GEO 卫星名称	卫星编号	轨道位置	NMEA 编号
Luch-5B	PRN　125	16.0°W	38
Luch-5V	PRN　140	95.0°E	53
Luch-5A	PRN　141	167.0°E	54

地面段主要由参考站网络、数据处理中心、上行注入站和地面广播网络组成。其中，参考站网络由分布于俄罗斯境内的 19 个地面监测站和 5 个境外参考站组成，数据处理中心及其备份设施位于莫斯科。SDCM 系统除了依靠 3 颗 GEO 卫星播发增强电文外，还通过互联网(SISNET 服务器)、GSM 蜂窝通信网络(NTRIP 服务器)向用户实时提供 GLONASS、GPS 的差分改正数以及系统的完好性信息。

SDCM 系统工作原理与 WAAS 类似，能够监测 GLONASS 和 GPS 导航信号，对导航信号进行 1 Hz 的观测采样，由数据处理中心计算 GLONASS 和 GPS 系统的差分改正数和系统的完好性信息。实测表明，SDCM 系统可以大幅度提高 GLONASS 系统的定位精度，水平定位精度为 1～1.5 m，垂直定位精度为 2～3 m，参考站附近(200 km 范围内)的实时定位精度可以达到厘米级。

近几年，俄罗斯政府一直大力建设 SDCM 系统的地面差分校准和监测站。目前，俄罗斯政府已经建立差分站 25 个，包括境内 19 个差分站和境外的 6 个差分站。在境外的 6 个差分站中，有 3 个南极洲站，巴西、乌克兰、哈萨克斯坦各 1 个站。未来俄罗斯政府还将建立 39 个差分站，其中包括俄境内的 21 个站以及俄境外的 18 个站，境外站将包括我国的长春和昆明。

3. BDSBAS

BDSBAS(北斗星基增强系统)为我国北斗全球卫星导航系统(BeiDou Navigation Satellite System，BDS)的重要组成部分，我国正在按照国际民航组织标准要求发展 BDSBAS，向中国及其周边区域用户提供满足 APV-I 和 CAT-I 指标要求的单频和双频多星座服务(郭树人等，2019；刘天雄，2019)。从 2020 年 7 月开始，BDSBAS 已经为用户提供单频(SF)和双频多星座(DFMC)服务。北斗星基增强系统发展规划如图 2.4－4 所示。

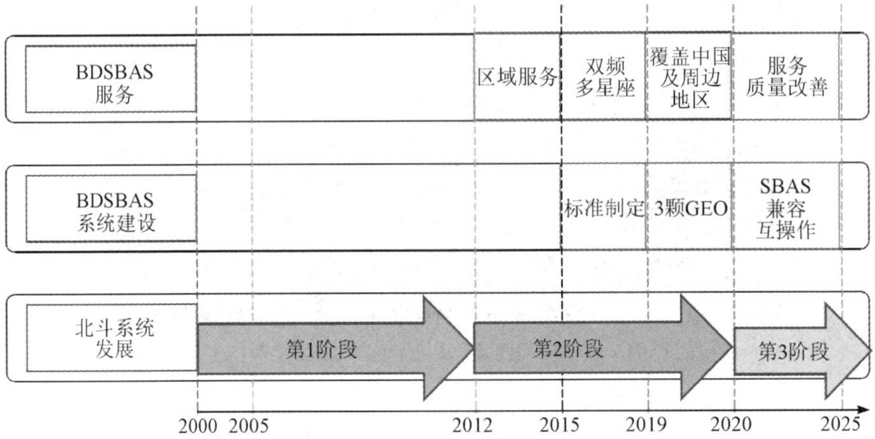

图 2.4－4　北斗星基增强系统发展规划

BDSBAS 的基本原理如下：

(1) 分布在全国各个区域的参考站监测全部可见的北斗卫星，将监测数据通过地面通信网络发送至中心处理站。

(2) 中心处理站利用所收集到的数据计算各项误差校正信息和完好性信息。其中，误差校正信息包括卫星钟差、卫星星历、电离层格网点垂直延迟；完好性信息包括用户差分距离误差 UDRE、格网点电离层垂直改正误差 GIVE 和区域用户距离精度 RURA 等。

(3) 中心处理站得出的信息经过编码并通过上传注入站发送给 GEO 卫星，GEO 卫星通过卫星通信链路广播给用户。

(4) 用户根据接收到信息的完好性得到北斗卫星和星基增强系统的完好性状况，并根据接收的误差校正信息和北斗卫星的观测数据可得到精确的定位及导航参数。

北斗星基增强系统使用的 3 颗 GEO 卫星情况如表 2.4－5 所示。

表 2.4－5　BDSBAS 使用的 3 颗 GEO 卫星情况

GEO 卫星名称	卫星编号	轨道位置
GEO-1	PRN 130	140°E
GEO-2	PRN 144	80°E
GEO-3	PRN 143	110.5°E

北斗星基增强系统同其他导航增强系统有所不同，具有如下特点：

(1) 地域覆盖面积大，可以为民航用户在航路、终端、进近等各个飞行阶段提供导航服务。

(2) 对北斗卫星的卫星钟差、星历误差、电离层延迟、对流层延迟等误差修正值分别进行单独计算。

(3) 修正电离层延迟时采用格网模型，用户利用格网点上的修正值可以获得较为精确的电离层延迟和完好性参数。

(4) 误差修正信息利用 GEO 卫星进行广播，除广播误差修正信息外同时还发送卫星完好性信息。

(5) GEO 卫星在向用户广播误差和完好性信息的同时，还广播基本的导航信息，使该卫星也供测距用，增加了导航星座中卫星的数目，提高了系统的连续性和可用性。

北斗星基增强系统未来的发展与建设将完全遵守 ICAO 标准，与美国的 WAAS、欧洲的 EGNOS、俄罗斯的 SCDM 等星基增强系统实现兼容互操作，并且对四大 GNSS 系统进行完好性差分增强，打造中国的北斗、世界的北斗，以开放合作的姿态为全球用户提供服务。北斗 SBAS 将与世界双频多系统 SBAS 服务体系一起为民航提供成本更低、精度更高和可用性的导航服务，为航空领域创造巨大的经济和社会效应。

4. EGNOS

1) EGNOS 系统构成

由欧洲空间局(ESA)、欧盟(EC)及欧洲航行安全局(Eurocontrol)联合设计建设的欧洲地球静止导航重叠服务系统，简称 EGNOS 系统。EGNOS 系统空间部分覆盖范围如图 2.4-5 所示。

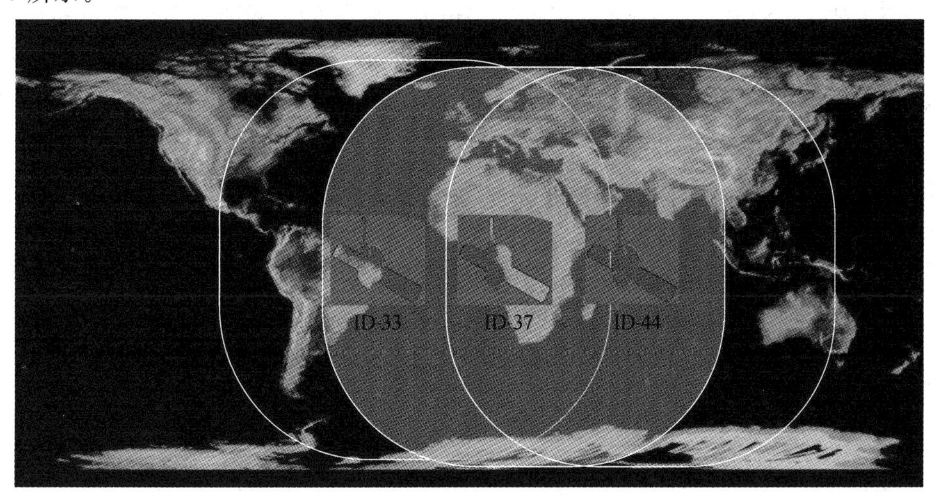

图 2.4-5　EGNOS 系统空间部分覆盖范围

EGNOS 系统由空间部分、地面部分、用户部分及支持系统四部分组成(陈刘成，2004)，系统结构如图 2.4-6 所示。

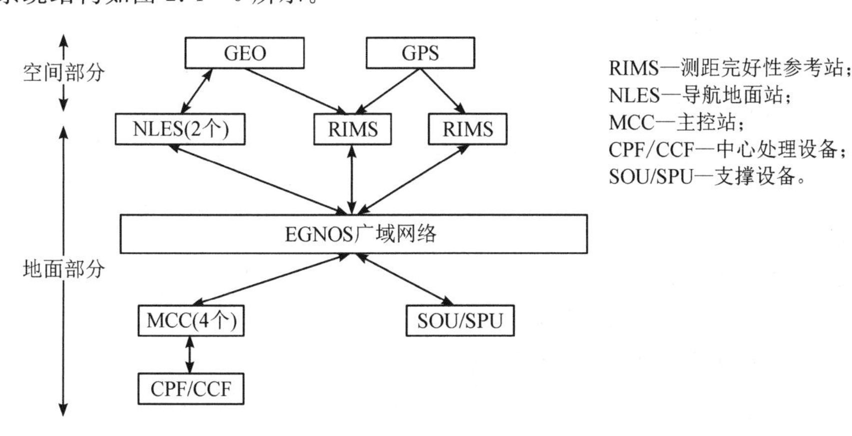

图 2.4-6　EGNOS 系统结构图

空间部分为3颗地球同步静止卫星，负责在L1频段播发修正与完好性信息，一般至少有2颗GEO卫星同时播发操作信号，3颗GEO卫星情况如表2.4-6所示。

表2.4-6 EGNOS使用的3颗GEO卫星情况

GEO卫星名称	卫星编号	轨道位置	NMEA编号
Inmarsat 3f2 (AOR-E)	PRN 120	15.5°W	33
ESA (Artemis) *	PRN 124	21.5°E	37
Immarsat 3F5 (IND-W)	PRN 126	25.0°E	39

地面部分包含4个主控中心(MCC)、41个测距与完好性监视站(RIMS)、6个导航地面站(NLES)及EGNOS广域网(EWAN)。地面部分主要负责向欧洲及周边地区的用户发送GPS和GLONASS系统的广域差分改正数和完好性信息。

NLES接收各个MCC的CPF生成的增强电文，根据CPF给出的服务质量和完好性标识，NLES可以在4个CPF生成的增强电文中选择最优的一组。在6个NLES中，每2个导航地面站对应一颗GEO卫星，将任务控制中心MCC的中心处理设备CPF生成的增强电文上行注入GEO卫星。

导航地面站NLES与GEO卫星的对应关系见表2.4-7。指定同一颗GEO卫星的两个注入站完全可以互为备份，一主一备。由于注入站的内部设备原因或者系统完好性机制，导致其中一个注入站不能正常工作时，MCC的CPF负责实施主备注入站的切换。EGNOS系统在设计上可以避免两个注入站同时给一颗卫星注入数据。

表2.4-7 导航地面站NLES与GEO卫星的对应关系

导航增强信息注入站NLES	GEO卫星
Goonhilly(英国)、Aussaguel(法国)	Inmarsat AOR-E
Fucino(意大利)、Goonhilly(英国)	Inmarsat IOR-W
FTorrejon(西班牙)、Scanzano(意大利)	ESA Artemis

在用户部分，接收机除可接收GPS信号外，还可接收GLONASS及EGNOS信号。支持系统包括工程详细技术设计、开发验收平台、系统性能评价及问题发现等系统。

EGNOS系统提供测距功能、广域差分(WAD)校正及GNSS完好性通道(GIC)三类增强服务，它们均通过GEO卫星广播给用户，使用户改善导航的精度、完好性、连续性和可用性。

2) EGNOS系统信号

EGNOS的GEO卫星在L1频点播发右旋圆极化信号，是一种类GPS信号。所有处于GEO覆盖区内的用户均可利用接收到的类GPS信号进行测距，使定位精度和可用性得到改善。EGNOSGEO发射的类GPS信号可表示为

$$s(t)=A_{m}p(t)D(t)\cos(2\pi ft+\theta) \tag{2.4-2}$$

式中，A_m为信号的幅值；$D(t)$为导航电文；$p(t)$为伪随机噪声码(GPS的1023位PRN码)；f为GPS的L1载波频率为1575.42 MHz；θ为L1载波的初相。

对于类 GPS 信号，PRN 码 $p(t)$使用 Gold 码，码速率为 1.023 Mb/s，码长为 1.023 bit，周期为 1 ms，码元宽度为 0.977 52 μs，这些均与 GPS 的 C/A 码一致。采用右旋圆极化方案播发增强信号，其导航电文 $D(t)$的播送速率为 250 b/s，为 GPS 传播速率的 5 倍。原始导航增强电文采用前向误差修正码的 1/2 卷积编码方案，增强电文数据流的信息速率是 500 b/s。

5. MSAS

1) MSAS 系统构成

MSAS 是 GPS 系统在日本的星基增强系统，由地面段、空间段、用户端三部分构成，系统构成如图 2.4-7 所示。该系统包括 2 个主控站(MCS，分别位于神户和常陆太田)、4 个地面参考站(GMS，分别位于福冈、札幌、东京和那霸)、2 颗 GEO 卫星、2 个测距监测站(MRS，分别位于夏威夷和澳大利亚)。2007 年 9 月 27 日 MSAS 系统正式投入运营，完成了地面系统及两颗 MTSAT 卫星的集成，卫星覆盖区域测试以及 MTSAT 卫星位置的安全评估和运行评估测试(包括卫星信号功率测试，东京台定位测试和主控站备份切换测试等)。MTSAT 卫星播发的 MSAS 信号覆盖大部分亚太地区，我国几乎所有的地区都可接收到 MSAS 卫星信号。

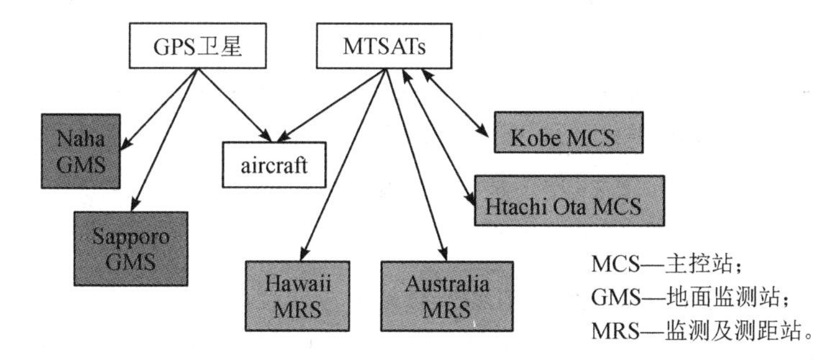

图 2.4-7 MSAS 系统构成

空间段由 2 颗 MTSAT(多功能运输卫星)组成，它们是日本发展的地球静止轨道气象和环境观测卫星“向日葵”卫星的第二代。在轨运行的卫星 MTSAT-1R 和 MTSAT-2 采用 Ku 波段和 L 波段，其中 Ku 波段主要用于播发气象数据，L 波段与 GPSL1 频段相同，主要用于导航服务。MSAS 提供的导航服务可覆盖整个日本空域的所有航空器。MSAS 使用的 2 颗 GEO 卫星情况如表 2.4-8 所示。

表 2.4-8 MSAS 使用的 2 颗 GEO 卫星情况

GEO 卫星名称	卫星编号	轨道位置	NMEA 编号
MTSAT 1R	PRN 129	140.0°E	42
MTSAT 2	PRN 137	145.0°E	50

MSAS 地面段地面监测站 GMS 负责监测 GPS 和 MTSAT 卫星播发的信号。主控站 MCS 根据地面监测站 GMS 监测的信号，计算 GPS 信号的差分改正数和系统完好性等级，将增强电文上行注入给卫星。监测及测距站 MRS 的主要任务：一是监测 GPS 和 MTSAT 卫星播发的信号，二是修正 MSAS 的 GEO 卫星轨道参数，精密确定卫星的星历。

2）MSAS 系统信号

MSAS 卫星信号在单一载频 L1（频率为 1575.42 MHz）上发射，所以原有的标准 GPS 接收机只需做极小的改动就可以处理 MSAS 信号，并以此修正定位信息（刘文焘 等，2009）。MSAS 信号带宽是 L1±2 MHz，信号数据速率为 250 b/s，增强电文采用与前向误差修正码的 1/2 卷积编码方案，增强电文的信号数据速率为 250 b/s，符号速率为 500 b/s。

对于地面 5°以上仰角的用户，系统增强信号的落地电平＞－161 dBW。规定地球静止卫星广播信号的多普勒频移＜20 m/s，故 MSAS 信号的多普勒频率范围较小，一般在±200 Hz 范围以内。

MSAS 信号的主要信息类型如表 2.4－9 所示。

表 2.4－9　MSAS 信号的主要信息类型

类 型	内　容	类 型	内　容
0	SBAS 测试使用	10	衰减参数
1	PRN 掩码	18	电离层格网点选择器
2～5	快速改正信息	24	快速改正数、长期卫星误差改正数混合信息
6	完好性信息	25	长期卫星误差改正数
7	快速改正数衰减因子	26	电离层延迟改正数

用于增强定位的改正数主要包括卫星轨道、卫星钟差、电离层改正。对应的信息类型主要包括快速改正项（2～5）、长期改正项（25）、电离层改正项（18、26）。

6. GAGAN

GAGAN 是印度建立的 GPS 系统辅助型对地静止轨道增强导航系统。空间信号覆盖整个印度大陆，能为用户提供 GPS 信号和差分修正信息，用于改善印度机场和航空应用的 GPS 定位精度和可靠性。GAGAN 致力于在印度区域提供无缝导航，可与其他星基增强系统互通互用。

GAGAN 系统与其他系统相似，包括空间段、地面段以及用户段。GAGAN 系统的空间段由 3 颗位于印度洋上空的 GEO 卫星构成，采用 C 频段和 L 频段。其中，C 频段主要用于测控，L 频段与 GPSL1 和 L5 频率完全相同，用于播发导航信息，并可与 GPS 兼容和互操作。地面段由 15 个参考基准站（Indian Reference Station，INRES）、2 个主控站（Indian Master Control Centre，INMCC）、3 个地面上行链路站（Indian Land Uplink Station，INLUS）以及 2 个运行控制中心（Operational Control Centre，OCC）组成。

GAGAN 系统参考基准站 INRES 负责接收和处理 GPS 信号并将伪距观测结果送到主控站 INMCC，主控站负责计算差分改正数并评估 GPS 系统的完好性等级，同时生成 GAGAN 系统增强电文，再由地面上行链路站 INLUS 将 GAGAN 增强电文上行注入给空间段 GEO 卫星。用户段由 GAGAN 接收机组成，与 WAAS 系统接收机类似，可以同时接收 GPS 信号和 GAGAN 增强信号，机载用户设备可以满足民用航空 SBAS 标准要求。

目前，GAGAN 使用的两颗地球静止轨道卫星分别是 GSAT-8 和 GSAT-10。GAGAN 使用的 3 颗 GEO 卫星情况见表 2.4－10。

表 2.4－10　GAGAN 使用的 3 颗 GEO 卫星情况

GEO 卫星名称	卫星编号	轨道位置	NMEA 编号
GSAT-8	PRN 127	55.0°E	40
GSAT-10	PRN 128	83.0°E	41
GSAT-15	PRN 132	93.0°E	45

卫星上行链路采用 C 波段接收导航电文，卫星下行链路采用 L 波段播发增强信号，频点与 GPS 的 L1(1575.42 MHz)和 L5(1176.45 MHz)完全相同，信号包括测距信号和导航增强信息。GAGAN 系统信号的特点见表 2.4－11。

表 2.4－11　GAGAN 系统信号的特点

波段	中心频点/MHz	调制方式	码速率/(Mc/s)	码周期/ms	数据/符号速率/(b/s)	最小接收功率/dBW	最大接收功率/dBW
L1	1575.42	BPSK	1.023	1	250/500	－159.35	－154.13
L5	1176.45	BPSK	10.23	1	250/500	－159.44	－154.16

7. KASS

韩国的星基增强系统 SBAS 也称 KASS(韩国增强卫星系统)，于 2013 年启动，由韩国国土交通部(MOLIT)主导，由韩国空间研究所(KARI)负责系统开发。KASS 主要用于向韩国领空的民航用户提供符合国际民航组织 SARP 的认证 APV-I 服务。这意味着 KASS 可以成为所有飞行阶段的主要导航服务方式，从航路到覆盖区域内的精确进近。因此，飞机将能够更直接地配置它们的航线，并使他们在出发机场和目的地之间的航班尽可能短。KASS 系统将最终提高空域容量，缓解拥堵，同时减少燃料消耗和污染。

KASS 系统主要包括 2 颗 GEO 卫星、4 个监测站(KRS)、1 个控制中心(KCS)、1 个处理中心(KPS)和 1 个注入站(KUS)。KASS 系统集成和验证将在 2022 年完成，计划将于 2023 年开始为航空提供生命安全(SoL) 服务(EUNSUNG L，2016)。其中，马来西亚 Measat-3D 于 2019 年 1 月被选为第一颗 KASS 卫星。该卫星由 Airbus Defence and Space 建造，将于 2021 年 12 月至 2022 年 1 月期间由 Arianespace 航天公司发射。截至本书完成之时，还没有关于第二颗 KASS 卫星的相关介绍。

8. SPAN

2020 年 2 月，澳大利亚和新西兰建立了合作伙伴关系，确定建立星基增强系统(SBAS)，该系统被称为南方定位增强网络或 SPAN，这将是南半球的第一个星基阵增强系统，并计划于 2022 年提供服务。将在澳大利亚和新西兰提供 10 cm 水平的准确定位，还将改善澳大利亚地区海上作业的定位精度。

9. A-SBAS

A-SBAS 是非洲自主建立的星基增强系统，主要目的是服务于非洲和印度洋。A-SBAS 计划分三个阶段实施：第一阶段是从 2020 年开始，实现开放服务(L1/L5)的试运行；第二阶段是从 2024 年开始，实现基于 L1 频段的航空/NPA、APV-1 和 CAT-1 运行服务；第三阶段是在 2028 或 2030 年之后，实现基于 DFMC 的 CAT-1 的自动着陆及其他可能的潜在服务。

2.4.2 GBAS

GBAS 通过差分定位，在提高卫星导航精度的基础上，增加了一系列完好性监视算法，提高系统的完好性、可用性、连续性的指标，使机场覆盖空域范围内配置相应机载设备的飞机获得到达Ⅰ类精密进近(CAT-Ⅰ)，未来甚至是 CAT-Ⅱ/Ⅲ类精密进近的需求(王雷，2014)。目前，在有效覆盖范围内的 GBAS，其精度在水平和垂直方向均优于 1 m。

GBAS 一般由地面站、监测设备和机载设备组成，其基本原理如图 2.4-8 所示。GBAS 地面站包括参考接收机，天线、地面数据处理设备，甚高频数据广播(VDB)设备，VDB 天线等。地面数据处理设备通过结合来自每个参考接收机的测量值产生可见卫星的差分校正值，同时，通过实时监测导航信号本身或者是地面站的异常，形成卫星导航系统和本站自身的完好性信息，然后把 FAS 数据、校正值和完好性信息通过 VDB 播发给机载用户。其中，机载设备为多模式接收机(MMR)，由于机载用户和 GBAS 站的距离很近(小于 50 km)，它们之间的误差有很强的相关性，所以通过这种方法能够提高机载用户的定位精度和完好性。

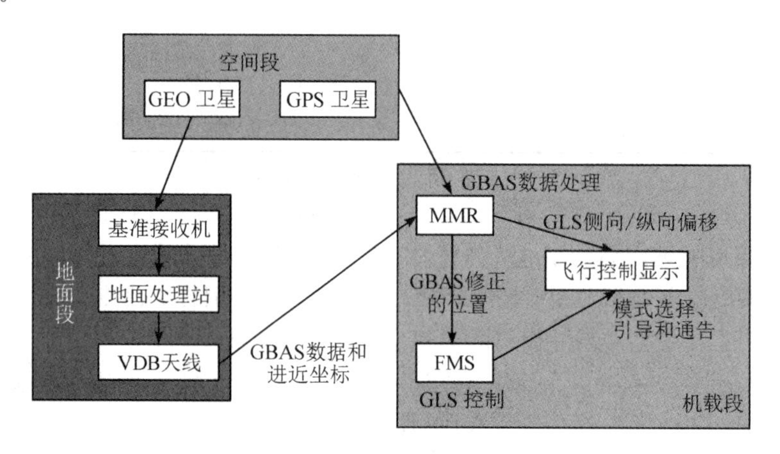

图 2.4-8 GBAS 基本原理示意图

1. LAAS

服务于民航应用的 GPS 局域增强系统(Local Area Augmentation System，LAAS)主要包括 GPS 卫星及机场伪卫星(APL)、地面参考站、中心处理站、VHF 数据链和机载用户，其组成结构如图 2.4-9 所示。LAAS 的作用距离一般为 56 km 左右，采用 GPS 载波相位测量、伪距测量或载波相位平滑伪距法、伪卫星等技术来提高站星距离的测量精度(甘兴利，2008)。

GPS 卫星产生测距信号，并发送给地面子系统和机载子系统。伪卫星的引入是局域差分 GPS 最主要的改进。伪卫星是基于地面的信号发射器，用于发射与 GPS 相同的信号。伪卫星的主要目的是提供附加的伪距信号用来增强定位解的几何结构，提高导航可用性，提升进近过程中飞机垂直高度的测量精度。

地面站主要负责获取伪距和载波相位观测量，并对导航电文进行解码(王玉明，2009)。

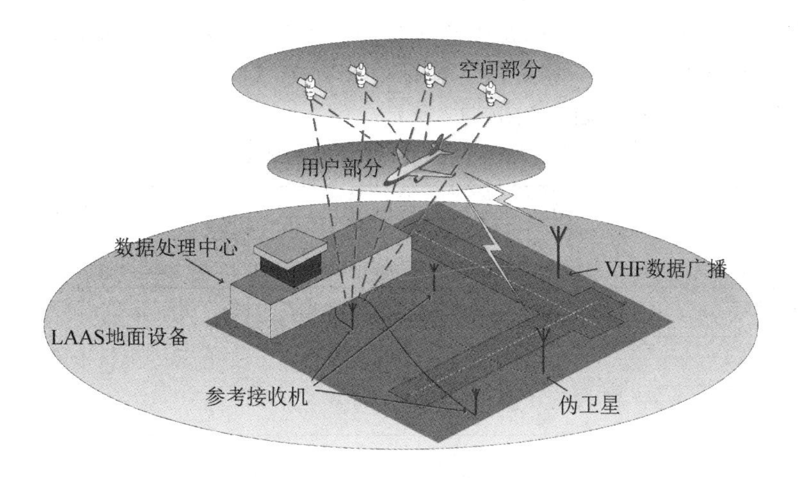

图 2.4-9　LAAS组成示意图

地面参考站的数量取决于精密进近类型及可用性需求，一般采用3～4个安装在机场固定已知点的高性能GPS接收机，观测所有可见卫星，并将这些观测数据同时发送给中心处理站。中心处理站将码相位测量的伪距数据进行载波相位平滑，同时根据卫星测距信号和事先已知的参考接收机精确位置，使用差分技术计算卫星的伪距校正值，通过一系列完好性监测算法获得系统完好性信息，并将这些信息按照一定的格式编码，通过甚高频(VHF)数据链发送给机载用户。LAAS差分原理如图2.4-10所示。

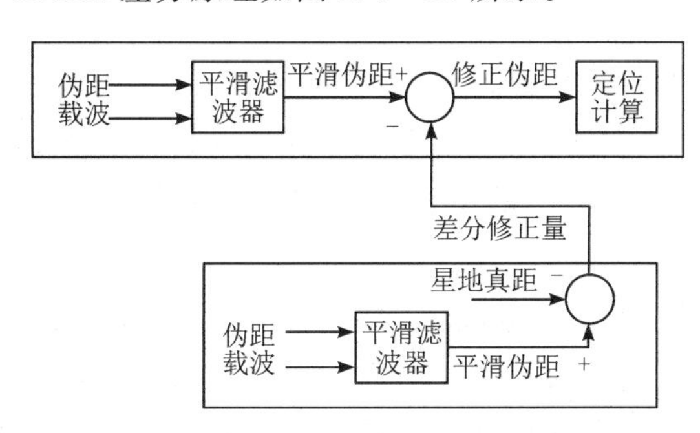

图 2.4-10　LAAS差分原理

机载用户的主要设备包括信号接收器、用户处理器和导航控制器。信号接收器能够同时接收GPS信号、伪卫星信号以及地面站广播的差分改正及完好性信息。用户处理器首先对信息的完好性进行判断，然后对GPS观测数据和差分改正数据进行差分定位解算，确定进近航迹，判断飞机的水平及垂直导航定位误差是否超限。导航控制器主要用于控制及显示导航参数，实现精密进近所需的自动进近、着陆和滑行。

2. JPALS

在20世纪90年代中期，美军提出了联合精密进近与着陆系统(Joint Precision Approach and Landing System，JPALS)系统，通过增强GPS信号来达到严苛的引导质量要求(钟涛 等，2016)。根据美国空军和海军的不同需求，JPALS发展了陆基(LB-JPALS Land based JPALS)和海基(SB-JPALS，Sea based JPALS)两个不同的系统：① 本地差分GPS(LDGPS，Local Differential GPS)；② 舰载相对GPS(GPS SRGPS，Shipboard

Relative)。JPALS 系统的最终目的是引导飞机精密着陆/着舰，但陆基型和舰基型的性能需求有所区别。舰基型对精度、完好性等指标要求更高(刘菁，2014；邹海宁，2015；汤卫红，2016)。JPALS 性能指标如表 2.4-12 所示。

表 2.4-12　JPALS 性能指标

	LB-JPALS	SB-JAPLS
精度(95%)	2.0～4.0 m	0.4 m
完好性风险	2×10^{-7}/150 s～1×10^{-9}/15 s	10^{-6}/进近
VAL	5.3～10.0 m	1.1 m
TTA	2～6 s	2 s
连续性风险	8×10^{-6}/15 s	1×10^{-6}/15 s
可用性	99%(机动型) 99.5%(永久型)	99.7%
基本算法	地面设备无码载偏离平滑算法(双频)，机载设备单频(或双频)	宽载浮点解，宽巷整数解，L1/L2 整数解，地面和机载设备为双频

JPALS 系统主要包括军用陆基/舰基段(提供增强信号)和军用机载段(使用增强信号)。空间段不作为 JPALS 的组成部分，用于为军用陆基/舰基段和军用机载段提供 GPS 测距信号和轨道参数。

陆基/舰基段的舰载设备通过接收机测量信息完成完好性处理，并计算差分修正量，形成报文信息，通过舰空双向数据链将修正量及完好性参数发送给飞机，机载设备完成完好性判断及故障监测处理，计算相对定位结果，经过补偿运算等处理后生成导航引导信息。

3. CORS

美国的 GPS 连续运行参考站(Continuously Operating Reference Stations，CORS)，是利用多基站网络 RTK 技术建立的参考站。该参考站的主要目标如下(丰勇 等，2010)：

(1) 使全部美国领域内的用户能更方便地利用该系统来达到厘米级水平的定位和导航。

(2) 促进用户利用 CORS 来发展地理信息系统(Geogrphic Information System，GIS)。

(3) 监测地壳形变。

(4) 支持遥感的应用。

(5) 计算大气中水汽分布。

(6) 监测电离层中自由电子浓度和分布等。

CORS 系统主要由基准站、数据处理中心、数据传输系统、定位导航数据播发系统、用户应用系统 5 个部分组成，如图 2.4-11 所示。各基准站与数据处理中心间通过数据传输系统连成一体，形成专用网络。

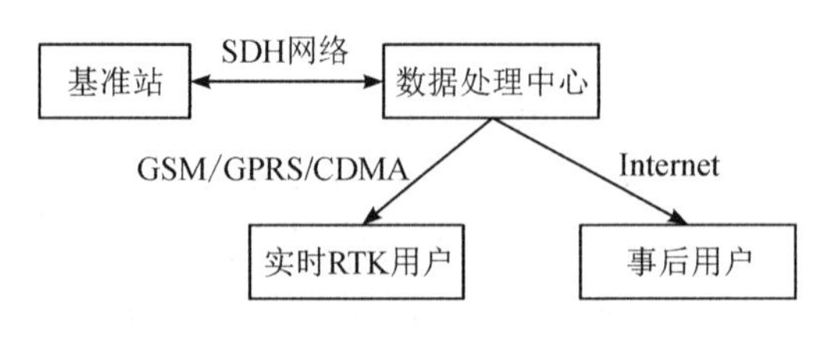

图 2.4-11　CORS 系统组成结构示意图

基准站网由控制区域内均匀分布的基准站

组成，负责采集GPS卫星观测数据并输送至数据处理中心，同时提供系统完好性监测服务。

数据处理中心用于接收各基准站数据，并进行数据处理，形成多基准站差分定位用户数据，组成一定格式的数据文件，再分发给用户。数据处理中心是CORS的核心单元，也是高精度实时动态定位得以实现的关键所在。24 h连续不断地根据各基准站所采集的实时观测数据在区域内进行整体建模解算，并通过现有的数据通信网络和无线数据播发网，以国际通用格式向各类需要测量和导航的用户提供码相位/载波相位差分修正信息，以便实时解算出流动站的精确点位。

各基准站数据通过通信专线传输至数据处理中心，该系统包括数据传输硬件设备及软件控制模块。系统通过移动网络、Internet等形式向用户播发定位导航数据。

CORS系统彻底改变了传统RTK测量作业方式，其主要优势如下：

(1) 改进了初始化时间、扩大了有效工作的范围。

(2) 采用连续基站，用户随时可以观测，使用方便，提高了工作效率。

(3) 拥有完善的数据监控系统，可以有效地减小系统误差和周跳，增强差分作业的可靠性。

(4) 用户不需要架设参考站，真正实现单机作业，减少了费用。

(5) 使用固定可靠的数据链通信方式，减少了噪声干扰。

(6) 提供远程Internet服务，实现了数据的共享。

(7) 扩大了GPS在动态领域的应用范围，更有利于车辆、飞机和船舶的精密导航。

(8) 为建设数字化城市提供了新的契机。

4. Locata

1) Locata系统

Locata是一种既能增强GPS定位又可独立进行定位的高精度定位系统。与即将要讲到的伪卫星技术相比，Locata系统克服了伪卫星定位技术面对的时间同步、远近效应、多径效应等问题(杨鑫，2015)。Locata定位技术概念如图2.4-12所示。Locata系统发射类似GPS的信号并以与GPS信号相同的原理运行，起到减少盲区、提高精度、增强抗干扰能力的作用。

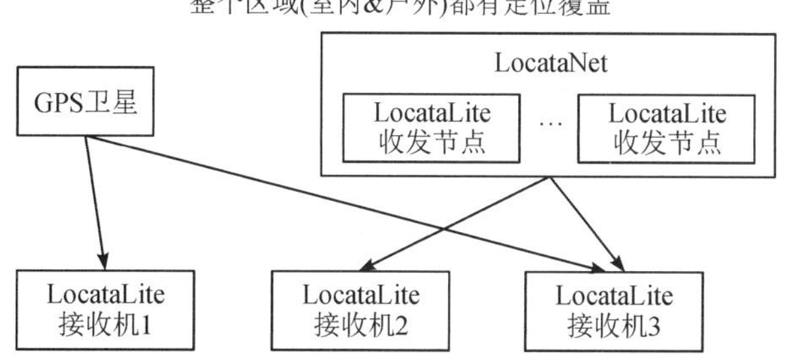

图2.4-12　Locata定位技术概念图

Locata 的收发节点叫 LocataLite，有两个发射天线和一个接收天线。在发射部分能够产生类似于 GPS 信号，包括 C/A 码伪随机序列和载波相位信号等；在 LocataLite 接收部分，是基于现有 GPS 芯片。发射部分和接收部分使用共同的时钟，LocataLite 能够产生功率可调、不同占空比和不同伪随机数码的数字信号。

同卫星定位网络一样，伪卫星定位系统也需要建立可靠的定位网络来实现定位。Locata 定位网络叫 Locata 同步网络(LocataNet)，通过四颗或四颗以上的 LocataLite 节点，组成一个 Locata 同步网络(LocataNet)。它是一个独立的时钟同步网络，在实现定位过程中没有使用额外的数据校正信息。

Locata 系统建立过程为：首先，第一个 LocataLite 通过 GPS 星座自我搜索获取自身位置信息，开始传输自身独特的信号，将第二个 LocataLite 放置在第一个 LocataLite 信号范围内，并搜索 GPS 信号和第一个 LocataLite 产生的信号，通过与第一个 LocataLite 之间的时间同步，产生自身独特的信号。以此类推，通过控制中心同步或级联同步两种方式建立起同步网络，此同步网络具有自动初始化的特点，信号具有穿透力强、可扩展性强、时间同步性等特点。

2) Locata 系统信号

第一代 Locata 系统使用的频段与 GPS L1(1575.42 MHz)相同，由于权限及干扰等问题，在使用过程中受到很大限制。为达到预期目标，选用公用的 2.4 GHz 工业科学医疗频段，此 2.4 GHz 的 ISM 频段带宽大约在 80 MHz。目前使用的两个频率 S1(2.414 28 GHz)和 S6(2.465 43 GHz)，对应的载波波长分别为 12.4175 cm 和 12.1598 cm。发生器产生 PRN 码的速率是 10.23 MHz。

为解决远近效应问题，Locata 信号体制结合了 CDMA 和 TDMA，信号结构如图 2.4-13 所示。Locata 信号充分利用 CDMA 和 TDMA 信号的优势，在一定程度上减小了远近效应。

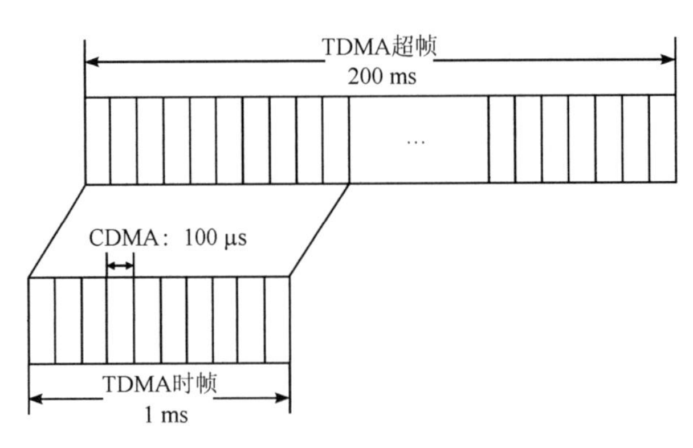

图 2.4-13　Locata 信号的 CDMA+TDMA 信号结构

由 LocataLite 组成的同步网络 LocataNet 可以在室内外环境运行。Locata 可以用来单独定位，也可以结合 GNSS 信号进行定位，达到增强 GNSS 的作用。Locata 系统采用载波相位单点定位技术进行定位，由于 Locata 实现了时间同步，LocataLite 之间基本不存在时钟偏差。Locata 系统在地面上运行，电离层误差可忽略。LocataLite 与 Locata 之间基线距离短，对流层误差可以忽略。Locata 大大减小了 GNSS 系统中存在的一些误差。然而，

Locata 系统仍存在着如下一些技术问题有待解决：

（1）Locata 信号与 GPS 信号同时存在时有可能相互影响。当 GPS 信号功率超过 Locata 时，GPS 会对 Locata 信号捕获造成影响，形成一定的相干带宽干扰；当 Locata 信号功率高出 GPS 信号时，则会对 GPS 信号捕获产生影响，形成一定的窄带干扰。

（2）多径衰减问题。Locata 系统对于此问题的解决是通过应用信号多样性原理，LocataLite 的硬件设计允许通过两个天线在同样的频率下利用不同的伪随机码(PRN)发射两个信号，对两个信号进行解算来减弱多径衰落的影响。

（3）广泛分布的 Wi-Fi 信号与 Locata 信号间有着相互干扰。

5. 伪卫星

在恶劣场景下，导航系统往往因为可见星不足或者卫星几何分布不优而导致其定位精度下降，无法满足用户的需求，在地面布设伪卫星系统能有效地缓解该现象。伪卫星既可以在卫星导航系统性能不佳的场景下，作为卫星导航系统的地面增强系统提升区域内的定位服务质量，也可以独立自主组网为区域内用户提供高精度的定位服务。

伪卫星定位系统与 Locata 系统相同，都是发射类似 GNSS 的信号并以与 GNSS 信号相同的原理运行，可以起到减少盲区、提高精度、增强抗干扰能力的作用(戴超，2014)。

地基伪卫星增强卫星导航系统由卫星和伪卫星组成的星座部分、监测站部分和用户设备三部分组成，该系统架构如图 2.4-14 所示。

星座部分由卫星和地基伪卫星组成。其中，地基伪卫星为安装在地面上可以发射导航信号的设备，它的功能和导航卫星相似，所以称为伪卫星。为了实现定位功能，导航信号必须包含时间、信号源位置、修正参数等信息。

地基伪卫星增强卫星导航系统的监测站是实现系统时间同步的核心设备，监测站组成如图 2.4-15 所示。

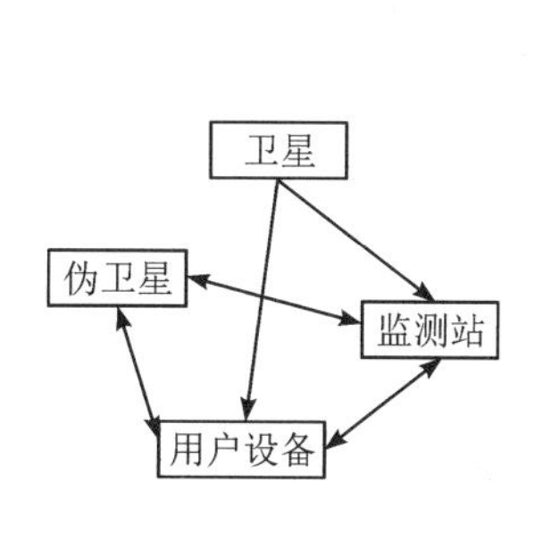

图 2.4-14　伪卫星增强卫星导航系统架构

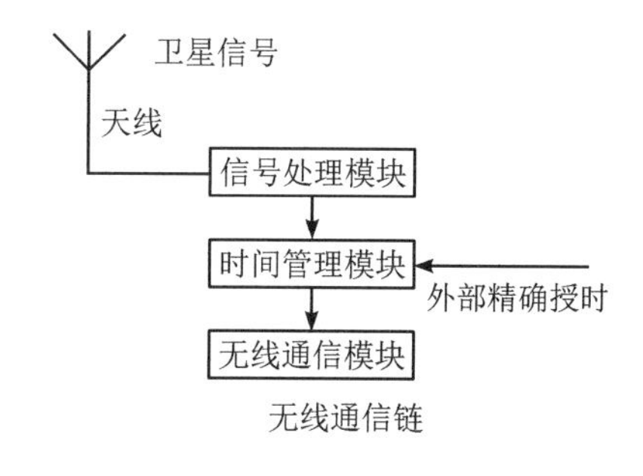

图 2.4-15　监测站组成

主控站配置伪卫星的 PRN 码序列号，并将导航电文发送给伪卫星系统。高精度参考接收机测量伪卫星同步误差，并将信息反馈给主控站用以调整伪卫星 PRN 码发送时间。用户接收机则进行伪距测量导航电文解算和定位。伪卫星定位技术包括以下应用模式：

1）伪卫星增强 GNSS 系统

在地形复杂、严重遮挡的地区，GNSS 卫星的可见数受到限制，位置精度因子(PDOP)受到几何分布影响而变大，定位精度变差。伪卫星可以通过改善卫星的几何分布，达到提高 GNSS 导航定位精度的目的。

2）独立伪卫星导航定位系统

在矿井隧道、地下掩体等环境，GNSS 信号被完全遮挡，伪卫星则可以独自进行定位。定位质量很大程度上取决于接收机和伪卫星之间构成的几何图形。

此外，对于伪卫星技术还存在着如下几个关键问题需要解决。

（1）远近效应。由于伪卫星发射机高度较低，与用户接收机之间的距离相对较近，用户接收机朝伪卫星发射机运动或远离时，接收机所接收到的信号功率不稳定，使得接收机前端饱和或捕获不利信号，尤其是在运动速度过快时，接收机失锁概率要远远大于 GNSS 信号。

（2）多径效应。伪卫星的多径效应要比 GNSS 严重得多，主要原因是伪卫星高度较低，信号功率大，障碍物发射和折射产生的多径效应更为复杂和严重。

（3）时钟差及同步问题。由于伪卫星采用的时钟为温补或恒温晶振，其频率稳定度和精度比原子钟要差很多，各个伪卫星的钟差随时间慢慢增大，若能更好地实现伪卫星时钟同步则可进一步提高其定位精度。

第3章

信号调制方式和复用方式

本章详细地介绍了卫星导航系统中常见的信号调制方式和复用方式的产生原理及其特点。其中，调制方式主要介绍了BPSK、QPSK、BOC、MBOC、AltBOC、ACE-BOC、TDDM-BOC、GMSK、GMSK BOC等；复用方式主要介绍了Interplex复用、CASM复用、多数表决复用、POCET复用、DualQPSK复用等，并比较了各自的优缺点。

3.1 本章引言

为了保证信号的高质量、远距离传输，必须通过调制的方式将要发送的信号频谱搬移到高频信道再进行传输。这种将需要发送的信号加载到高频信号的过程就是所谓的调制。

传统卫星导航信号调制方式主要以二进制相移键控(BPSK)和正交相移键控(QPSK)调制为主。随着卫星导航技术的飞速发展和人们对卫星导航需求的不断提升，卫星导航的应用领域也不断扩展，服务需求也不断细化。新一代卫星导航信号数量显著增加，而且人们对信号性能的要求也越来越高。传统的调制方式和复用方式已不能满足用户的需求。针对卫星导航信号面临的问题，近几年许多专家学者提出了大量新颖的解决办法。其中，非常重要的解决办法就是各种新型 BOC 调制方式和恒包络复用方式被应用到新一代卫星导航系统信号中(姚铮 等，2016)。

表 3.1-1 给出了目前卫星导航系统中几种常见的信号调制方式的特点及其在应用中存在的主要问题。

表 3.1-1　卫星导航信号主要调制方式简介

调制方式	应　用	特　点	存在问题
BPSK	GPS L1 频段 C/A、L1/L2 P（Y）、L2C，GLONASS C/A 和 P，Galileo E6B-I、E6B-Q	接收机不存在跟踪误锁的可能，可以采用较小的带宽接收到较多的信号能量，BPSK 信号的接收处理比较容易	频带利用率低，在同一频点信号众多，频谱重叠严重从而彼此造成干扰
QPSK	GPS L5，BDS-2 B1、B2、B3	具有良好的抗噪特性，电路实现较为简单，相较 BPSK 有较高的频带利用率	因其动态范围大，对功率放大器的要求较高
BOC	GPS L1C-I、L1/L2 M，Galileo E1/E6A，BDS-3 B1Cd	余弦相位要比正弦相位信号具有更窄的相关峰，主瓣中心频点与 BPSK 调制主瓣中心频点分离，可有效地改善信号间的频谱干扰	可缓解同频点信号互干扰的问题，兼容互操作性仍需改进
TMBOC	GPS L1C-Q	通过时分复用的方式完成两种 BOC 信号的混合，可增强兼容互操作性，且 TMBOC 信号属于双极性信号，复杂度低	采用了时分复用的方式，需要增加额外的开关电路
CBOC	Galileo E1B/E1C	通过线性组合的方式完成两种 BOC 信号的混合，有更好的抗多径性能，可增强兼容互操作性	由于更高频分量的存在，信号的带宽将更宽，发送和接收所需要的带宽也会更宽

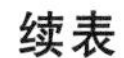

续表

调制方式	应　用	特　点	存在问题
AltBOC	Galileo E5a/E5b	同一载频可以同时独立地传输四路导航信号，充分利用频率资源，频谱利用率高，并且有良好的伪码跟踪精度和抗多径性能	增加了信号发射带宽和接收机的接收带宽
TDDM-BOC	BDS-3 B1A	存在数据分量部分和无数据分量部分，可以增强其保密性能和提高抗干扰能力	多峰特性会增大信号的模糊度，容易造成误检和漏检
QMBOC	BDS-3 B1Cp	QMBOC 调制方式的两路信号分布在两个正交的信号支路上，功率分配更加灵活	无法实现后向兼容 BDS-2 QPSK 信号
TD-AltBOC	BDS-3 B2	时钟频率降低一半，副载波由多进制变为二进制，复杂度明显降低；没有引入互调分量，复用效率为百分之百	时分复用造成扩频码等效长度减半，导致相关性能降低；在信号复用和处理时需要引入时分选通开关，增加复杂度的同时降低了前向和后向兼容性
ACE-BOC	BDS-3 B2a/B2b	可以实现两个边带两个QPSK 信号四个信号分量任意功率配比的恒包络发射	实际应用中，功率比例不可以任意取，会增加复杂度
GMSK	可供 C 频段候选	它具有较好的频谱抑制能力	由于高斯滤波器的引入，实现难度及接收机处理复杂度将大大增加
GMSK-BOC	Galileo　C 波段	具有更好的兼容性	仍存在带外辐射，需改进

信号的复用方式有很多种，如图 3.1-1 所示。从复用后的信号中心频点数来分，可将复用方式分为单频恒包络复用和双频恒包络复用。其中，常见的单频恒包络复用方式主要包括 Interplex 复用、CASM 复用、多数表决复用、POCET 复用和 DualQPSK 复用等；双频恒包络复用方式主要包括 AltBOC 复用、TD-AltBOC 复用、ACE-BOC 复用等。由于双频恒包络复用方式也可看作是一种特殊的 BOC 调制，所以本书将双频恒包络复用方式放在了调制方式中介绍，在复用方式一节主要针对几种常见的单频恒包络复用方式展开介绍。对于其他几种未介绍到的复用方式(未标灰的)，感兴趣的读者可自行查阅相关文献，本书不再一一赘述。

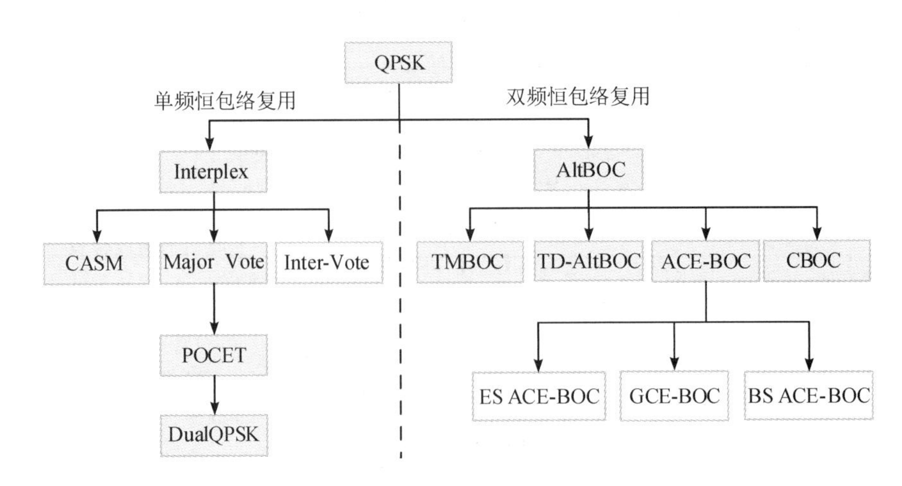

图 3.1-1　卫星导航信号常见复用方式

表 3.1-2 给出了卫星导航信号的几种常见多路复用方式的实现方案及其特点。

表 3.1-2　导航信号多路复用实现方案及其特点

复用技术	实现方案	特　点
线性组合技术	其中 2 路伪码使用正交载波复用，第 i 路($i \geqslant 3$)伪码信号通过线性求和的方式加到某一路伪码信号上(又称为 THM 技术)	已调信号包络不恒定，通过星上高频功率放大器(HPA)时存在非线性失真
双通道技术	一个通道使用正交载波复用技术调制 2 路伪码，额外增加一个通道(包括调制器、高功率放大器等)专门用于调制第 i 路伪码信号	星上设备功耗和硬件复杂度增加
时分复用 QPSK 技术	第 1 路伪码和第 i 路伪码信号通过时分复用调制到同相载波分量，第 2 路伪码信号调制到正交载波分量	实现简单，若时分复用的 i 路伪码功率不相等，已调信号包络不恒定
互复用技术	将 i 路伪码信号通过相位调制构成恒包络信号	实现简单，各路伪码信号功率可以灵活配置。但已调信号存在交调项，导致信号功率有损耗
多数表决技术	输出码的符号总是和多数的伪码一致	使用交织(Interlace)技术，计算复杂度高，信号有失真，包络恒定，多路信号也不会产生更大的功率损耗
最优相位技术	利用最优算法计算多路伪码调制到载波上的相角以及载波的幅值	包络恒定，是相位调制的最优调制方式。但是计算复杂度高，最优结果的搜索比较难
Inter-Vote 复用技术	对于 5 路伪码，其中三路利用多数表决复用技术复合为一路，再与其他两路用 Interplex 技术复用	适用于 5 路及其以上的信号，信号路数增多时，功率效率下降

从表3.1-2中可以看出，在导航信号多路复用方式中，线性组合技术和时分复用技术会产生非恒包络导航信号；双通道技术则要求使用多个通道来完成信号的复用，会增加信号的功率损耗以及硬件复杂度，对于导航系统的要求相对较高；互复用技术、多数表决技术、最优相位技术和Inter-Vote复用技术都是恒包络复用技术，是目前卫星导航信号采用的主要复用方式(陈校非，2013；潘伟川，2015)。

对于导航系统的多路复用信号来说，主要考虑复用后的信号形变及功率损耗。信号的形变可以用相关损耗来反映，从接收端看，损耗反映在相关峰的减小上，因此信号的形变也是一种功率的损失。为此，统一用信号的复用效率来衡量导航信号多路复用的效果。导航信号多路复用的复用效率 η 定义为

$$\eta=\frac{P_s}{P} \tag{3.1-1}$$

式中，P_s 表示有用信号功率之和；P 表示信号总功率。

下面将分别介绍卫星导航信号的主要调制方式和复用方式的具体实现方法及其特点。

3.2　主要调制方式

GNSS系统在工作过程中，导航信号的载波、测距码和电文，三者以某种特定的调制方式紧密地结合在一起，实现卫星导航系统的高精度导航定位、测速和授时功能。各系统信号体制的现代化主要内容就是调制方式的进一步优化，以实现更好的捕获、跟踪、解调、抗干扰和抗多径性能。GNSS空间信号质量评估的主要评估参数是由不同的信号调制方式决定的。目前，GNSS系统常用的调制方式主要有BPSK、QPSK、BOC、MBOC、AltBOC、ACE-BOC和GMSK等。

3.2.1　BPSK-$R(n)$调制方式

二进制相移键控(Binary Phase Shift Keying，BPSK)调制是最基础的数字调制的一种(贺成艳 等，2013)。传统卫星导航系统的信号广泛采用BPSK调制方式，码片波形使用矩形非归零码，按照习惯表示为BPSK-$R(n)$。该信号可表示为

$$s_{\text{BPSK}}(t)=\left[\sum_n a_n g(t-nT_c)\right]\cos\omega_s t \tag{3.2-1}$$

式中，$a_n=\pm 1$，表示幅度；$g(t)$为每个码片矩形脉冲；脉宽 $T_c=1/f_c=1/(n\times 1.023\ \text{MHz})$；$\omega_s$ 表示载波频率。可知，在某个码元持续时间内，$s_0(t)=\cos\omega_s t$ 或 $s_0(t)=\sin\omega_s t$。

信号的自相关函数和功率谱密度是一对傅里叶变换对，可分别表示为

$$R(\tau)=\lim_{T\to\infty}\frac{1}{2T}\int_{-T}^{T}s^*(t)s(t+\tau)\text{d}t \tag{3.2-2}$$

$$S(f)=\int_{-\infty}^{+\infty}R(\tau)\exp(-\text{j}2\pi f\tau)\text{d}\tau \tag{3.2-3}$$

式中，$s^*(t)$表示$s(t)$的复数共轭。理想BPSK信号的自相关和功率谱密度可表示为

$$R_{\text{BPSK-R}}(\tau)=\begin{cases}0 & (\text{其他})\\ 1-\dfrac{|\tau|}{T_c} & (|\tau|\leqslant T_c)\end{cases} \tag{3.2-4}$$

$$S_{\text{BPSK-R}}(f)=T_c\operatorname{sinc}^2(\pi f T_c) \tag{3.2-5}$$

式中，$\operatorname{sinc}(x)=\dfrac{\sin x}{x}$。

从自相关函数来看，BPSK 信号的自相关函数是简单的单峰结构，接收机不存在跟踪误锁的可能。从功率谱密度的角度看，BPSK 信号的主要功率集中于中心频点附近，接收机可以采用较小的带宽接收到较多的信号能量。这两方面的优势决定了 BPSK 信号的接收处理比较容易，但其也存在频带利用率过低的缺点，后面提到的 BOC 调制能很好地缓解这一问题。

3.2.2 QPSK 调制方式

正交相移键控(Quadrature Phase Shift Keying，QPSK)调制信号是一种数字调制方式，利用载波的四种不同相位来表示数字信息，具有频谱利用率高、抗干扰能力强等特点，被广泛应用于卫星通信和导航中(贺成艳 等，2019)。我们可在 BPSK 的基础上进行理解，两路正交 BPSK 信号的叠加可构成 QPSK 调制信号。基本表达式为

$$e_{\text{QPSK}}(t)=A\cos(\omega_0 t+\theta_k) \tag{3.2-6}$$

常用相位取值有 A 方式和 B 方式两种。相位矢量分布如图 3.2-1 所示。其中，A 方式的 QPSK 信号波形的相位跳变更明显，而且被广泛应用，下面我们主要以此为例进行介绍。

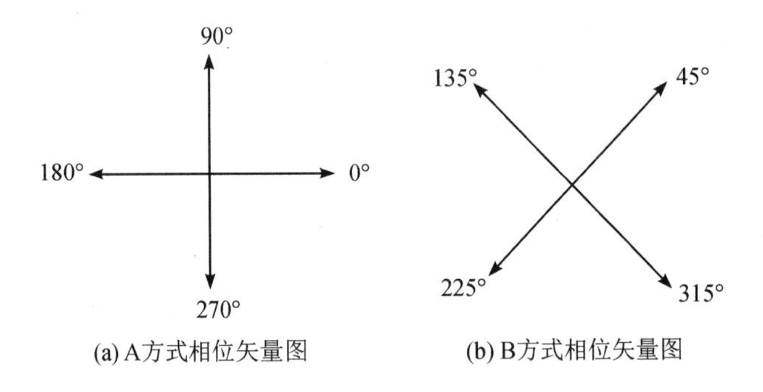

图 3.2-1　QPSK 相位矢量图

其数学表达式为

$$s_{\text{QPSK}}(t)=a\left[\sum_n a_n g(t-nT_{c1})\right]\cos\omega_s t+(1-a)\left[\sum_n b_n g(t-T_{c2})\right]\sin\omega_s t \tag{3.2-7}$$

式中，$0<a<1$ 表示幅度均衡因子；$a_n=\pm 1$；$b_n=\pm 1$。若两路正交 BPSK 信号幅度相同，功率相当，码元同步：即 $a=5.0$，$T_{c1}=T_{c2}$ 时，则为常规意义上的 QPSK 调制信号；若两路正交 BPSK 信号幅度不同，功率不同，码元不同步：即 $a\neq 5.0$，$T_{c1}\neq T_{c2}$ 时，则称为 UQPSK(非均衡 QPSK)调制信号。

常规意义的 QPSK 与 BPSK 在时域波形、相关峰曲线及功率谱方面都是完全相同的，

只是相位图不同，如图 3.2－2 所示。

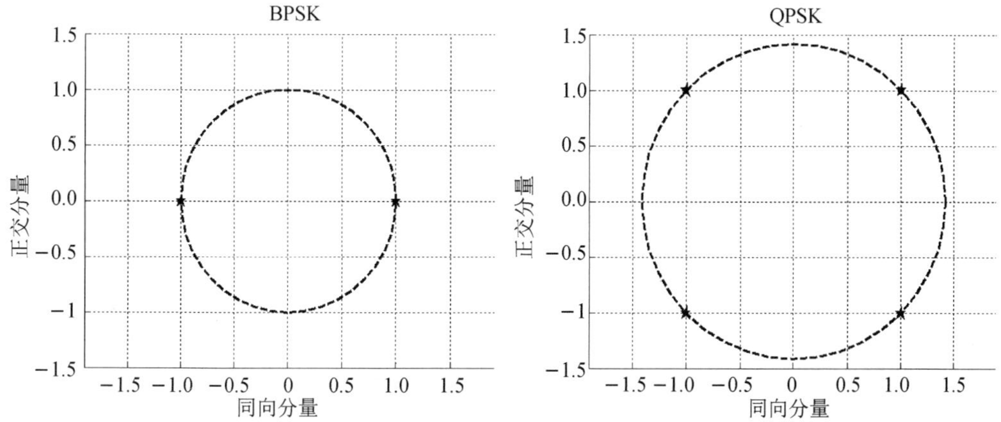

(a) BPSK信号相位星座

(b) QPSK信号相位星座

图 3.2－2 BPSK 与 QPSK 信号相位星座

QPSK 是一种四进制相位调制，具有良好的抗噪特性，电路实现较为简单，相较 BPSK 有较高的频带利用率。但因 QPSK 的动态范围大，对功率放大器的要求较高。

3.2.3 BOCs 和 BOCc 调制方式

二进制偏移载波(Binary Offset Carrier，BOC)调制技术可以实现频谱分离，这有助于解决在同频点信号的互干扰问题(楚恒林 等，2010)。并且 BOC 调制技术具有比相同码元速率的 BPSK 调制技术更好的自相关函数。Galileo 导航系统和现代化升级后的 GPS 导航系统均加入了 BOC 调制方式的信号。例如，Galileo 导航系统在 E1 频段 A 通道发射的 BOC(15，2.5)信号以及 GPS 在 L1 频段添加的 M 码信号。

BOC 信号常被表示为 BOC(m，n)，可看作是 BPSK-R 信号与一个方波副载波的乘积(BETZ J，1999)。其中，m 代表子载波频率为 1.023 MHz 的 m 倍；n 表示伪随机码速率为 1.023 MHz 的 n 倍。BOC 基带扩频信号可以表示为

$$s_{\mathrm{BOC}}(t)=D(t)\cdot C(t)\cdot \mathrm{sgn}(\sin(2\pi f_{\mathrm{s}}+\psi) \qquad (3.2-8)$$

式中，$D(t)$表示导航电文；$C(t)$表示测距码，码速率为 $f_{\mathrm{c}}=n\times 1.023$ MHz；sgn 为符号函数；$f_{\mathrm{s}}=m\times 1.023$ MHz 是副载波频率；ψ 是副载波相位。$p=2m/n$ 指的是在一个码元周期内副载波的半周期数。

当 ψ 取值为 0°时，称为正弦相位 BOC，简写为 $\mathrm{BOC_s}$；当 ψ 取值为 90°时，称为余弦相位 BOC，简写为 $\mathrm{BOC_c}$。下面分别从信号相关峰及功率谱两个方面向读者介绍 BOC 信号的特点。

根据 BOC 信号调制阶数以及相位控制方式，将其分为 4 类：

- 偶数阶正弦相控 BOC 调制信号 BOCs (m,n)，$2m/n$ 偶数；
- 奇数阶正弦相控 BOC 调制信号 BOCs (m,n)，$2m/n$ 奇数；
- 偶数阶正弦相控 BOC 调制信号 BOCc (m,n)，$2m/n$ 偶数；
- 奇数阶正弦相控 BOC 调制信号 BOCc (m,n)，$2m/n$ 奇数。

下面从相关特性和功率谱特性介绍 BOC 调制信号的特点。

1. 相关峰

$BOC_s(m,n)$和$BOC_c(m,n)$信号的相关峰分别表示为

$$R_{BOC_s}(\tau)=\begin{cases}(-1)^n(p-n)\left\{(n+1)-\dfrac{|\tau|}{T_s}\right\}+(-1)^{n+1}(p-n-1)\left(\dfrac{|\tau|}{T_s}-n\right) & (|\tau|\leqslant nT_s)\\ 0 & (\text{其他})\end{cases} \tag{3.2-9}$$

$$R_{BOC_c}(\tau)=\begin{cases}(-1)^n 2\left(n+0.5-\dfrac{|\tau|}{T_s}\right)+(-1)^{n+1}(p-n)\left(\dfrac{|\tau|}{T_s}-n\right)+\\ (-1)^n(p-n-1)\left(n+1-\dfrac{|\tau|}{T_s}\right) & (nT_s\leqslant|\tau|\leqslant(n+0.5)T_s)\\ (-1)^{n+1}+(-1)^{n+1}(p-n-2)\left(\dfrac{|\tau|}{T_s}-n\right)+\\ (-1)^n(p-n-1)\left(n+1-\dfrac{|\tau|}{T_s}\right) & ((n+0.5)T_s\leqslant|\tau|\leqslant(n+1)T_s)\end{cases} \tag{3.2-10}$$

式中，$n=\left\lceil\dfrac{|\tau|}{T_s}\right\rceil$为上取整；$p=2\dfrac{m}{n}$。

- 正弦相控BOCs信号的自相关特点：共有$2P-1$个自相关峰值，峰值间距为T_p，主峰宽度为$\dfrac{2T_c}{2p-1}$。
- 余弦相控BOCc信号的自相关特点：共有$2P+1$个自相关峰值，最外侧两个峰值与其靠近的峰值间距为T_p，其他峰值间距为$2T_p$，主峰宽度为$\dfrac{2T_c}{2p+1}$。

2. 功率谱

当p为偶数和奇数时，$BOC_s(m,n)$信号的功率谱表达式为

$$G_{BOC\_even}(f)=f_c\left[\frac{\sin\left(\dfrac{\pi f}{2f_s}\right)\sin\left(\dfrac{\pi f}{f_c}\right)}{\pi f\cos\left(\dfrac{\pi f}{2f_s}\right)}\right]^2 \tag{3.2-11}$$

$$G_{BOC\_odd}(f)=f_c\left[\frac{\sin\left(\dfrac{\pi f}{2f_s}\right)\cos\left(\dfrac{\pi f}{f_c}\right)}{\pi f\cos\left(\dfrac{\pi f}{2f_s}\right)}\right]^2 \tag{3.2-12}$$

当p为偶数和奇数时，$BOC_c(m,n)$信号的功率谱表达式为

$$G_{BOC\_even}(f)=f_c\left[\frac{\sin\left(\dfrac{\pi f}{f_c}\right)}{\pi f\cos\left(\dfrac{\pi f}{2f_s}\right)}\left\{\cos\left(\dfrac{\pi f}{2f_s}\right)-1\right\}\right]^2 \tag{3.2-13}$$

$$G_{BOC\_odd}(f)=f_c\left[\frac{\cos\left(\dfrac{\pi f}{f_c}\right)}{\pi f\cos\left(\dfrac{\pi f}{2f_s}\right)}\left\{\cos\left(\dfrac{\pi f}{2f_s}\right)-1\right\}\right]^2 \tag{3.2-14}$$

BOC 调制信号通过其谱分裂特性，将频谱向两侧搬移，降低了对中心频点上其他信号的干扰。图 3.2－3 分别给出了 BOC(1,1)信号、$\text{BOC}_s(2,2)$信号、$\text{BOC}_s(6,1)$信号、$\text{BOC}_s(10,5)$信号、$\text{BOC}_s(14,2)$信号、$\text{BOC}_c(10,5)$信号和 $\text{BOC}_c(15,2.5)$信号的功率谱特点。图 3.2－4 所示为几种典型 BOC 信号及 BPSK 信号的自相关曲线对比结果。

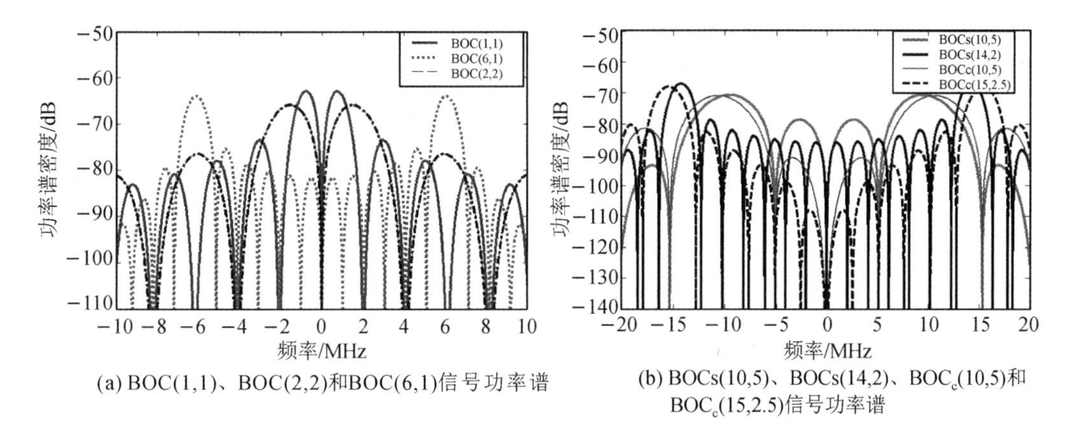

(a) BOC(1,1)、BOC(2,2)和BOC(6,1)信号功率谱　(b) BOCs(10,5)、BOCs(14,2)、$\text{BOC}_c(10,5)$和$\text{BOC}_c(15,2.5)$信号功率谱

图 3.2－3　不同 BOC 调制信号功率谱

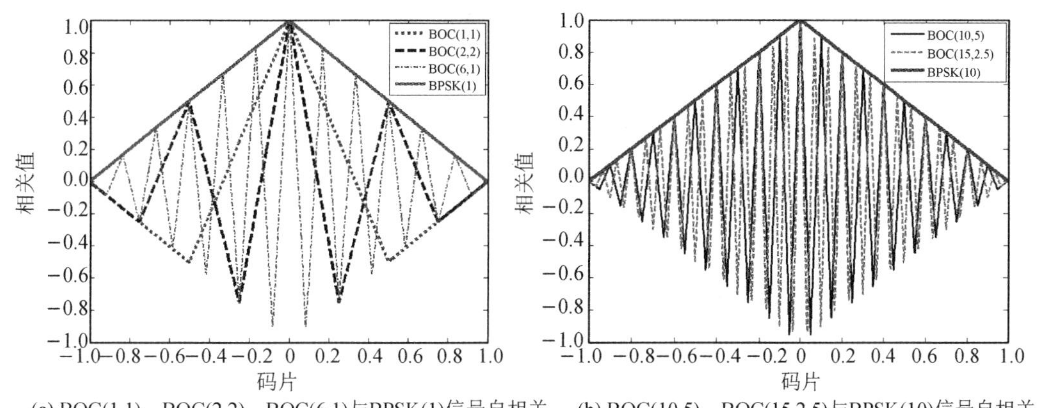

(a) BOC(1,1)、BOC(2,2)、BOC(6,1)与BPSK(1)信号自相关　(b) BOC(10,5)、BOC(15,2.5)与BPSK(10)信号自相关

图 3.2－4　不同 BOC 信号自相关曲线

3. BOC 调制信号的优缺点

从频域角度分析，在码速率相同的情况下，与传统扩频系列相比，具有以下优点：

(1) BOC(m,n)信号有效带宽增加一倍，具有更好的窄带干扰抑制能力。

(2) BOC(m,n)信号功率谱由中心频点分裂开来，向两侧搬移，减少了对同频带上其他信号的互相干扰。

其缺点是带宽增加意味着采样率提高，导致功耗上升。

从时域角度分析，具有以下缺点：

(1) BOC(m,n)的自相关函数具有多峰特性，容易捕获到边锋上，引起捕获模糊性，后续的码跟踪环路也可能错误锁定在边锋上，造成测距误差，最终影响定位结果。

(2) 主峰变窄，捕获跟踪时需要较高的采样。

其优点是较窄的自相关主峰能够获得更好的多径抑制能力，若保持对主峰的跟踪，可以消除部分多径效应，使得码跟踪具有更高的精度。

3.2.4 MBOC 调制方式

2006 年，美国与欧盟为实现 L1/E1 信号间互操作提出了一种混合二进制偏移载波(MBOC)的扩频方式，MBOC 的调制信号由数据通道和导频通道组成，其实现方式主要有 TMBOC、CBOC 和 QMBOC。其中，Galileo E1 OS 信号采用的是 CBOC(Composite Binary Offset Carrier)调制方式；GPS L1C 和 QZSS L1C 信号采用的都是 TMBOC(Time-Multiplexed Binary Offset Carrier)调制方式；BDS B1C 信号采用的是 QMBOC(Quadrature Multiplexed Binary Offset Carrier)调制方式。

虽然具体调制方式有所区别，但两种方式功率谱包络完全相同，通常将这两种调制信号统一记为 MBOC(6,1,1/11)，其功率谱密度的表达式为

$$G(f)=\frac{10}{11}G_{\mathrm{BOC}(1,1)}(f)+\frac{1}{11}G_{\mathrm{BOC}(6,1)}(f) \tag{3.2-15}$$

式中，$G_{\mathrm{BOC}(1,1)}(f)$ 和 $G_{\mathrm{BOC}(6,1)}(f)$ 分别表示 BOC(1,1) 和 BOC(6,1) 的功率谱密度。MBOC(6,1,1/11)功率谱密度如图 3.2-5 所示。

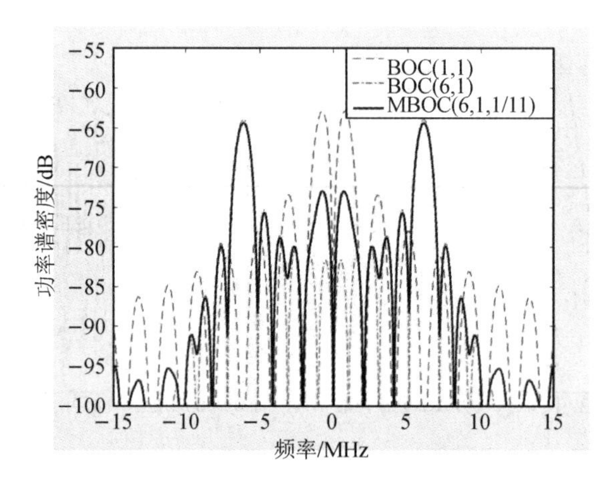

图 3.2-5 MBOC(6,1,1/11)功率谱密度图

由功率谱密度图可知：

- MBOC 调制信号在中心频率的功率谱与 BOC(1,1)的功率谱非常接近。
- 由于 BOC(6,1)的引入，MBOC 在高频(±6 MHz 附近)比 BOC(1,1)功率谱密度高。
- MBOC 主峰更窄(相对于 BOC(1,1))，具有更好的码环跟踪性能。
- MBOC 带宽更高，采样率上升，导致功耗上升。
- 接收机在设计时可以对 MBOC 信号分量做出选择。

下面将针对 MBOC 的三种具体实现方式 TMBOC、CBOC 和 QMBOC 调制方式进行详细介绍。

1. TMBOC 调制方式

TMBOC 调制信号也是由数据通道与导频通道组成。数据通道信号和导频通道信号分

别表示为

$$S_{D}(t)=QC_{d}(t)D_{d}(t)\cdot \mathrm{sc}_{BOC(1,1)} \tag{3.2-16}$$

$$S_{P}(t)=PC_{p}(t)\begin{cases}\mathrm{sc}_{BOC(1,1)}(t) & (t\in T_{1})\\ \mathrm{sc}_{BOC(6,1)}(t) & (t\in T_{2})\end{cases} \tag{3.2-17}$$

式中，$P=\sqrt{3/4}$；$Q=\sqrt{1/4}$；T_1 和 T_2 分别表示 BOC(1,1)和 BOC(6,1)的副载波的时间段。GPS TMBOC(6,1,4/33)调制信号的数据通道由 BOC(1,1)作为扩频码调制，导频通道每 33 个 BOC(1,1)码片的第 1，5，7，30 个码片用 BOC(6,1)调制，其他码片用 BOC(1,1)调制。TMBOC(6,1,4/33)信号组成示意如图 3.2-6 所示。

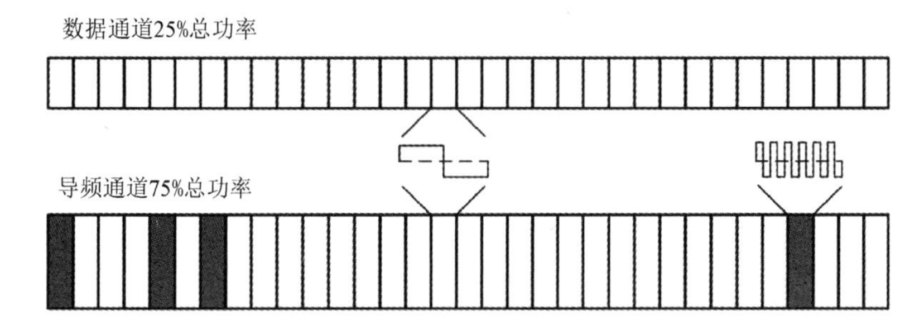

图 3.2-6 TMBOC 信号组成示意

TMBOC(6,1,4/33)信号数据通道功率占 25%，导频通道功率占 75%，数据通道、导频通道及数据导频合路信号的功率谱密度表达式分别为

$$G_{Data}(f)=G_{BOC(1,1)}(f) \tag{3.2-18}$$

$$G_{Pilot}(f)=\frac{29}{33}G_{BOC(1,1)}(f)+\frac{4}{33}G_{BOC(6,1)}(f) \tag{3.2-19}$$

$$G_{TMBOC(6,1,1/11)}=\frac{3}{4}G_{Pilot}(f)+\frac{1}{4}G_{Data}(f)=\frac{10}{11}G_{BOC(1,1)}(f)+\frac{1}{11}G_{BOC(6,1)}(f) \tag{3.2-20}$$

TMBOC(6,1,4/33)信号的功率谱密度图如图 3.2-7 所示。

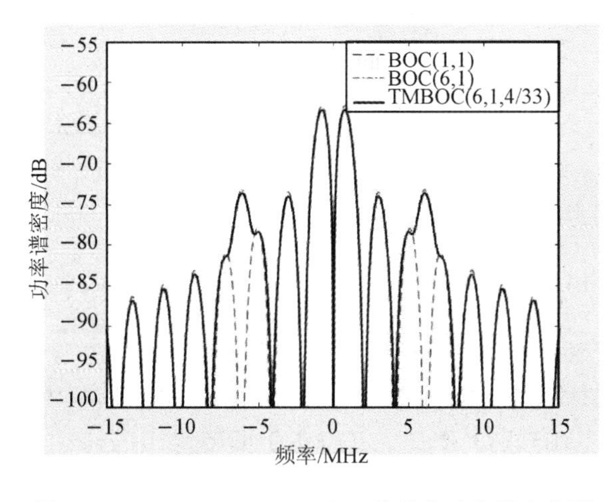

图 3.2-7 TMBOC(6,1,4/33)信号的功率谱密度图

在相同码速率情况下 BOC 信号相比 BPSK 信号的相关峰更尖锐，因此测距精度更高。TMBOC 信号属于双极性信号，复杂度低，这是 TMBOC 的一大优势。但是，由于采用了时分复用的方式，所以需要增加额外的开关电路。

2. CBOC 调制方式

CBOC 调制信号由数据通道与导频通道组成。数据信号是由两个正弦相位形式 BOC 信号相加得到的，因此也称为 COBC(+)调制，导频信号是由两个正弦形式的 BOC 信号相减得到，因此称其为 CBOC(−)调制。由于 CBOC 信号也是 BOC(1, 1)信号起主导作用，在对其进行研究和性能分析的时候也通常也用 BOC(1, 1)信号作为对比。

CBOC 调制信号由数据通道与导频通道组成(Rodriguez，2008a；Rodriguez，et al.，2008b；聂俊伟 等，2006)。数据通道信号和导频通道信号分别为

$$S_{\mathrm{D}}(t)=C_{\mathrm{d}}(t)D_{\mathrm{d}}(t)[P\,\mathrm{sc}_{\mathrm{BOC}(1,1)}+Q\,\mathrm{sc}_{\mathrm{BOC}(6,1)}] \tag{3.2-21}$$

$$S_{\mathrm{P}}(t)=C_{\mathrm{p}}(t)[P\,\mathrm{sc}_{\mathrm{BOC}(1,1)}-Q\,\mathrm{sc}_{\mathrm{BOC}(6,1)}] \tag{3.2-22}$$

式中，$P=\sqrt{\frac{10}{11}}$；$Q=\sqrt{\frac{1}{11}}$；$S_{\mathrm{D}}(t)$为数据(Data)通道信号；$S_{\mathrm{P}}(t)$为导频(Pilot)通道信号；$C_{\mathrm{d}}(t)$和$C_{\mathrm{p}}(t)$分别为数据通道和导频通道信号测距码；$D_{\mathrm{d}}(t)$为数据通道导航电文数据；$\mathrm{sc}_{\mathrm{BOC}(1,1)}$和$\mathrm{sc}_{\mathrm{BOC}(6,1)}$分别为 BOC(1,1)和 BOC(6,1)的副载波。Galileo CBOC 信号波形如图 3.2-8 所示。

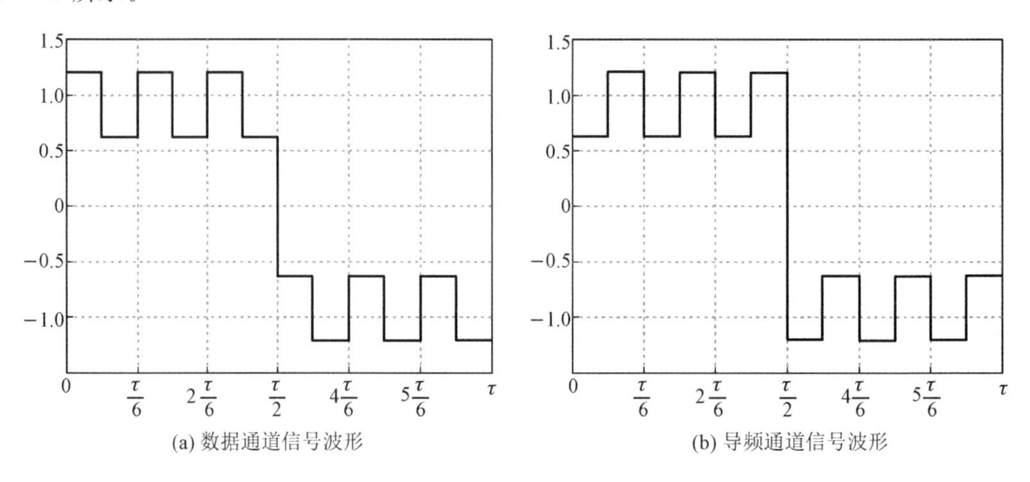

图 3.2-8　Galileo CBOC 信号波形

数据通道和导频通道信号相关峰分别表示为

$$\begin{aligned}R_{\mathrm{D}}(\tau)&=E\left[\frac{1}{T}\int_0^T S_{\mathrm{D}}(t)\cdot S_{\mathrm{D}}(t+\tau)\mathrm{d}t\right]\\&=E\left[\frac{1}{T}\int_0^T \begin{matrix}C_{\mathrm{d}}(t)D_{\mathrm{d}}(t)[P\,\mathrm{sc}_{\mathrm{BOC}(1,1)}+Q\,\mathrm{sc}_{\mathrm{BOC}(6,1)}]\cdot\\ C_{\mathrm{d}}(t+\tau)D_{\mathrm{d}}(t+\tau)[P\,\mathrm{sc}_{\mathrm{BOC}(1,1)}(t+\tau)+Q\,\mathrm{sc}_{\mathrm{BOC}(6,1)}(t+\tau)]\mathrm{d}t\end{matrix}\right]\\&=P^2R_{\mathrm{BOC}(1,1)}(\tau)+Q^2R_{\mathrm{BOC}(6,1)}(\tau)+2PQR_{\mathrm{BOC}(1,1),\mathrm{BOC}(6,1)}(\tau)\end{aligned} \tag{3.2-23}$$

$$\begin{aligned}R_{\mathrm{P}}(\tau) &= E\left[\frac{1}{T}\int_0^T S_{\mathrm{p}}(t)\cdot S_{\mathrm{p}}(t+\tau)\mathrm{d}t\right] \\ &= E\left[\frac{1}{T}\int_0^T \begin{matrix} C_{\mathrm{p}}(t)[P\mathrm{sc}_{\mathrm{BOC}(1,1)} - Q\mathrm{sc}_{\mathrm{BOC}(6,1)}]\cdot \\ C_{\mathrm{p}}(t+\tau)[P\mathrm{sc}_{\mathrm{BOC}(1,1)}(t+\tau) - Q\mathrm{sc}_{\mathrm{BOC}(6,1)}(t+\tau)]\mathrm{d}t\end{matrix}\right] \\ &= P^2R_{\mathrm{BOC}(1,1)}(\tau) + Q^2R_{\mathrm{BOC}(6,1)}(\tau) - 2PQR_{\mathrm{BOC}(1,1),\mathrm{BOC}(6,1)}(\tau)\end{aligned} \tag{3.2-24}$$

式中，$R_{\mathrm{BOC}(1,1)}$、$R_{\mathrm{BOC}(6,1)}$和$R_{\mathrm{BOC}(1,1)\mathrm{BOC}(6,1)}$分别表示BOC(1,1)自相关、BOC(6,1)自相关、BOC(1,1)和BOC(6,1)的互相关。

CBOC(6,1,1/11)信号数据和导频通道功率各占50%，根据相关与功率谱之间的关系，容易得到数据通道、导频通道及数据导频合路信号的功率谱密度表达式分别为

$$G_{\mathrm{Data}}(f) = P^2G_{\mathrm{BOC}(1,1)}(f) + Q^2G_{\mathrm{BOC}(6,1)}(f) + 2PQG_{\mathrm{BOC}(1,1)/\mathrm{BOC}(6,1)}(f) \tag{3.2-25}$$

$$G_{\mathrm{Pilot}}(f) = P^2G_{\mathrm{BOC}(1,1)}(f) + Q^2G_{\mathrm{BOC}(6,1)}(f) - 2PQG_{\mathrm{BOC}(1,1)/\mathrm{BOC}(6,1)}(f) \tag{3.2-26}$$

$$\begin{aligned}G_{\mathrm{CBOC}(6,1,1/11)}(f) &= \frac{1}{2}G_{\mathrm{Pilot}}(f) + \frac{1}{2}G_{\mathrm{Data}}(f) \\ &= \frac{10}{11}G_{\mathrm{BOC}(1,1)}(f) + \frac{1}{11}G_{\mathrm{BOC}(6,1)}(f)\end{aligned} \tag{3.2-27}$$

式中：

$$G_{\mathrm{BOC}(n,n)/\mathrm{BOC}(m,n)}(f) = f_{\mathrm{c}}\left(\frac{\sin\left(\frac{\pi f}{f_{\mathrm{c}}}\right)}{\pi f}\right)^2\left(\frac{\sin\left(\frac{\pi f}{2f_{\mathrm{c}}}\right)\sin\left(\frac{\pi f}{pf_{\mathrm{c}}}\right)}{\cos\left(\frac{\pi f}{2f_{\mathrm{c}}}\right)\cos\left(\frac{\pi f}{pf_{\mathrm{c}}}\right)}\right)$$

CBOC(6,1,+)、CBOC(6,1,−)和CBOC(6,1,1/11)信号的功率谱密度包络如图3.2-9所示。

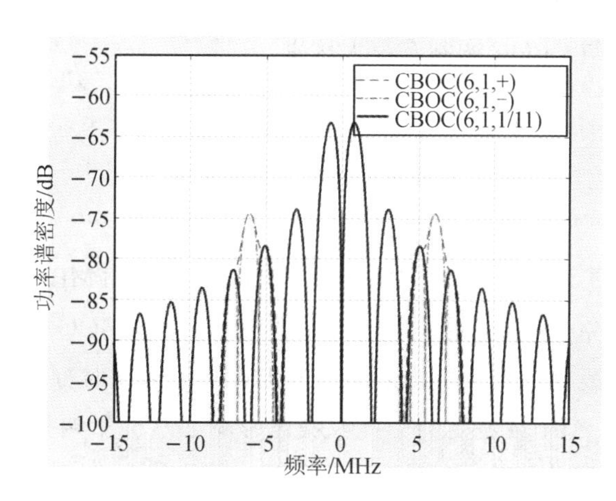

图3.2-9　CBOC(6,1,+)、CBOC(6,1,−)和CBOC(6,1,1/11)信号的功率谱密度包络

3. QMBOC调制方式

TMBOC和CBOC实现了GPS系统和Galileo系统在L1/E1频点的互操作，为了未来中国北斗全球系统在B1频点也能实现与其他两大系统的互操作，姚铮等提出了正交复用BOC方式，这是一种新的MBOC实现方式，记为QMBOC(m, n, y)(姚铮 等，2010；姚

铮，2011)。对于包含数据通道和导频通道的 QMBOC 信号，每条通道的 BOC(n, n)分量和 BOC(m, n)分量分别调制在载波的两个正交相位上。QMBOC 技术也能实现 MBOC 调制，有别于时分 TMBOC 和空域叠加 CBOC，它将两子载波 BOC(1,1)、BOC(6,1)分调制在载波的两个相互正交相位上(欧阳晓凤，2013)。

QMBOC 有多种方式满足 MBOC(6,1,1/11)，假设采用类似 GPS 中 TMBOC 的组合方式，QMBOC 的数据分量采用 BOC(1, 1)调制，占 25%的总能量；导频分量采用 QMBOC(6, 1, 4/33)调制，占 75%的总能量，则 QMBOC(6, 1, 4/33)的基带形式可表示为

$$S_{\mathrm{QMBOC}(6,1,4/33)}=\sqrt{\left(\frac{29}{30}\right)}\,g_{\mathrm{BOC}(1,1)}(t)\pm \mathrm{j}\sqrt{\left(\frac{4}{30}\right)}\,g_{\mathrm{BOC}(6,1)}(t) \tag{3.2-28}$$

式中，$g_{\mathrm{BOC}(1,1)}(t)$为 BOC(1,1)子载波；$g_{\mathrm{BOC}(6,1)}(t)$为 BOC(6,1)子载波。式中的“±”分别对应正相 QMBOC 和反相 QMBOC。

QMBOC 调制信号时域波形如图 3.2-10 所示。

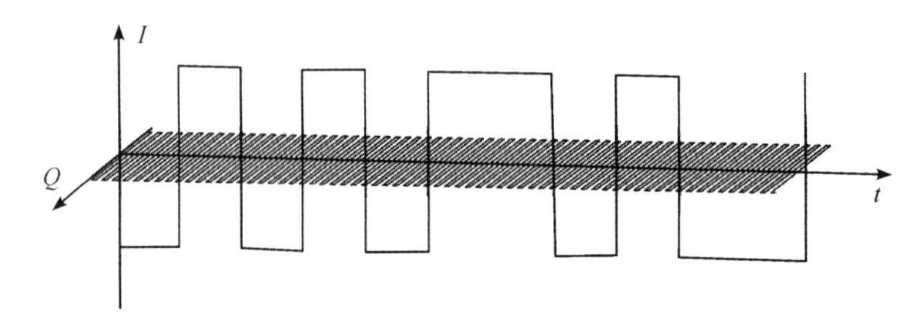

图 3.2-10　QMBOC 时域波形

QMBOC 调制由于确保了子载波相位相互正交，因此 QMBOC 自相关函数中不存在两子载波的互相关项，这与 CBOC 调制有很大区别。

$$R_{\mathrm{QMBOC}}(\tau)=E\{s_{\mathrm{QMBOC}}(t)s^{*}_{\mathrm{QMBOC}}(t)\}=\frac{29}{33}R_{\mathrm{BOC}(1,1)}(\tau)+\frac{4}{33}R_{\mathrm{BOC}(6,1)}(\tau) \tag{3.2-29}$$

$$G_{\mathrm{QMBOC}(6,1,4/33)}=\frac{29}{33}G_{\mathrm{BOC}(1,1)}(f)+\frac{4}{33}G_{\mathrm{BOC}(6,1)}(f) \tag{3.2-30}$$

式(3.2-29)和式(3.2-30)表明，QMBOC(6,1,4/33)和 TMBOC(6,1,4/33)的功率谱密度函数，自相关函数完全一致。在匹配接收机模式下，QMBOC 和 TMBOC 具有相同的性能。QMBOC 两子载波相互间的干扰最小，而 TMBOC 采用时分复用方式，BOC(1,1)和 BOC(6,1)紧密联系，一个子载波受到干扰或噪声影响必然会影响另一子载波的测距精度。在非匹配 BOC(1,1)接受情况下，QMBOC 的接受性能将好于 TMBOC。图 3.2-11 所示给出了 QMBOC、BOC(1,1)和 BOC(6,1)信号的功率谱密度函数。

其实，不同实现方式产生的 MBOC 信号的自相关函数和功率谱密度在通常情况下可用不同 BOC 分量的自相关函数和功率谱密度叠加来表示，但事实上在不同位置分布、相加、相减以及正交设置时，它们之间的自相关函数和功率谱密度还是有细微的差别，不过这种差别不会引起性能的明显变化(闫振华，2016；张瀚青，2019)。

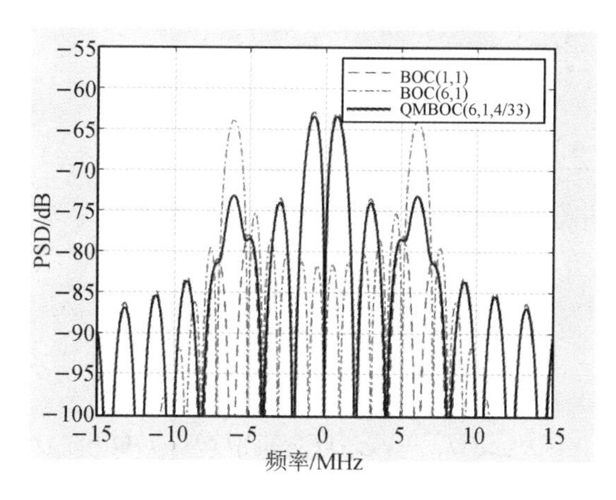

图 3.2-11 QMBOC(6,1,4/33)功率谱密度函数

3.2.5 AltBOC 调制方式

与前面介绍的 BOC 调制方式不同，交替二进制偏移载频(Alternative Binary Offset Carrier，AltBOC)调制(Laurent et al，2008)的好处是同一载频可以同时独立地传输四路导航信号，这样就充分利用了 ITU 所分配的频率资源，并且有良好的伪码跟踪精度和抗多径性能(Qin et al.，2010；Maurizio et al.，2008)。

Galileo E5 信号采用的就是 AltBOC(15,10)调制方式，包含 E5a 和 E5b 两个频段的信号，其中心频率分别为 1176.45 MHz 和 1207.14 MHz，每个频段又分为数据信道 I 和导航信道 Q。根据伽利略导航系统工作组所提供的 AltBOC(15,10)调制方式，可将 E5 基带信号表示为

$$
\begin{aligned}
s_{\mathrm{E5}}(t)=&\frac{1}{2\sqrt{2}}(e_{\mathrm{E5a\text{-}I}}(t)+\mathrm{j}e_{\mathrm{E5a\text{-}Q}}(t))\left[\mathrm{sc}_{\mathrm{E5\text{-}S}}(t)-\mathrm{j}\mathrm{sc}_{\mathrm{E5\text{-}S}}\left(t-\frac{T_{\mathrm{s,E5}}}{4}\right)\right]+\\
&\frac{1}{2\sqrt{2}}(e_{\mathrm{E5b\text{-}I}}(t)+\mathrm{j}e_{\mathrm{E5b\text{-}Q}}(t))\left[\mathrm{sc}_{\mathrm{E5\text{-}S}}(t)+\mathrm{j}\mathrm{sc}_{\mathrm{E5\text{-}S}}\left(t-\frac{T_{\mathrm{s,E5}}}{4}\right)\right]+\\
&\frac{1}{2\sqrt{2}}(\bar{e}_{\mathrm{E5a\text{-}I}}(t)+\mathrm{j}\bar{e}_{\mathrm{E5a\text{-}Q}}(t))\left[\mathrm{sc}_{\mathrm{E5\text{-}P}}(t)-\mathrm{j}\mathrm{sc}_{\mathrm{E5\text{-}P}}\left(t-\frac{T_{\mathrm{s,E5}}}{4}\right)\right]+\\
&\frac{1}{2\sqrt{2}}(\bar{e}_{\mathrm{E5b\text{-}I}}(t)+\mathrm{j}\bar{e}_{\mathrm{E5b\text{-}Q}}(t))\left[\mathrm{sc}_{\mathrm{E5\text{-}P}}(t)+\mathrm{j}\mathrm{sc}_{\mathrm{E5\text{-}P}}\left(t-\frac{T_{\mathrm{s,E5}}}{4}\right)\right]
\end{aligned}
\tag{3.2-31}
$$

式中，$e_{\mathrm{E5a\text{-}I}}(t)$、$e_{\mathrm{E5b\text{-}I}}$ 分别为 E5a-I 和 E5b-I 通道的导航电文乘以扩频码构成的分量；$e_{\mathrm{E5a\text{-}Q}}$、$e_{\mathrm{E5b\text{-}Q}}$ 分别为 E5a-Q 和 E5b-Q 通道的无导航电文扩频分量，这四路信号的表达式为

$$
e_{\mathrm{E5a\text{-}I}}(t)=\sum_{i=-\infty}^{+\infty}\left[c_{\mathrm{E5a\text{-}I},\,|i|_{L_{\mathrm{E5a\text{-}I}}}}d_{\mathrm{E5a\text{-}I},\,|i|_{\mathrm{DC_{E5a\text{-}I}}}}\mathrm{rect}_{T_{\mathrm{c,E5a\text{-}I}}}(t-i\cdot T_{\mathrm{c,E5a\text{-}I}})\right]
$$

$$
e_{\mathrm{E5a\text{-}Q}}(t)=\sum_{i=-\infty}^{+\infty}\left[c_{\mathrm{E5a\text{-}Q},\,|i|_{L_{\mathrm{E5a\text{-}Q}}}}\mathrm{rect}_{T_{\mathrm{c,E5a\text{-}Q}}}(t-iT_{\mathrm{c,E5a\text{-}Q}})\right]
$$

$$e_{\mathrm{E5b\text{-}I}}(t)=\sum_{i=-\infty}^{+\infty}\left[c_{\mathrm{E5b\text{-}I},\,|i|_{L_{\mathrm{E5b\text{-}I}}}}d_{\mathrm{E5b\text{-}I},\,|i|_{\mathrm{DC}_{\mathrm{E5b\text{-}I}}}}\mathrm{rect}_{T_{c,\mathrm{E5b\text{-}I}}}(t-iT_{c,\mathrm{E5b\text{-}I}})\right]$$
$$e_{\mathrm{E5b\text{-}Q}}(t)=\sum_{i=-\infty}^{+\infty}\left[c_{\mathrm{E5b\text{-}Q},\,|i|_{L_{\mathrm{E5b\text{-}Q}}}}\mathrm{rect}_{T_{c,\mathrm{E5b\text{-}Q}}}(t-iT_{c,\mathrm{E5b\text{-}Q}})\right] \tag{3.2-32}$$

另外，为使信号具有常数包络，需增加互调分量表达式为

$$\begin{aligned}
\bar{e}_{\mathrm{E5a\text{-}I}}(t)&=e_{\mathrm{E5a\text{-}Q}}(t)e_{\mathrm{E5b\text{-}I}}(t)e_{\mathrm{E5b\text{-}Q}}(t)\\
\bar{e}_{\mathrm{E5a\text{-}Q}}(t)&=e_{\mathrm{E5a\text{-}I}}(t)e_{\mathrm{E5b\text{-}I}}(t)e_{\mathrm{E5b\text{-}Q}}(t)\\
\bar{e}_{\mathrm{E5b\text{-}I}}(t)&=e_{\mathrm{E5a\text{-}I}}(t)e_{\mathrm{E5a\text{-}Q}}(t)e_{\mathrm{E5b\text{-}Q}}(t)\\
\bar{e}_{\mathrm{E5b\text{-}Q}}(t)&=e_{\mathrm{E5a\text{-}I}}(t)e_{\mathrm{E5a\text{-}Q}}(t)e_{\mathrm{E5b\text{-}I}}(t)
\end{aligned} \tag{3.2-33}$$

在式(3.2-31)中，AltBOC 信号两个子载波的表达式为

$$\begin{aligned}
\mathrm{sc}_{\mathrm{E5\text{-}S}}(t)&=\frac{\sqrt{2}}{4}\mathrm{sign}\left[\cos\left(2\pi f_s t-\frac{\pi}{4}\right)\right]+\frac{1}{2}\mathrm{sign}[\cos(2\pi f_s t)]+\\
&\quad\frac{\sqrt{2}}{4}\mathrm{sign}\left[\cos\left(2\pi f_s t+\frac{\pi}{4}\right)\right]\\
\mathrm{sc}_{\mathrm{E5\text{-}P}}(t)&=-\frac{\sqrt{2}}{4}\mathrm{sign}\left[\cos\left(2\pi f_s t-\frac{\pi}{4}\right)\right]+\frac{1}{2}\mathrm{sign}[\cos(2\pi f_s t)]+\\
&\quad\frac{\sqrt{2}}{4}\mathrm{sign}\left[\cos\left(2\pi f_s t+\frac{\pi}{4}\right]\right)
\end{aligned} \tag{3.2-34}$$

为了便于清晰分析 E5 信号调制方式，将信号时域表达式各项与频谱通道对应关系可表示为

$$\begin{aligned}
s_{\mathrm{E5}}(t)=&\frac{1}{2\sqrt{2}}(e_{\mathrm{E5a\text{-}I}}(t))\left[\mathrm{sc}_{\mathrm{E5\text{-}S}}(t)-\mathrm{jsc}_{\mathrm{E5\text{-}S}}\left(t-\frac{T_{s,\mathrm{E5}}}{4}\right)\right]+ &&\rightarrow a\text{ 支路数据通道}\\
&\frac{1}{2\sqrt{2}}(\mathrm{j}e_{\mathrm{E5a\text{-}Q}}(t))\left[\mathrm{sc}_{\mathrm{E5\text{-}S}}(t)-\mathrm{jsc}_{\mathrm{E5\text{-}S}}\left(t-\frac{T_{s,\mathrm{E5}}}{4}\right)\right]+ &&\rightarrow b\text{ 支路数据通道}\\
&\frac{1}{2\sqrt{2}}(e_{\mathrm{E5b\text{-}I}}(t))\left[\mathrm{sc}_{\mathrm{E5\text{-}S}}(t)+\mathrm{jsc}_{\mathrm{E5\text{-}S}}\left(t-\frac{T_{s,\mathrm{E5}}}{4}\right)\right]+ &&\rightarrow a\text{ 支路导频通道}\\
&\frac{1}{2\sqrt{2}}(\mathrm{j}e_{\mathrm{E5b\text{-}Q}}(t))\left[\mathrm{sc}_{\mathrm{E5\text{-}S}}(t)+\mathrm{jsc}_{\mathrm{E5\text{-}S}}\left(t-\frac{T_{s,\mathrm{E5}}}{4}\right)\right]+ &&\rightarrow b\text{ 支路导频通道}\\
&\frac{1}{2\sqrt{2}}(\bar{e}_{\mathrm{E5a\text{-}I}}(t))\left[\mathrm{sc}_{\mathrm{E5\text{-}P}}(t)-\mathrm{jsc}_{\mathrm{E5\text{-}P}}\left(t-\frac{T_{s,\mathrm{E5}}}{4}\right)\right]+ &&\rightarrow a\text{ 支路互调项数据通道}\\
&\frac{1}{2\sqrt{2}}(\mathrm{j}\bar{e}_{\mathrm{E5a\text{-}Q}}(t))\left[\mathrm{sc}_{\mathrm{E5\text{-}P}}(t)-\mathrm{jsc}_{\mathrm{E5\text{-}P}}\left(t-\frac{T_{s,\mathrm{E5}}}{4}\right)\right]+ &&\rightarrow b\text{ 支路互调项数据通道}\\
&\frac{1}{2\sqrt{2}}(\bar{e}_{\mathrm{E5b\text{-}I}}(t))\left[\mathrm{sc}_{\mathrm{E5\text{-}P}}(t)+\mathrm{jsc}_{\mathrm{E5\text{-}P}}\left(t-\frac{T_{s,\mathrm{E5}}}{4}\right)\right]+ &&\rightarrow a\text{ 支路互调项导频通道}
\end{aligned}$$

$$\frac{1}{2\sqrt{2}}(\mathrm{j}\bar{e}_{\mathrm{E5b\text{-}Q}}(t))\left[\mathrm{sc}_{\mathrm{E5\text{-}P}}(t)+\mathrm{jsc}_{\mathrm{E5\text{-}P}}\left(t-\frac{T_{\mathrm{s,E5}}}{4}\right)\right] \quad \rightarrow b \text{ 支路互调项导频通道}$$

假设 AltBOC 信号表示为 AltBOC(f_s, f_c)，令 $m=2f_s/f_c$，则信号功率谱密度表达式(Angel et al.，2007)为

$$G_{\mathrm{AltBOC}}(f)=\begin{cases}\dfrac{4f_c}{\pi^2 f^2}\dfrac{\cos^2\left(\pi\dfrac{f}{f_c}\right)}{\cos^2\left(\pi\dfrac{f}{nf_c}\right)} \\ \left[\cos^2\left(\pi\dfrac{f}{2f_s}\right)-\cos\left(\pi\dfrac{f}{2f_s}\right)-2\cos\left(\pi\dfrac{f}{2f_s}\right)\cos\left(\pi\dfrac{f}{4f_s}\right)+2\right] & (m\text{ 为偶数}) \\ \dfrac{4f_c}{\pi^2 f^2}\dfrac{\cos^2\left(\pi\dfrac{f}{f_c}\right)}{\cos^2\left(\pi\dfrac{f}{nf_c}\right)}\begin{bmatrix}\cos^2\left(\pi\dfrac{f}{2f_s}\right)-\cos\left(\pi\dfrac{f}{2f_s}\right) \\ -2\cos\left(\pi\dfrac{f}{2f_s}\right)\cos\left(\pi\dfrac{f}{4f_s}\right)+2\end{bmatrix} & (m\text{ 为奇数})\end{cases}$$

(3.2-35)

图 3.2-12 和图 3.2-13 分别给出的是 AltBOC 调制信号的时域波形、恒包络与非恒包络调制情况下的功率谱密度(Power Spectral Density，PSD)。

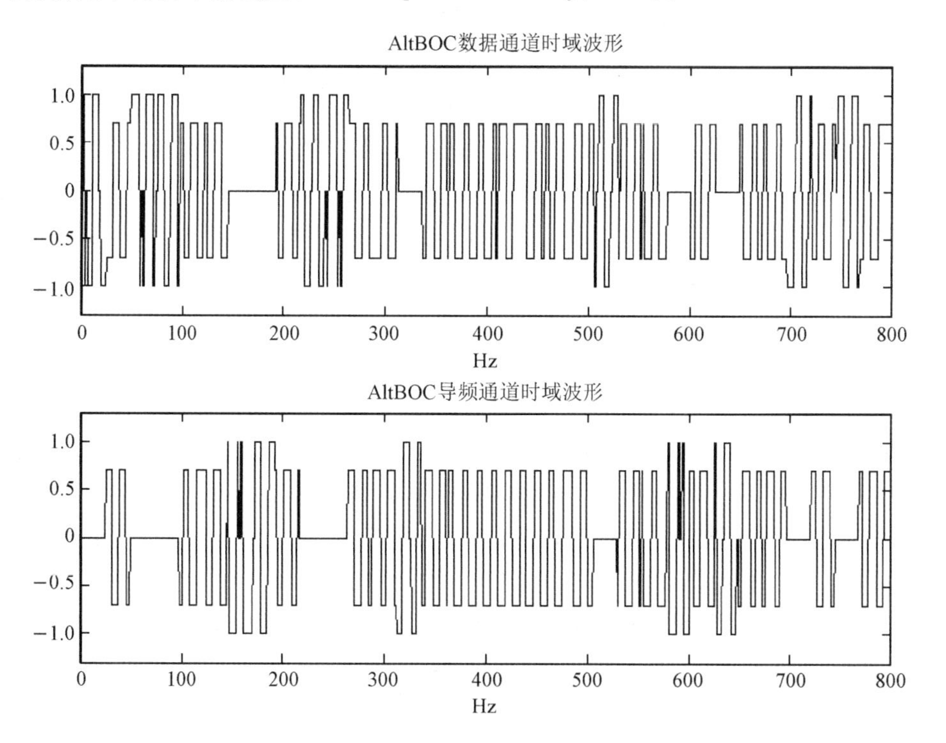

图 3.2-12　E5 信号时域波形

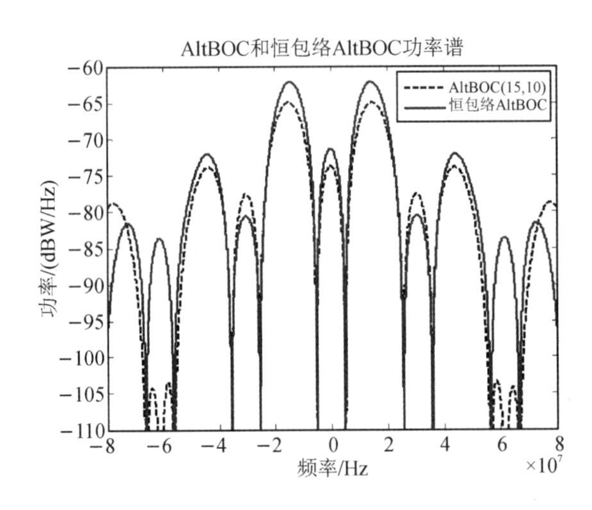

图 3.2-13　恒包络 AltBOC 与非恒包络 AltBOC 信号功率谱比较

AltBOC 信号的出现是 GNSS 信号体制领域的巨大进步，也是对 BOC 信号的极大改进。需要说明的是，ACE-BOC 技术的提出是用于解决 Galileo E5a 和 E5b 信号的恒包络复用问题的，所以虽然技术上并无太多不足之处，然而在设计灵活性方面存在着一些欠缺。

(1) 数据和导频的功率配比被预先设定为 1∶1，不能进行更改，否则会破坏整个信号的恒包络特性。在某些特殊应用需求时，如仅仅跟踪导频通道，此时需要导频通道的功率比较高，此时 AltBOC 信号的跟踪性能会有一定劣势。

(2) 为了能够保留类似 BOC 信号的大 Gabor 带宽的性能，需要进行上下边带的联合跟踪，这种联合跟踪算法的实现复杂度比较高，并且功耗比较大。

(3) 为了实现恒包络复用的目的，AltBOC 四路复合信号中需要引入交调项，会带来一定的复用损耗。除此之外，AltBOC 使用的是四电平子载波来实现频谱搬移，因此会带来一定的带外功率损耗。

3.2.6　TD-AltBOC 调制方式

我国北斗系统采用的 TD-AltBOC 调制方式减少了星座点数，降低了接收机设计的复杂性。TD-AltBOC 的表达式与 AltBOC 非常相近，仅有伪码序列间的时间关系不同。该技术继承了 AltBOC 技术的所有优点，同时部分改进了 AltBOC 技术的缺点：可以通过改变数据导频的时隙占用比例来实现数据通道和导频通道的功率配比可调，联合接收时的复杂度较低，功耗较低，复用效率更高，信号实现更加简单(石建峰，2015；周艳玲，2015；刘桢，2017)。TD-AltBOC 是为满足北斗全球系统 B2 频点 4 路基带信号分量的恒包络复用而提出的一种备选方案，将四路等功率的 BPSK 信号时分复用为一路信号，记为 TD-AltBOC(m，n)。

TD-AltBOC 信号是在每一时刻只发射其中的两路信号，此时可以达到在不需要增加互调项的情况下使发射的信号具有恒包络特性的目的。TD-AltBOC 信号具有六种不同的发射形式，本节选择以奇数时刻发射两路数据通道信号偶数时刻发射两路导频通道信号。图 3.2-14 给出了 TD-AltBOC 导频分量与数据分量的时分复用示意图。

TD-AltBOC 信号在一个时隙内为 2 分量的 AltBOC 信号，其基带表达式为

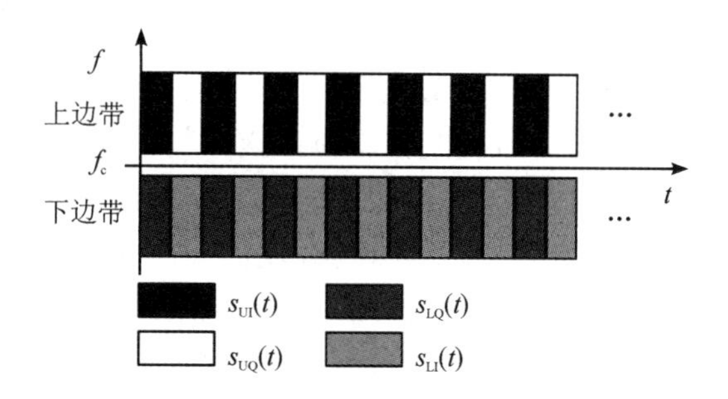

图 3.2-14　TD-AltBOC 时分复用示意图

$$\hat{s}_{\text{TD-AltBOC}}(t)=[(s_{UI}(t)+s_{UQ}(t))(sc_{B,\cos}(t)+jsc_{B,\sin}(t))+(s_{LI}(t)+s_{LQ}(t))(sc_{B,\cos}(t)+jsc_{B,\sin}(t))] \tag{3.2-36}$$

式中，$s_{UI}(t)$和$s_{UQ}(t)$分别表示上边带信号的导频分量和数据分量；$s_{LI}(t)$和$s_{LQ}(t)$分别表示下边带信号的导频分量和数据分量；$sc_{B,\cos}(t)$表示二进制余弦相位副载波；$sc_{B,\sin}(t)$表示二进制正弦相位副载波。其表达式为

$$sc_{B,\cos}(t)=\text{sign}(\cos(2\pi f_s t)) \tag{3.2-37}$$

$$sc_{B,\sin}(t)=\text{sign}(\sin(2\pi f_s t)) \tag{3.2-38}$$

TD-AltBOC 在奇时隙将上边带的导频分量和下边带的数据分量分别搬移到中心频点的两侧，在偶时隙将上边带的数据分量和下边带的导频分量分别搬移到中心频点的两侧。当上边带与下边带导频分量的扩频码不同时，TD-AltBOC 信号的功率谱密度可以表示为

$$G_{\text{TD-AltBOC}}(f)=\begin{cases}\dfrac{2f_c}{\pi^2 f^2}\cos^2\left(\dfrac{\pi f}{f_c}\right)\dfrac{\sin^2\left(\dfrac{\pi f}{4f_s}\right)}{\cos^2\left(\dfrac{\pi f}{2f_s}\right)} & (2f_s/f_c\ \text{为奇数})\\[2ex] \dfrac{2f_c}{\pi^2 f^2}\sin^2\left(\dfrac{\pi f}{f_c}\right)\dfrac{\sin^2\left(\dfrac{\pi f}{4f_s}\right)}{\cos\left(\dfrac{\pi f}{2f_s}\right)} & (2f_s/f_c\ \text{为偶数})\end{cases} \tag{3.2-39}$$

从图 3.2-15 中可以看出，TD-AltBOC(15,10)和 TMOC-QPSK(15,10)的功率谱密度基本重合；在中心频点和距离中心频点 45 MHz 处各有一个小的次峰；但在距离中心频点 60 MHz 处，AltBOC 有一个显著的次峰，而 TD-AltBOC(15,10)和 TMOC-QPSK(15,10)

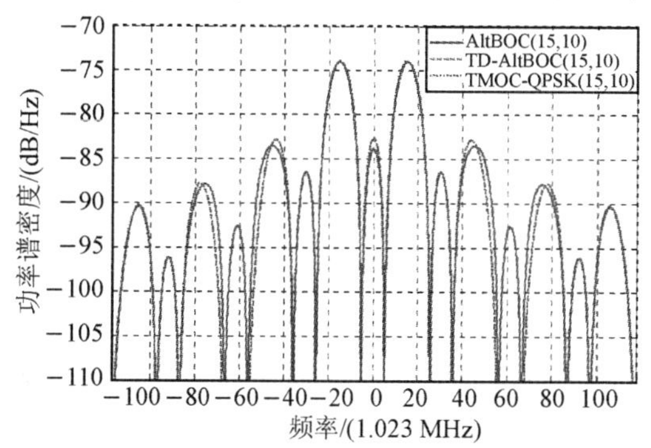

图 3.2-15　AltBOC(15,10)、D-AltBOC(15,10)和 TMOC-QPSK(15,10)信号的功率谱密度

没有。在主瓣以内，三种信号的功率谱基本一致。

与 AltBOC 相比，TD-AltBOC 的优势在于：一是时钟频率降低一半，副载波由多进制变为二进制，复杂度明显降低；二是没有引入互调分量，复用效率为百分之百。但同时也带来了新的不足：一是时分复用造成扩频码等效长度减半，导致相关性能降低；二是在信号复用和处理时需要引入时分选通开关，增加复杂度的同时也降低了前向和后向兼容性。TD-AltBOC 是 AltBOC 的一个演进版本，为 B2 信号提供了一种选择方案，但这两种方法都只能对等功率的信号分量进行恒包络复用，这就要求每个边带内数据分量和导频分量的功率相等。

3.2.7 ACE-BOC 调制方式

非对称恒包络二进制偏移载波(Asymmetric Constant Envelope Binary Offset Carrier, ACE-BOC)调制/复用技术是一类较 AltBOC 调制更为广义的双频调制技术(姚铮 等，2016)，是对 AltBOC 信号生成原理进行的改进。AltBOC 信号最大的改进在于实现了数据通道和导频通道的功率配比可任意调整，即可以实现两个边带和两个 QPSK 信号的四个信号分量任意功率配比的恒包络发射。但是其他特征与 AltBOC 并无区别，特别是时域信号的组成几乎与 AltBOC 信号完全相同。信号的接收方式可以完全参考 AltBOC 信号的接收方式。

设上边带需要复用的信号为 $s_1(t)$ 和 $s_2(t)$，两个信号构成一个 QPSK 信号；下边带需要复用的信号为 $s_3(t)$ 和 $s_4(t)$，两个信号构成一个 QPSK 信号。则经过 ACE-BOC 调制后的双频恒包络基带信号的解析表达式为

$$s(t)=\alpha_1 \mathrm{sgn}[\sin(2\pi f_{sc}t+\varphi_1)]+\mathrm{j}\alpha_2 \mathrm{sgn}[\sin(2\pi f_{sc}t+\varphi_2)] \tag{3.2-40}$$

式中，f_{sc} 为子载波偏移频率；基带信号表达式中的幅度、相位取值分别为

$$\begin{cases}\alpha_1=\sqrt{[s_1(t)+s_3(t)]^2+[s_2(t)-s_4(t)]^2}\\ \alpha_2=-\sqrt{[s_1(t)-s_3(t)]^2+[s_2(t)+s_4(t)]^2}\\ \varphi_1=\mathrm{atan2}[s_1(t)+s_3(t),\ s_2(t)-s_4(t)]\\ \varphi_1=-\mathrm{atan2}[s_2(t)+s_4(t),\ s_1(t)-s_3(t)]\end{cases} \tag{3.2-41}$$

式中，$\mathrm{atan2}(y,x)$ 是四象限反正切函数，当点 (x,y) 落入第一象限或第四象限时，$\mathrm{atan2}(y,\ x)=\arctan(y/x)$；当点 (x,y) 落入第二象限时，$\mathrm{atan2}(y,\ x)=\arctan(y/x)+\pi$；当点 (x,y) 落入第三象限时，$\mathrm{atan2}(y,\ x)=\arctan(y/x)-\pi$。

当两个边带 QPSK 信号的两个支路的功率比为 1∶3 时，ACE-BOC 调制信号的星座图为一个 12PSK 的星座图，如图 3.2-16 所示。在查找表实现方式中，每一个子载波周期被等间隔分为 12 个时隙。

当 B2a 和 B2b 都被当作 QPSK 信号接收时，ACE-BOC 调制与 TD-AltBOC 调制的复用效率一样，均为 81.06%。相比 AltBOC 调制技术，ACE-BOC 调制的灵活性要高得多，在每一个频点上的信号分量数可以取 0、1 或 2，而且该技术对各信号分量的功率比无要求。也可以说，AltBOC 信号只是 ACE-BOC 信号在信号分量数为 4 且功率相等时的特例。

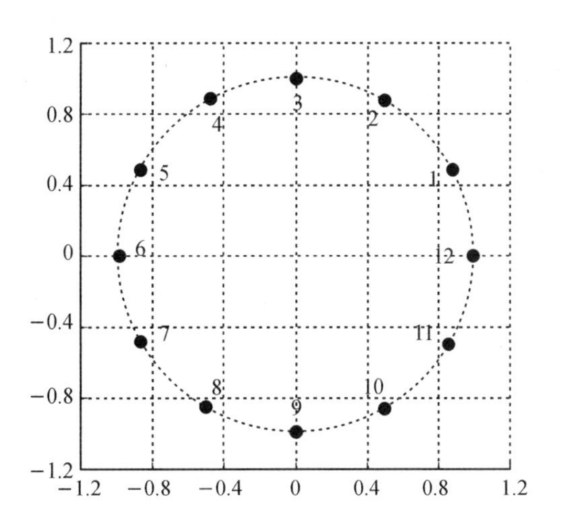

图 3.2-16 ACE-BOC 信号星座图

3.2.8 TDDM-BOC 调制方式

在传统 BOC 调制技术的基础上引入时分数据调制(Time Division Data Modulation，TDDM)技术，可以增加信息的保密性以及提供信号的捕获跟踪精度，GPS 系统和 BDS 系统已经采用了 TDDM-BOC 调制方式(周杨，2016；夏轩，2019)。TDDM 信号的产生框图与传统 BOC 信号的产生框图大致相同，只是在扩频调制方式上不同。BOC 信号的扩频调制是通过伪码序列和信息数据模二相加实现的，而 TDDM-BOC 信号的扩频调制则采用了 TDDM 方式，即在扩频调制上遵循“奇调偶不调”的原则，该方法可以增强其保密性能和提高抗干扰能力。其扩频方式的建模如图 3.2-17 所示。

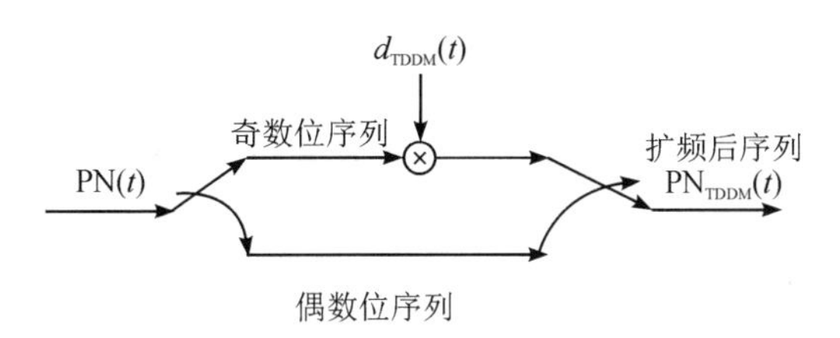

图 3.2-17 TDDM 扩频方式的建模

TDDM-BOC 信号表达式为

$$s(t)=s_B(t)\cos(2\pi f_0 t+\varphi_0)=s_{TDDM}(t)s_c(t)\cos(2\pi f_0 t+\varphi_0) \qquad (3.2-42)$$

式中，$s_B(t)$为基带 TDDM-BOC 信号；$s_c(t)$为方波副载波；f_0 为载波频率；φ_0 为载波初始相位；$s_{TDDM}(t)$为伪码序列和信息数据经 TDDM 方式后的已调波形，表达式为

$$s_{TDDM}(t)=\sum_{n=0}^{\infty} d_n u_{T_c}(t-nT_c) \qquad (3.2-43)$$

式中，$d_n\in\{+1,-1\}$为伪码序列和信息数据经 TDDM 方式后的已调序列；T_c 为伪码码元宽度；u_{T_c} 是持续时间为 T_c 且幅度为 1 的矩形脉冲。所用的 TDDM-BOC 信号都采用短码调制方式，即一个信息码对应一周期伪码，则有

$$T_0=N_c T_c \qquad (3.2-44)$$

式中，T_0 为信息码码元宽度，在短码调制下也等于伪码周期；N_c 为伪码长度。

与一般 BOC 信号相比，TDDM-BOC 信号的功率谱密度函数及自相关函数的变化并不明显，同样具有频谱分裂特性和多峰值的自相关特性(张媛，2014；黄硕辉，2016)。

3.2.9 GMSK 调制方式

在频谱资源严格受限、信号带外约束特别苛刻的条件下(如 C 频段和 S 频段的 GNSS 信号设计)，最小频移键控(Minimum Shift Keying，MSK)技术具有其独特的优势。MSK 是一种具有量化的旁瓣衰落特性的恒包络相位连续调制方式，最早应用于通信领域。若将扩频后的 $c_k(t)$ 直接进行 MSK 调制，则记为 MSK-BPSK(n)。其中，扩频码速率 $f_c=nf_0$，$f_0=1.023$ MHz。对应的 MSK-BPSK(n)信号表达式为

$$s(t)=A\cos(2\pi ft+\varphi(t)) \tag{3.2-45}$$

式中，f 为信号载波频率；$\varphi(t)=2\pi h\int_{-\infty}^{t}\sum c_k(t)p(t-kT_c)\mathrm{d}t$ 为载波相位；T_c 为码片持续时间；h 为载波相位调制指数，通常取值 0.5。$p(t)$ 是码序列波形，可表示为

$$p(t)=\begin{cases}(2T_c)^{-1} & (0\leqslant t\leqslant T_c)\\ 0 & (\text{其他})\end{cases} \tag{3.2-46}$$

MSK-BPSK(n)信号的归一化功率谱密度可表示为

$$G_{\text{MSK-BPSK}}=\frac{8f_c^3}{\pi^2}\frac{\cos^2\left(\pi\dfrac{f}{f_c}\right)}{(f_c^2-4f^2)^2} \tag{3.2-47}$$

MSK 信号的优点是具有恒定的振幅，信号功率谱在主瓣以外衰减较快，与 QPSK 相比较，MSK 信号的功率谱更加紧凑，占用的带宽窄，抗干扰性强，是适合在窄带信道传输的一种调制方式。

为了进一步压缩 MSK 信号的旁瓣，减少带外辐射，Murota 和 Hirade 于 1981 年提出了高斯最小频移键控(Gaussian Minimum Shift Keying，GMSK)调制技术(Murota et al，1981)，其主要原理是在信号调制前先利用高斯滤波器将基带信号变形为高斯形脉冲，然后再进行 MSK 调制，最终得到具有良好带外衰减特性的 GMSK 信号，其带外衰减为 70～80 dB 甚至更大。

高斯低通滤波器的单位冲激响应可表示为

$$g_{\text{GMSK}}(t)=\sqrt{\frac{2\pi}{\ln 2}}B\exp\left(-\frac{2\pi^2B^2t^2}{\ln 2}\right) \tag{3.2-48}$$

式中，B 为 3 dB 带宽。高斯滤波器性能的优劣直接影响了 GMSK 信号的好坏。为使得 GMSK 调制信号更加完美地实现，同时有更加紧凑的输出频谱，其必须具有如下特性：

(1) 为了除掉基带信号中的高频分量，高斯滤波器应具有良好的窄带和尖锐的截比特性。

(2) 在脉冲方面，要有尽量小的响应过冲量。

(3) 在脉冲响应曲线方面，为了使 GMSK 调制信号的调制指数为 1/2，其输出的面积在对应的相位方面应为 $\pi/2$。

GMSK 的特性主要依赖于高斯滤波器的 3 dB 带宽 B 和码片周期 T。BT 越小，则信号旁瓣功率越弱，信号之间的符号干扰越严重；反之，若 BT 越大，则信号旁瓣功率越强，信

号之间的符号干扰越小。因此，在实际应用时往往需要折中考虑频带效率和符号间的干扰。在通信领域，一般采用 $BT=0.3$。

通常使用 BT 的乘积定义 GMSK，而 MSK 信号等价为 BT 乘积无穷大的 GMSK 信号。图 3.2-18 给出不同 BT 时的高斯滤波器性能。

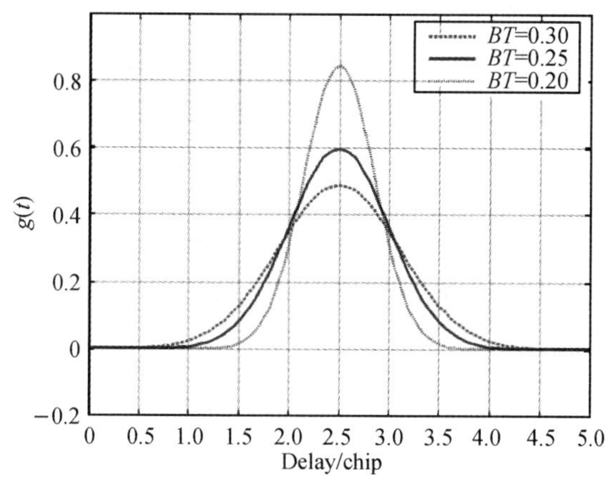

图 3.2-18 GMSK 滤波器性能

从图 3.2-18 中可看出，BT 值越小，其 PSD 越紧凑。但由于高斯滤波器是非因果系统，因此会引入码间串扰，所以 BT 值越小误码率越高(熊于菽，2007；刘美红，2016)。

3.2.10 GMSK-BOC 调制方式

如果扩频码在经历 GMSK 调制之前经过了 BOC 调制，则将得到的调制波形称为 GMSK-BOC(Avila-Rodriguez et al.，2008)。GMSK-BOC 与 BOC 信号表示方法类似，可以将扩频码速率 f_c 和副载波速率 f_s 的 GMSK-BOC 信号记为 GMSK-BOC(m,n)或 GMSK-BOC(f_s,f_c)，其中 $f_s=mf_0$，$f_c=nf_0$。

此时可以推导出 GMSK-BOC(f_s,f_c)信号的归一化功率谱密度为

$$G_{\text{GMSK-BOC}}=\begin{cases}\dfrac{2f_s^2 f_c}{\pi^2}\dfrac{\sin^2\left(\dfrac{\pi f}{f_c}\right)}{(f_s^2-f^2)^2} & \left(\dfrac{m}{n}\text{ 为偶数}\right)\\[2ex] \dfrac{2f_s^2 f_c}{\pi^2}\dfrac{\cos^2\left(\dfrac{\pi f}{f_c}\right)}{(f_s^2-f^2)^2} & \left(\dfrac{m}{n}\text{ 为奇数}\right)\end{cases} \tag{3.2-49}$$

研究结果表明，在扩频码速率均相同的情况下，GMSK-BPSK(n)的主瓣宽度明显大于传统 BPSK(n)信号，但其旁瓣却明显小于 BPSK(n)。同样，GMSK-BOC(m,n)的主瓣宽度明显大于传统 BOC(m,n)信号，但其旁瓣却明显小于 BOC(m,n)。由于 GMSK 信号的主瓣能量集中，因此其抗多径性能优于传统的 BPSK 信号和 BOC 信号(姚铮 等，2016)。

3.3 复用方式

这里所说的复用方式，如果无特殊说明，均指恒包络复用。随着卫星导航系统的飞速

发展，同一系统在同一频点内播发的信号数量越来越多，卫星载荷的复杂度问题也日益凸显。若将同一频点内不同的信号单独发射，则对卫星天线设计、载荷发射总功率、成本、体积和重量等都会带来较大的挑战。因此，需要将多个信号在同一个载波上进行复合后，再使用同一发射链路。同时，为了使卫星高功放工作在非线性饱和区，从而达到较高发射效率，需要保证复用信号的恒包络特性。

本小节主要介绍常见的几种单频恒包络复用方式，包括 Interplex 复用、CASM 复用、多数表决复用、POCET 复用和 DualQPSK 复用等。

3.3.1 Interplex 复用方式

互复用(Interplex)是通过增加互调项来保证复合信号具有恒包络特性的。因 Interplex 复用存在交调项，所以存在一定程度的信号功率损失。但是此种方法实现起来较简单，各路伪码信号功率可以灵活配置。

Interplex 复用信号通常可以表示为

$$s(t)=\sqrt{2P}\cos(2\pi f_c t+\varphi(t)) \tag{3.3-1}$$

式中，P 为发射信号的总功率；f_c 为载波频率；$\varphi(t)$为调制的相位。对于 N 路复用信号来说，$\varphi(t)$可以表示为

$$\varphi(t)=\theta_1 s_1(t)+\sum_{k=2}^{N}\theta_k s_1(t)s_k(t) \tag{3.3-2}$$

式中，θ_k 为调相指数，决定了各支路信号的功率比；$s_k(t)$为第 k 路信号。

由式(3.3-1)和式(3.3-2)可得 N 路信号的 Interplex 复用公式：

$$s(t)=\sqrt{2P}\cos\left(2\pi f_c t+\theta_1 s_1(t)+\sum_{k=2}^{N}\theta_k s_1(t)s_k(t)\right) \tag{3.3-3}$$

从式(3.3-3)中可以看出，因伪码信号调制在载波的相位上，因此 Interplex 复用信号是恒包络信号，不存在非恒包络信号通过非线性功率放大器的 AM-AM 和 AM-PM 失真(陈校非，2013)。含有 $s_1(t)s_2(t)$，$s_1(t)s_3(t)$，…，$s_1(t)s_N(t)$，$s_1(t)s_2(t)s_3(t)$，…因式的项，称为互调分量。调制路数为 N 的信号，其互调分量的个数为 $2^{N-1}-N$。可以看出，随着调制路数的增多，互调分量呈指数级增长。因此，Interplex 调制路数越多，功率损失越严重。

下面介绍该复用方式下的信号复用效率。

研究表明，若将功率最大信号分配给 $s_1(t)$，可以使复用信号具有最大的复用效率。此时若用 P_i 表示 $s_i(t)$导航信号的功率，调制指数 θ_1 就被决定了，有 $\theta_1=\pm\dfrac{\pi}{2}$，则

$$\theta_i=\arctan\left(\sqrt{\frac{P_i}{P_1}}\right) \tag{3.3-4}$$

此时复用信号的复用效率为

$$\eta=\left(1+\sum_{i=2}^{N}\tan^2(\theta_i)\right)\prod_{i=2}^{N}(1+\tan^2(\theta_i))^{-1} \tag{3.3-5}$$

【例 3.3-1】 由上述分析可知，Interplex 复用方式不适合较多路数信号的复用。所以我们以三路信号复用方式为例，此时复用信号的表达式为

$$s(t)=\sqrt{2P}\cos\left[2\pi f_c t-\frac{\pi}{2}s_1(t)+\theta_2 s_1(t)s_2(t)+\theta_3 s_1(t)s_3(t)\right]$$
$$=s_I(t)\cos(2\pi f_c t)-s_Q(t)\sin(2\pi f_c t) \tag{3.3-6}$$

式中，$s_I(t)$和$s_Q(t)$分别表示同向分量和正交分量，有：

$$s_I(t)=\sqrt{2P}(\sin\theta_2\cos\theta_3)s_2(t)+\sqrt{2P}(\cos\theta_2\sin\theta_3)s_3(t) \tag{3.3-7}$$

$$s_Q(t)=\sqrt{2P}(-\cos\theta_2\cos\theta_3)s_1(t)+\sqrt{2P}(\sin\theta_2\sin\theta_3)s_1(t)s_2(t)s_3(t) \tag{3.3-8}$$

式中，交调项为$s_{IM}(t)=(\sin\theta_2\sin\theta_3)s_1(t)s_2(t)s_3(t)$。

根据上式可知各路信号的功率分别为

$$P_1=P\cdot\cos^2(\theta_2)\cdot\cos^2(\theta_3) \tag{3.3-9}$$

$$P_2=P\cdot\sin^2(\theta_2)\cdot\cos^2(\theta_3) \tag{3.3-10}$$

$$P_3=P\cdot\cos^2(\theta_2)\cdot\sin^2(\theta_3) \tag{3.3-11}$$

$$P_{IM}=P\cdot\sin^2(\theta_2)\cdot\sin^2(\theta_3) \tag{3.3-12}$$

在已知信号发射功率的条件下，调相指数可以由信号功率计算得到：

$$\theta_2=\arctan\left(\sqrt{\frac{P_2}{P_1}}\right) \tag{3.3-13}$$

$$\theta_3=\arctan\left(\sqrt{\frac{P_3}{P_1}}\right) \tag{3.3-14}$$

此时导航信号的复用效率为

$$\eta=\frac{P_1+P_2+P_3}{P}=1-\sin^2\theta_2\sin^2\theta_3 \tag{3.3-15}$$

从式(3.3-15)中可以看出，调相指数θ_2和θ_3越小，则复用效率越高。而从式(3.3-13)和式(3.3-14)中可以看出，功率P_1越大，则调相指数θ_2和θ_3越小。因此，当功率给定时，为了使Interplex复用效率最高，要将最大功率的信号选为$s_1(t)$。

图3.3-1给出了BPSK(1)、BPSK(10)和BOC(10,5)的信号功率谱，以及由这三路信号采用Interplex复用后的合路的信号功率谱。

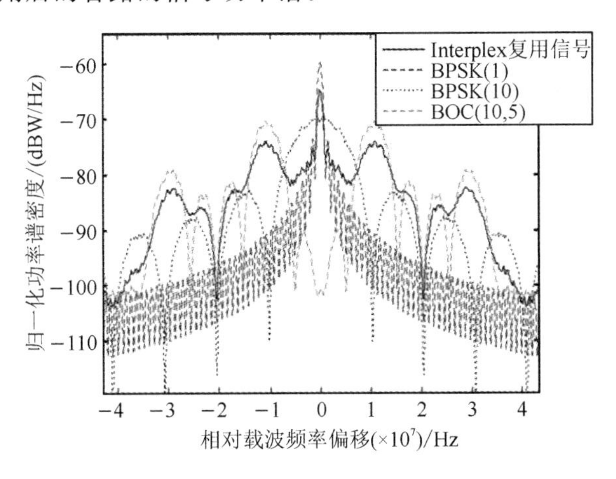

图3.3-1 Interplex复用信号功率谱

由图3.3-1可以看出，复用信号的功率谱包络与三路导航信号包络叠加后相似，这说明复用信号包含有三支路信号的信息。

图 3.3-2 给出了 BPSK(1)、BPSK(10)和 BOC(10,5)信号的自相关曲线，以及由这三路信号采用 Interplex 复用后合路信号的自相关曲线。

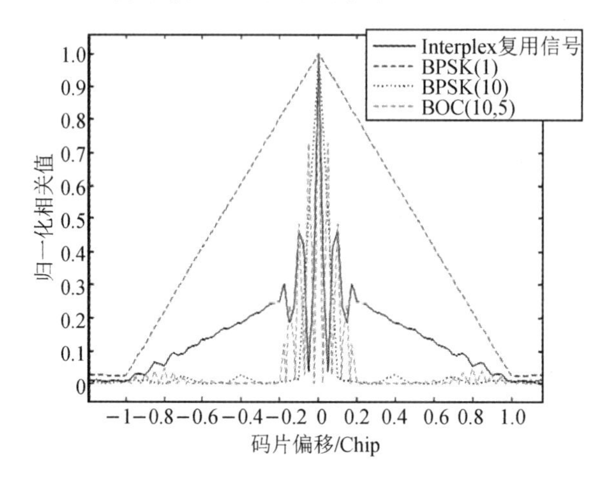

图 3.3-2　Interplex 复用信号的自相关曲线

由图 3.3-2 可知，经过 Interplex 复用后信号的自相关函数主峰的尖锐程度要优于 BPSK(1)信号和 BPSK(10)信号，略差于 BOC(10，5)信号。同时还可以看出 Interplex 复用信号的侧峰值小于 BOC(10，5)信号的侧峰。所以，Interplex 复用信号对侧峰值的误锁概率要小于 BOC(10，5)信号(雷志远，2012；潘伟川，2015)。

3.3.2　CASM 复用方式

相干自适应副载波调制(Coherent Adaptive Sub-carrier Modulation，CASM)的复用原理与 Interplex 调制原理相同，CASM 复用也是一种相位调制技术。在复用的各路信号不含副载波调制或者副载波为单信号时，CASM 复用同 Interplex 复用在数学上是等效的。但当副载波为合成信号时(如 Galileo E1 信号和北斗 B1 信号)，二者复用后有所差别。

CASM 是目前使用较多的一种恒包络处理方法，其复用信号的数学表达式为

$$s(t)=I_0(t)\cos[2\pi f_c t+\varphi_s(t)]-Q_0(t)\sin[2\pi f_c t+\varphi_s(t)] \tag{3.3-16}$$

式中，$I_0(t)$和$Q_0(t)$分别为同向分量和正交分量，有

$$I_0(t)=\sqrt{P_1}s_2(t),\ Q_0(t)=\sqrt{P_Q}s_1(t) \tag{3.3-17}$$

$\varphi_s(t)$代表调制的相位，有

$$\varphi_s(t)=\sum_{k=3}^{N}m_k s_k(t)s_{im}(t)\quad (s_{im}(t)\text{ 取 }s_1(t)\text{ 或 }s_2(t)) \tag{3.3-18}$$

$$m_k=\arctan\sqrt{\frac{P_{s_k}}{P_{s_{im}}}}\quad (k=3,4,\cdots,N) \tag{3.3-19}$$

式中，f_c 为信号载波频率；P_1 为同相支路信号功率；P_Q 为正交支路信号功率；P_{s_k} 为 $s_k(t)$ 信号功率；$P_{s_{im}}$ 为 $s_1(t)$或 $s_2(t)$的信号功率；m_k 为调制指数。

CASM 复用与 Interplex 复用在数学上是等效的，因此 N 路 Interplex 复用的结果也同样适用于 N 路 CASM 复用，只是在 CASM 复用中，要根据复用中 $s_{im}(t)$信号选取的不同，

在计算调制指数时分母选取相应的信号功率，但是这种变化不会改变数学上的等效性。

【例 3.3-2】 以三路信号的 CASM 复用为例，简要介绍其实现方式及其复用效率。

三路信号的 CASM 复用可以表示为

$$\begin{aligned}s(t)&=\sqrt{P_{\mathrm{I}}s_2}(t)\cos[2\pi_c t+m_3s_3(t)s_1(t)]-\sqrt{P_{\mathrm{Q}}}s_1(t)\sin[2\pi f_c t+m_3s_3(t)s_1(t)]\\&=[\sqrt{P_{\mathrm{I}}}s_2(t)\cos m_3-\sqrt{P_{\mathrm{Q}}}s_3(t)\sin m_3]\cos(2\pi f_c t)-\\&\quad[\sqrt{P_{\mathrm{Q}}}s_1(t)\cos m_3+\sqrt{P_{\mathrm{I}}}s_1(t)s_2(t)s_3(t)\sin m_3]\sin(2\pi f_c t)\end{aligned}\tag{3.3-20}$$

式中，各个信号的功率分别表示为

$$\begin{cases}P_1=P_{\mathrm{Q}}\cos^2 m_3\\P_2=P_{\mathrm{I}}\cos^2 m_3\\P_3=P_{\mathrm{Q}}\sin^2 m_3\\P_{\mathrm{IM}}=P_{\mathrm{I}}\sin^2 m_3\end{cases}\tag{3.3-21}$$

式中，P_1、P_2、P_3 分别为 $s_1(t)$、$s_2(t)$和 $s_3(t)$信号功率；P_{I} 和 P_{Q} 分别为 I 支路和 Q 支路的信号功率；当 $s_{im}(t)$取 $s_1(t)$时，$m_3=\arctan\sqrt{P_3/P_1}$ 为三路信号调制指数。

对于三路信号来说，CASM 复用的复用效率为

$$\eta=\frac{P_1+P_2+P_3}{P_1+P_2+P_3+P_{\mathrm{IM}}}=\frac{P_{\mathrm{Q}}+P_{\mathrm{I}}\cos^2 m_3}{P_{\mathrm{I}}+P_{\mathrm{Q}}}=1-\frac{P_{\mathrm{I}}\sin^2 m_3}{P_{\mathrm{I}}+P_{\mathrm{Q}}}\tag{3.3-22}$$

从式(3.3-22)中可以看出，m_3 越小，复用效率越高。在给定信号功率的情况下，为了使复用效率最高，应该将 $s_{im}(t)$选为功率最大的信号。

3.3.3　多数表决复用方式

多数表决恒包络算法的理论基础是多数表决逻辑学，适用于二进制符号，其实质为对同相支路和正交支路，或者包含两者信息的分量进行时分复用，合成一路恒包络的信号。多数表决算法要求传输的信号数量为奇数个，每一路信号对最终信号的影响程度是相同的。其一般形式为通用多数表决算法(Generalized Majority Voting，GMV)，适用于任何功率的分配、任何数量信号的恒包络生成算法(赵毅 等，2011)。以下不加说明均默认为信号是二进制信号。

1. 等功率的多数表决算法

当等功率的扩频码通过多数表决器时，其输出信号的码片符号与多数扩频码的码片符号相同，所以称之为多数表决算法。我们首先仍以三路信号为例进行介绍，根据多数表决的基本原则可以得出三路信号多数表决算法的表达式为

$$c_{\mathrm{maj}}=\frac{c_1+c_2+c_3-c_1c_2c_3}{2}\tag{3.3-23}$$

类似地，也可以推出三路以上奇数个信号的多数表决算法，但表达式的复杂程度会急剧增加。在实际应用中，对于多路信号的多数表决算法常采用交错(Interlace)技术。

当所有信号的码速率相同时，对每一个码片都要进行多数表决；当信号的码速率不相同时，进行多数表决的频率是码速率的最小公倍数。

对于 $2N+1$ 路等功率信号的多数表决，其恒包络复用算法表达式为

$$c_{\text{maj}}=\text{maj}(c_1,c_1,\cdots,c_{2N+1})=\text{sign}\left(\sum_{i=1}^{2N+1}c_i\right) \tag{3.3-24}$$

式中，N 为正整数；多数表决算子 maj(·)为多数信号的符号；sign(·)为符号函数；c_i 为第 i 路信号的码片符号。

由于是用多数表决信号来代替通过多数表决器的所有 $2N+1$ 个信号，因此需要考虑这样代替所产生的损耗，通常用相关损耗来衡量。

假设多数表决信号与某一个码片是否相关记作 γ，取值为 +1 或 −1：如果对于某一个信号的码片符号与余下的 $2N$ 个信号中的至少 N 个信号的码片符号一致时，此时 $\gamma=+1$；如果相反，则 $\gamma=-1$。根据这个原理，可以得到任意信号 c_i 与多数表决信号 c_{maj} 的单个码片平均相关表达式为

$$\bar{\gamma}=+1p_{c=1,c_{\text{maj}}=1}+1p_{c=-1,c_{\text{maj}}=-1}-1p_{c=1,c_{\text{maj}}=-1}-1p_{c=-1,c_{\text{maj}}=1} \tag{3.3-25}$$

对于导航系统，通常认为信号码片是二进制的，并且 +1 和 −1 码片出现的概率相等，这样可以得到：

$$\bar{\gamma}=\frac{1}{2}p_N^{2N}(+1)+\frac{1}{2}p_N^{2N}(-1)=\frac{1}{2^{2N}}\binom{2N}{N} \tag{3.3-26}$$

将上式用所有信号的功率进行归一化处理，可以得到多数表决信号 c_{maj} 和信号分量 c_i 之间的归一化平均相关 $\bar{\rho}$，即

$$\bar{\rho}=\frac{\sqrt{2N+1}}{2^{2N}}\binom{2N}{N}\approx\frac{\sqrt{2N+1}}{\sqrt{\pi N}}\text{e}^{-\frac{1}{8N}} \tag{3.3-27}$$

功率损失因子的分贝形式可以表示为

$$L(N)=-10\lg(\bar{\rho}^2)=-20\lg\left[\frac{\sqrt{2N+1}}{2^{2N}}\binom{2N}{N}\right] \tag{3.3-28}$$

对于等功率的多数表决算法，其功率损失较高。由上式计算可知，当 $N=3$ 时，三路信号的多数表决复用信号功率损失为 1.25 dB。对应的复用效率大约为 75%。

这种算法的缺点是每个信号的功率都是相等的，传输信号时不够灵活，在卫星导航系统中很少遇到等功率的情况。

【例 3.3-3】 计算三路多数表决信号的功率谱。

由于多数表决算法是非线性的信号复用，因此没办法直接给出信号复用之后的功率谱密度，但是可以通过推导其自相关函数来得到其功率谱密度。

可以先计算三路等功率多数表决信号的自相关函数。设 c_1、c_2、c_3 三路信号相互独立，通过信号自相关函数与功率谱密度函数是傅里叶变换对的关系，可以得到其功率谱密度函数为

$$S_{\text{maj}}=\frac{1}{4}[S_{c1}(f)+S_{c2}(f)+S_{c3}(f)+S_{c1}(f)\otimes S_{c2}(f)\otimes S_{c3}(f)] \tag{3.3-29}$$

式中：符号⊗表示卷积运算。

2. 非等功率的多数表决算法

对于非等功率信号的情况，信号各自的功率可以看作是信号在多数表决信号中所占的权重。多数表决信号的每一个码字，由信号分量的码字和信号分量的权重共同决定。

对于 N 路的非等功率信号的多数表决，其恒包络复用算法表示为

$$c_{\text{maj}}=\text{sign}\left(\sum_{i=1}^{N}w_i c_i\right) \tag{3.3-30}$$

式中，N 为正整数；sign(·)为符号函数；w_i 为第 i 路信号所占的权重；c_i 为第 i 路信号的码片符号。

由式(3.3-30)可以看出，等功率多数表决是非等功率多数表决的一种特殊情况，也即其权重 w_i 恒等于1。式中的 N 不需要限制为奇数，对任意的自然数都是成立的。但是要求满足如下条件：

$$\sum_{i=1}^{N}w_i c_i \neq 0 \tag{3.3-31}$$

由式(3.3-31)可以得出，提高信号复用效率的关键在于选取合适的权重，使多数表决信号反映出信号分量的功率分配特性。其中，一种方案是按照功率的平方根来分配信号的权重，但这种方法无法反映所有信号分路的特征，因为此时功率较小的信号可能淹没在功率较大的信号中，从而无法被多数表决信号表征出来。

为了解决上述信息丢失的问题，可以将信号分成两组：高斯信号(G)组和非高斯信号(NG)组。高斯信号组的典型特征是功率小，数量多。一般情况下，G 组信号的总功率小于所有信号功率的10%，但是这并不是严格的划分准则，信号设计者可以根据实际情况来灵活地划分 G 组信号和 NG 组信号。

在信号划分为 G 组和 NG 组后，非等功率信号的多数表决信号可表示为

$$c_{\text{maj}}=\text{sign}\left(\sum_{i=1}^{N^{\text{G}}}w_i^{\text{G}}c_i^{\text{G}}+\sum_{j=1}^{N^{\text{NG}}}w_j^{\text{NG}}c_j^{\text{NG}}\right) \tag{3.3-32}$$

式中，上标 G 和NG 分别表示高斯信号组和非高斯信号组；N^{G} 和 N^{NG} 分别表示高斯信号和非高斯信号的数量。然后可以根据高斯信号功率和非高斯信号功率的大小及特点，找到最优权重。

3. 通用多数表决算法

对于通常的情况，信号并不严格满足等功率或上面非等功率算法的条件，所以简单地分为高斯组和非高斯组会造成比较大的误差。为了用多数表决算法形成恒包络信号，引入了交织(Interlace)技术。交织技术是一种以码片为单位，在每一个码片时间内，按照伪码的功率，来选择在一个码片时间内传递哪一个码片的技术。

对 N 路信号的通用多数表决算法，设多数表决的 $2N+1$ 路信号为 c_1，c_2，…，c_{2N+1}，对应的信号功率分布为 P_{c_1}，P_{c_2}，…，$P_{c_{2N+1}}$，并且满足 $P_{c_1}\leqslant P_{c_2}\leqslant\cdots\leqslant P_{c_{2N+1}}$。

令 $G_i=P_{c_i}/P_{c_1}$，则传递第 c_i 码的码片的概率 p_i，传递等功率多数表决信号码片的概率为 p_{maj}，有

$$p_{\text{maj}}=\frac{1}{\gamma_N\sum_{k=2}^{2N+1}\sqrt{G_k}-(2N\gamma_N-1)} \tag{3.3-33}$$

$$p_i=\frac{1}{\sum_{k=2}^{2N+1}\sqrt{G_k}-(2N-1/\gamma_N)}\quad(i\neq 1) \tag{3.3-34}$$

式中，γ_N 为多数表决信号与幅度都为1的码片的平均相关。

则多数表决交织算法的复用效率可以表示为

$$\eta=\frac{1+\sum_{i=2}^{2N+1}G_i}{\left[\sum_{k=2}^{2N+1}\sqrt{G_k}-(2N-1/\gamma_N)\right]^2} \tag{3.3-35}$$

由于 $G_i\geqslant 1$，所以由式(3.3-35)可知，当 $G_i=1$ 时，多数表决算法的相关功率损失具有最小值。即当需多路复用的各信号具有相同功率时，使用多数表决算法可获得最小相关功率损失。

【例 3.3-4】 三路信号的多数表决交织算法。

对于三路信号的实现，其具体方法如下：

(1) 对 c_1，c_2 和 c_3 进行等功率多数表决，输出多数表决信号 c_{maj}。

(2) 根据 c_1，c_2 和 c_3 信号的功率分配对输出信号进行交织时分复用，也即对每一位信号进行一次判断来决定输出信号是 c_{maj}、c_2 和 c_3 信号中的哪一个，判断的间隔为三路信号中的最小码片宽度。

由式(3.3-33)和式(3.3-34)可知，三路信号 c_{maj}、c_2 和 c_3 的概率分别为

$$p_{c_{\mathrm{maj}}}=\frac{2}{\sqrt{G_2}+\sqrt{G_3}} \tag{3.3-36}$$

$$p_{c_2}=\frac{\sqrt{G_2}-1}{\sqrt{G_2}+\sqrt{G_3}} \tag{3.3-37}$$

$$p_{c_3}=\frac{\sqrt{G_3}-1}{\sqrt{G_2}+\sqrt{G_3}} \tag{3.3-38}$$

在使用交织技术判断该选择哪一个码片输出的具体方法为：在每一个最小信号码片间隔内，都要生成一个服从(0，1)分布的随机数 k，并对 k 进行判断。如果 $k\leqslant p_{c_2}$，则输出信号为 c_2；如果 $p_{c_2}\leqslant k\leqslant p_{c_3}+p_{c_2}$，则输出信号为 c_3；否则输出信号为 c_{maj}。

研究表明，采用最小功率信号 c_1 作为交错信号时，得到的相关损耗最小，因此，仅在 c_{maj} 信号中传输 c_1 信号，与 c_{maj} 交错传输的信号为 c_2 和 c_3 信号。

三路多数表决交织复用信号的复用效率为

$$\eta=\frac{1+G_2+G_3}{(\sqrt{G_2}+\sqrt{G_3})^2} \tag{3.3-39}$$

研究结果表明：在三路信号中，当其中一个支路信号功率远大于另外两路信号的功率时，复用效率就接近 100%；当某一路信号的功率远小于另外两路信号的功率时，复用效率接近其下边界值 50%；当三路信号的功率几乎相等时，复用效率在 75%左右。

3.3.4 POCET 复用方式

最优相位恒包络发射(Phase-Optimized Constant-Envelope Transmission，POCET)是一种相位调制技术(Dafesh et al.，2014；Cahn et al.，2014)，是一项近年来比较新的复用技术，它可以最优化地将任意支路数的复用信号复合成一个恒包络信号。最优相位复用技术可以在满足各支路信号间相位关系的同时达到最高的复用效率。

POCET 技术是在保证复用信号的功率和相位关系的前提下，通过计算机优化不同复用信号码片组合对应的相位角度和幅度，从而使复用信号的复用效率达到最大化。通过计算机优化后获得的最优"相位-各支路信号组合"被存放在表中，然后根据各支路信号不同码片的组合，通过查表的方式来决定发射复用信号的相位角度。

POCET 复用信号调制过程如下：

$$s(t)=A\cos[2\pi ft+\theta_k(t)]=I(t)\cos(2\pi ft)-Q(t)\sin(2\pi ft) \tag{3.3-40}$$

式中：

$$I(t)=A\cos(\theta_k(t)) \tag{3.3-41}$$

$$Q(t)=A\sin(\theta_k(t)) \tag{3.3-42}$$

$$A=\sqrt{I^2(t)+Q^2(t)} \tag{3.3-43}$$

如果有 N 个二进制伪码信号，则查找表中将要存储 2^N 个计算好的相位角度值。由于扩频码是随机的，所以这 2^N 个相位值被选择的概率也是相等的，均为 $1/2^N$。所以，第 n 个支路信号在接收机端输出的平均相关值为

$$\mathrm{Corr}_n=\frac{A}{2^N}\sum_{i=1}^{2^N}b_i(k)\exp(\mathrm{j}\theta_k) \tag{3.3-44}$$

式中，A 为需要最小化的复用信号的包络的幅度；$b_i(k)$为第 i 路信号分量在第 k 个取值组合中的码片取值，为$+1$ 或-1；θ_k 为第 k 取值组合中调制到载波上的相位角；$\frac{1}{2^N}$为取到第 k 个相位值的概率。

此时，信号复用效率可以表示如下：

$$\eta=\left(\frac{\sum_{n=1}^{N}|\mathrm{Corr}_n|^2}{A^2}\right) \tag{3.3-45}$$

POCET 技术实际上是在信号额定功率和信号间相位关系为约束条件下的有约束最优化问题。为了使得效率最高，需要最小化复用信号的包络幅度 A。优化功率的问题可以转化为将 A 作为 θ_k 的函数，搜寻满足条件的幅值 A 的优化问题。信号的功率约束条件可表示为

$$P_n=|\mathrm{Corr}_n(\boldsymbol{\theta})|^2=\left|\frac{A}{2^N}\sum_{i=1}^{2^N}b_i(k)\exp(\mathrm{j}\theta_k)\right|^2 \tag{3.3-46}$$

此外，由于第 m 个信号分量与第 n 个信号分量之间的相位夹角(相位差)ϕ_{mn} 等价于相关器输出的 Corr_m 与 Corr_n 的相对相位角，所以相位约束可以表示为

$$\mathrm{Re}\{\mathrm{Corr}_m(\boldsymbol{\theta})\mathrm{Corr}_n^*(\boldsymbol{\theta})\exp(\mathrm{j}\phi_{mn})\}>0 \tag{3.3-47}$$

$$\mathrm{Im}\{\mathrm{Corr}_m(\boldsymbol{\theta})\mathrm{Corr}_n^*(\boldsymbol{\theta})\exp(\mathrm{j}\phi_{mn})\}=0 \tag{3.3-48}$$

式中，$\boldsymbol{\theta}=\{\theta_1,\theta_2,\cdots,\theta_{2^N}\}$，为包含所有可能相位组合的相位向量。

这样一个优化问题可以通过最优化理论的数值方法来求解。可以采用罚函数法，因为该方法能够将有约束的优化问题转化为无约束的优化问题。一般情况下，信号相位约束的重要性要远远大于功率约束的重要性。因此，在一般情况下，信号的相位约束的罚因子的取值要大于信号功率约束的罚因子的 10 倍以上。

最优相位复用技术是利用最优化算法计算复用信号的调制相位。因此，在某种程度上，

信号 PM/PSK 调制技术的最优情况，在理论上适用于任意有限进制任意有限路数的信号复用与调制。但是，由于信号相位的个数随着信号的进制数和路数呈指数上升，当信号路数过多时信号相位数会很多，而信号传输过程中的噪声很容易对其造成干扰，因此复用路数较多时要注意噪声对相位影响(陈校非，2013)。

3.3.5 DualQPSK 复用方式

虽然 AltBOC 能够实现位于两个边带的两个功率相等 QPSK 信号的最优恒包络复用，但是更广泛的应用是如何实现两个变得任意信号路数任意功率配比的恒包络调制。

国防科技大学的 Zhang 和 Huang 等提出了非对称双正交相移键控(Asymmetric Dual Quadrature Phase Shift Keying，ADual QPSK)调制(Zhang et al.，2011；Huang et al.，2015)，解决了北斗 B1 频点 MBOC(6,1,1/11)与 BOC(14，2)两个信号的恒包络复用问题。由于北斗系统 B3 频段需要在中心频率为 1268.52MHz 上播发一个 QPSK(10)及 BOC(15，2.5)调制的授权信号的导频和数据分量，因此，B3 频段需要解决的问题是如何恒包络调制两个相同中心频率的正交相移键控信号(朱祥维 等，2017)。

国防科技大学的张锴提出了 Dual QPSK 调制及广义 DualQPSK 调制，能够有效解决不同中心频点两个非等功率正交相移键控信号的最优恒包络调制(张锴，2013；Zhang，2013)。在此基础上，Huang 等又进一步提出了适用于双边带任意信号路数任意功率配比的恒包络调制的 GCE-BOC 调制(Huang et al.，2015b；黄新明，2015)。本节将主要针对恒包络 DualQPSK 复用及广义 DualQPSK 复用方式进行简要介绍。

1. 恒包络 DualQPSK 复用

DualQPSK 技术需要解决的问题是复用两个相同中心频率的 QPSK 信号。归一化恒包络 DualQPSK 基带复信号可表示为

$$s(t)=\frac{\sqrt{2+\sqrt{2}}}{4}\left[s_1(t)+\mathrm{e}^{\mathrm{j}\frac{2\pi}{4}}s_2(t)+\mathrm{e}^{\mathrm{j}\frac{\pi}{4}}s_3(t)+\mathrm{e}^{\mathrm{j}\frac{3\pi}{4}}s_4(t)\right]+\mathrm{IM}(t) \tag{3.3-49}$$

式中，$s_1(t)$和 $s_2(t)$正交；$s_3(t)$和 $s_4(t)$正交。交调分量 $\mathrm{IM}(t)$表示为

$$\mathrm{IM}(t)=\frac{\sqrt{2-\sqrt{2}}}{4}\Big[\mathrm{e}^{-\mathrm{j}\frac{\pi}{4}}s_1(t)s_2(t)s_3(t)+\mathrm{e}^{\mathrm{j}\frac{3\pi}{4}}s_1(t)s_2(t)s_4(t)+ s_1(t)s_3(t)s_4(t)-\mathrm{e}^{\mathrm{j}\frac{2\pi}{4}}s_2(t)s_3(t)s_4(t)\Big] \tag{3.3-50}$$

可计算出 DualQPSK 的复用效率为

$$\eta=\left(\frac{\sqrt{2+\sqrt{2}}}{4}\right)^2\times 4=0.8536 \tag{3.3-51}$$

通过分析信号星座图可知，DualQPSK 复用信号的星座图是 AltBOC 信号星座图的 $\pi/8$ 旋转。

2. 广义 DualQPSK 复用

上面介绍的 DualQPSK 调制是复用两个等功率的 QPSK 信号的最佳复用方式，然而在实际应用中更一般的需求是复用两个非等功率的 QPSK 信号，而且两个 QPSK 信号不一定是相同的中心频率。根据不同功率比和中心频率的要求，衍生出的信号调制方式统一命名

为广义双正交相移键控(Generalized DualQPSK)调制(张锴，2013)。

假定两个 QPSK 信号的功率比是 1∶p^2($p>0$)。非等功率 DualQPSK 的基带解析式可表示为

$$s(t)=s_1(t)+e^{j\frac{2\pi}{4}}s_2(t)+pe^{j\frac{\pi}{4}}s_3(t)+pe^{j\frac{3\pi}{4}}s_4(t)+\mathrm{IM}(t) \tag{3.3-52}$$

式中，$s_1(t)$和$s_2(t)$正交，可以分别调制 QPSK(10)信号的 I 和 Q 支路；$s_3(t)$和$s_4(t)$正交，可以分别调制 BOC(15，2.5)信号的导频和数据分量。交调项可表示为

$$\mathrm{IM}(t)=ae^{j\frac{\pi}{4}}s_1(t)s_2(t)s_3(t)-ae^{j\frac{3\pi}{4}}s_1(t)s_2(t)s_4(t)+bs_1(t)s_3(t)s_4(t)-be^{j\frac{2\pi}{4}}s_2(t)s_3(t)s_4(t) \tag{3.3-53}$$

其中，a 和 b 是两个待定的交调系数。交调系数的设计应满足恒包络条件。四个信号分量的二进制取值共有 16 种组合，在每种组合情况下计算出的基带信号包络 C_i 应该相等。

对比 16 个包络值不难发现，非等功率 DualQPSK 基带解析表达式只有两独立的包络取值，其中一个取值是当四个二进制信号取值均为−1 时，基带信号包络计算为

$$C_1=|s(t)|=\sqrt{(1+\sqrt{2}a+b)^2+(-1-\sqrt{2}p+b)^2} \tag{3.3-54}$$

另一个独立取值可表示为

$$C_3=|s(t)|=\sqrt{(-1+\sqrt{2}a-b)^2+(-1+\sqrt{2}p+b)^2} \tag{3.3-55}$$

根据恒包络条件，两个独立的包络取值应该相等，得到交调系数的约束如下：

$$a(1+b)=p(b-1) \tag{3.3-56}$$

交调系数的另一个设计目标是最大化功率效率，计算公式如下：

$$\max_{a,b}\eta=\frac{1+p^2}{1+p^2+|a|^2+|b|^2} \tag{3.3-57}$$

交调系数的设计是一个单约束下的最大化问题，由式(3.3-57)通过简单推导可得到系数 b 是式(3.3-58)的解。

$$b^4+3b^3+3b^2+(1+2p^2)b-2p^2=0 \tag{3.3-58}$$

式(3.3-58)是一个一元四次方程，理论上存在四个解析解。用四个解析解中的实数解分别计算交调系数 a 和功率效率，达到最大功率效率的解作为交调系数的最终解。最终得到的交调系数 b 与功率参数 p 的关系式为

$$b=\begin{cases}-\dfrac{3}{4}+\dfrac{1}{4}\sqrt{d}+\dfrac{1}{2}\sqrt{\dfrac{1}{2}+7\left(\dfrac{4}{3c}\right)^{\frac{1}{3}}p^2-\left(\dfrac{2c}{9}\right)^{\frac{1}{3}}+\dfrac{1-16p^2}{2\sqrt{d}}} & \left(p<\dfrac{1}{4}\right)\\ -\dfrac{3}{4}-\dfrac{1}{4}\sqrt{d}+\dfrac{1}{2}\sqrt{\dfrac{1}{2}+7\left(\dfrac{4}{3c}\right)^{\frac{1}{3}}p^2-\left(\dfrac{2c}{9}\right)^{\frac{1}{3}}-\dfrac{1-16p^2}{2\sqrt{d}}} & \left(p>\dfrac{1}{4}\right)\\ -\dfrac{3}{4}+\dfrac{1}{4}\sqrt{3+2\sqrt{17}} & p=\dfrac{1}{4}\end{cases}$$

式中，中间变量 c 和 d 分别为

$$c=-9p^2+9p^4+\sqrt{3}\sqrt{27p^4+632p^6+27p^8} \tag{3.3-59}$$

$$d=1-28\left(\frac{4}{3c}\right)^{\frac{1}{3}}p^2+4\left(\frac{2c}{9}\right)^{\frac{1}{3}} \tag{3.3-60}$$

图 3.3-3 给出了广义 DualQPSK 调制与 POCET、Interplex 和 AltBOC 技术的复用效率对比。其中，横轴是需要复用的两个 QPSK 信号的功率比。从图中可以看出，广义 DualQPSK 与 POCET 预测的最优复用效率基本相当，其性能优于传统的 Interplex 技术和非对称 AltBOC 技术。

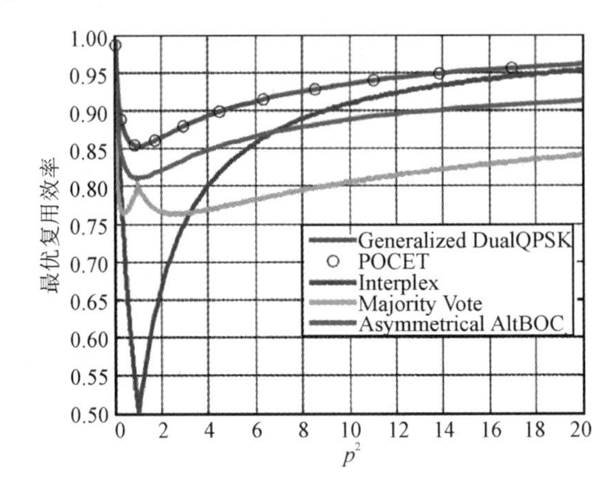

图 3.3-3 DualQPSK 调制的复用效率对比

第4章

信号功率特性评估

本章给出了卫星信号功率的特点、卫星信号链路的预算、卫星信号功率的评估理论及具体方法等，并给出了主要评估参数及其相应的评估指标。

4.1 本章引言

我们知道，信号可分为能量有限信号和功率有限信号。其中，能量有限信号简称能量信号，是指信号能量 E 满足 $0<E<\infty$，门函数、三角形脉冲、单边或双边指数衰减信号等都属于能量信号。能量谱也叫能量谱密度，能量谱密度描述了信号或时间序列的能量随频率分布的情况，能量谱是信号幅度谱的模的平方，量纲是 J/Hz。功率有限信号简称功率信号，是指信号功率 P 满足 $0<P<\infty$，如阶跃信号、周期信号等；功率谱是功率谱密度函数(PSD)的简称，它定义为单位频带内的信号功率。卫星导航信号是一种具有一定周期的随机信号，所以属于功率信号。

本章将重点介绍卫星下行信号的功率特性及其评估方法。首先，简要介绍卫星信号的功率特点；其次，给出了卫星信号的链路预算方法；最后，给出信号功率的评估方法及用 MATLAB 实现的具体方法。

4.2 信号功率特性评估

卫星导航下行信号的功率是信号完好性的重要指标，直接影响着用户接收设备的捕获和跟踪。地面用户信号接收功率的大小可由卫星发射天线功率、天线波束带宽、卫星到用户之间的距离、地面接收天线的有效面积等计算得到。

4.2.1 卫星信号功率特点

卫星发射机功率放大器的功率一般为 50 W(或 17 dBW)，由于阻抗不匹配及电路损耗等原因，实际卫星发射天线的输入功率为 26.8 W(约 14.3 dBW)。下面将根据卫星信号链路预算，大致估计卫星下行信号达到地面用户接收机的功率电平的大小。需要说明的是，这里所说的信号及其功率，是指载波信号及其功率。调制载波的伪码和数据码为信息而非能量。

通常，为了提高发射效率，卫星天线在设计时通常使其信号发射具有一定的指向性，将信号功率集中朝向地球方向发射，卫星天线的这种指向性称为天线增益。卫星天线在不同的方向上有着不同的增益。发射天线增益可由天线的波束宽度(立体角)计算得到，如图 4.2-1 所示。假设立体角为 θ，对于 MEO 卫星来说，通常情况下卫星上的发射天线仅需要 13.87°的立体角即可覆盖地球，而在实际应用中，GPS L1 频点的天线立体角设计为 21.3°，L2 频点的天线立体角设计为 23.4°，均大于所需角度的最小值。根据立体角 θ 计算所覆盖的球体表面积 A 为

$$\begin{aligned} A &= \int_0^\theta 2\pi(r\sin\theta)r\,\mathrm{d}\theta = 2\pi r^2\int_0^\theta \sin\theta\,\mathrm{d}\theta \\ &= 2\pi r^2(-\cos\theta)\Big|_0^\theta = 2\pi r^2(1-\cos\theta) \end{aligned} \tag{4.2-1}$$

式中，r 为辐射半径。发射天线增益 G_s 可表示为球体面积与 A 的比值：

$$G_s = \frac{4\pi r^2}{2\pi r^2(1-\cos\theta)\big|_{21.3^\circ}} \approx \frac{2}{0.683} \approx 2.928 \approx 14.7\ \text{dB} \tag{4.2-2}$$

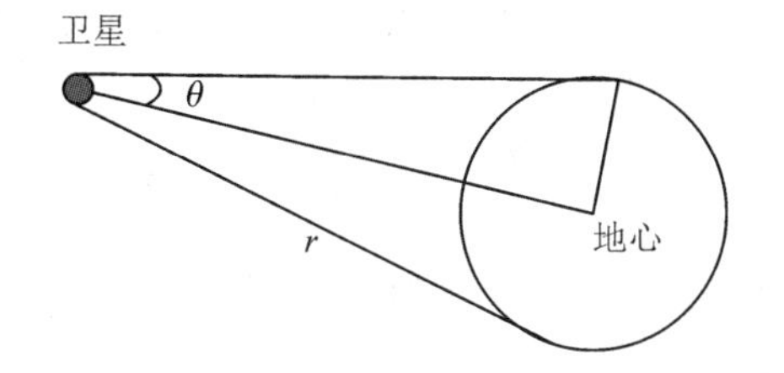

图 4.2-1 立体角计算覆盖球体面积示意图

因为卫星发射天线的输入功率约为 14.3 dBW，所以天线的输出功率约为 14.3+14.7=29 dBW。而卫星信号到达地面的功率大小与星地距离有关。同一卫星在不同俯仰角时与地面用户接收机的距离不同，在距卫星最近距离 d_1 时俯仰角接近 90°，而距卫星最远距离 d_2 时俯仰角为 0°(也即此时卫星位于地平线上)。假设卫星在任意时刻均以恒定功率发射信号，则同一卫星在天顶位置与在地平线上时用户接收的信号功率电平差为

$$P = 10\lg\left(\frac{d_1^2}{d_2^2}\right) \tag{4.2-3}$$

地球赤道半径为 6378 km，通过两极的半径为 6357 km，地球平均半径取 6368 km。GPS MEO 卫星的轨道半径为 26 560 km，距离地面高度约为 26 560 km−6368 km=20 192 km，这个高度可近似视为俯仰角为 90°时的星地最短距离。通常情况下，接收机最低可接收俯仰角大于 5°的卫星信号。此时，认为是卫星信号传输的最远距离，如图 4.2-2 所示。

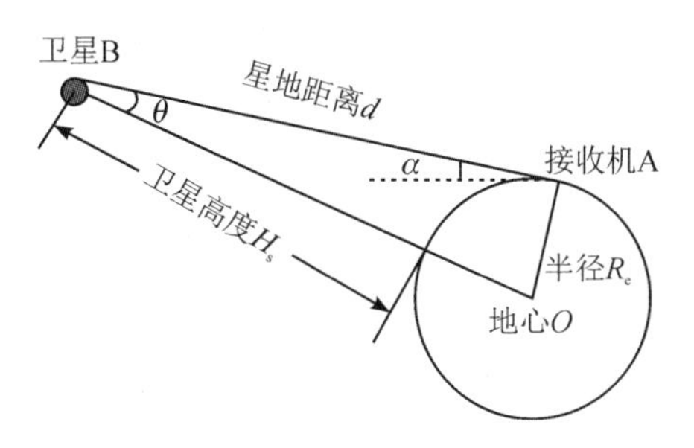

图 4.2-2 卫星信号传输示意图

对图 4.2-2 中的三角形 OAB 应用正弦定理，有

$$\frac{R_e}{\sin\theta} = \frac{H_s + R_e}{\sin(\theta+\alpha)} \tag{4.2-4}$$

$$\frac{R_e}{\sin\theta} = \frac{d}{\sin\left(\pi-\theta-\alpha-\frac{\pi}{2}\right)} \tag{4.2-5}$$

式中，地球半径 R_e 取平均半径 6368 km；卫星高度 H_s 约为 20 190 km；卫星俯仰角 α 为 5°，从而可以计算得到

$$\theta = \arcsin\left(\frac{R_e\cos\alpha}{R_e + H_s}\right) \approx 13.6^\circ$$

卫星信号传输最远距离

$$d=\frac{R_{e}\cos(\alpha+\theta)}{\sin\theta}\approx 25\ 667\ \text{km}$$

根据式(4.2-5)可计算得到同一卫星在天顶位置与地平线上时用户接收信号功率的电平差，约为

$$10\lg\left(\frac{20\ 192^{2}}{25\ 667^{2}}\right)\approx 2.08\ \text{dB}$$

在实际应用中，为了保证用户在不同俯仰角时接收到的卫星信号功率相差不大，要求卫星方合理设计卫星发射的天线图，一般会将中心波束设计得稍弱一些来补偿功率差异。

4.2.2 卫星信号链路预算

本小节将详细介绍卫星信号从发射到地面接收的整个传输链路的信号功率预算。假设某卫星发射功率为 P_{s}，卫星天线在信号传输方向上的增益为 G_{s}，卫星与接收机之间的距离为 d，则用户天线单位面积所拦截到的卫星信号功率 ψ 为

$$\psi=\frac{P_{s}G_{s}}{4\pi d^{2}} \tag{4.2-6}$$

这里单位面积上的接收功率 ψ 又称功率流密度。

通常卫星信号接收天线也具有一定的指向性，假设接收天线在信号传输方向上的有效接收面积为 A_{r}，则该接收机相应的增益 G_{r} 为

$$G_{r}=\frac{4\pi A_{r}}{\lambda^{2}} \tag{4.2-7}$$

同理，卫星发射天线增益 G_{s} 与有效面积 A_{s} 的关系为

$$G_{s}=\frac{4\pi A_{s}}{\lambda^{2}} \tag{4.2-8}$$

式(4.2-8)中的 λ 为信号波长。由上述各式可知，在距卫星距离 d 处的接收机接收到的卫星信号功率 P_{r} 可表示为

$$P_{r}=\psi A_{r}=P_{s}G_{s}G_{r}\left(\frac{\lambda}{4\pi d}\right)^{2} \tag{4.2-9}$$

式(4.2-9)被称为自由空间传播公式，又称为富莱斯(Friis)传播公式。在工程计算中常用分贝形式表示空间链路功率预算公式：

$$P_{r}=P_{s}+G_{s}+G_{r}+20\lg\left(\frac{\lambda}{4\pi d}\right)-L_{atm} \tag{4.2-10}$$

式中，最后一项 L_{atm} 表示约为 2 dB 的大气损耗，倒数第二项 $20\lg\left(\frac{\lambda}{4\pi d}\right)$ 称为自由空间传播损耗。在工程实际应用中，通常用接收机所支持的最低信号接收功率来衡量接收机的捕获跟踪灵敏度。

【例 4.2-1】 根据上述信号链路预算，可以计算卫星信号地面接收功率的大小。假设 GPS 卫星 L1 频点信号发射功率为 26.8 W，发射增益为 14.7 dB，地球半径为 6368 km，利用一个位于地面上的等向性接收天线接收卫星信号，则可计算当卫星位于天顶位置及俯仰角为 5°的位置时，到达地面接收机天线的信号功率。

由上面的介绍可知，当卫星位于天顶位置及俯仰角为 5°的位置时，星地距离分别为

20 190 km 和 25 667 km，GPS L1 频点的中心频率为 1575.42 MHz，信号波长 λ 为 0.19 m，可分别得到自由空间传播损耗为

$$L_{90^\circ}=20\lg\left(\frac{\lambda}{4\pi d}\right)\approx-182.51\ \text{dB} \tag{4.2-11}$$

$$L_{5^\circ}=20\lg\left(\frac{\lambda}{4\pi d}\right)=-184.60\ \text{dB} \tag{4.2-12}$$

因此，当卫星位于天顶位置时，到达地面的卫星信号接收功率为

$$\begin{aligned}P_{r\_90}&=P_s+G_s+G_r+20\lg\left(\frac{\lambda}{4\pi d}\right)-L_{atm}\\&=10\lg(26.8)+14.7+0-182.51-2.0=-155.53\ \text{dB}\end{aligned} \tag{4.2-13}$$

当卫星位于俯仰角为 5°的位置时，到达地面的卫星信号接收功率为

$$\begin{aligned}P_{r\_5}&=P_s+G_s+G_r+20\lg\left(\frac{\lambda}{4\pi d}\right)-L_{atm}\\&=10\lg(26.8)+14.7+0-184.60-2.0=-157.62\ \text{dB}\end{aligned} \tag{4.2-14}$$

可以看出，卫星信号到达地面时的功率非常的弱。为了保证地面用户能够正常接收到卫星下行信号，各大卫星导航系统均已在其接口控制文件(ICD)中明确规定了最小接收功率电平。在对卫星信号接收功率进行评估时，主要从两个方面进行分析：卫星信号地面接收功率最小值和功率稳定度。4.2.3 节将详细介绍卫星信号的评估方法及评估指标。

4.2.3 信号功率评估理论

通常，可用两种方法来实时监测卫星下行信号功率特性：一种方法是利用功率计或矢量信号分析仪直接测量信号功率；另一种方法是利用接收机输出的载噪比观测量分析信号功率(房成贺，2019)。

由于测量仪器直接监测空间射频信号，在其观测结果中还包含了接收信道和电磁环境的影响。因此，在实际分析时，需要在统计分析一段时间内的监测结果的基础上，根据事先标定的实际接收通道特性及实时监测的周边电磁干扰特点，补偿通道和干扰对信号功率测量结果的影响，具体处理流程如图 4.2-3 所示。为了便于说明，本书假设信号接收通道近似理想，并且在信号接收的过程中没有电磁干扰的影响。

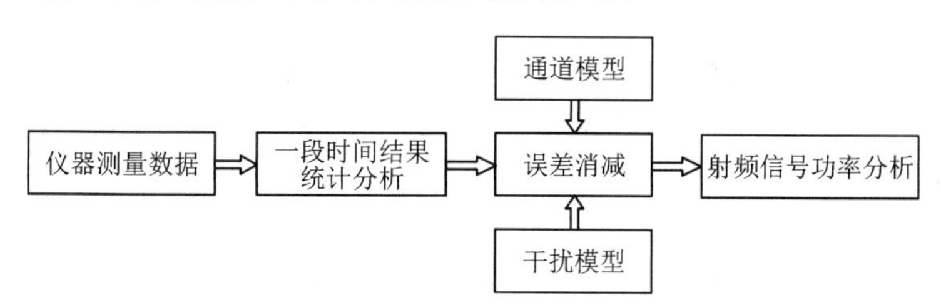

图 4.2-3 卫星信号功率监测数据分析流程

1. 基于信号分析仪监测数据处理方法

影响卫星导航信号地面接收功率的主要因素有发射功率的变化(发射端设备的老化或故障)、卫星天线指向精度和大气层(电离层、对流层)活动等。可以通过大数据估计信号接收功率，监视信号地面接收功率的变化规律，来获得卫星工作状况等信息。在正常情况下，

认为卫星的工作状态是稳定的，可以通过长期监测地面接收功率，来分析电离层、对流层的活动对信号接收的影响。

如果射频前端采用自动增益控制(Auto Gain Control，AGC)，并能实时精确地给出增益大小，则结合仪器测量值便可估计出接收信号功率；如果射频前端采用固定增益模式(不采用AGC)，则可以直接利用功率计或信号分析仪监测接收信号功率的变化。

在通常情况下，L频段存在较多的电磁干扰，而功率计采用的是宽频测量方式，在接收到有效信号的同时，大量干扰也随同有效信号一起进入功率计，影响测量结果；然而信号分析仪可以预设信号带宽，可以有效地抑制带外干扰，这样可以确保测量结果的准确性。因此，在实际工作中，通常采用信号分析仪来测量卫星各频点信号的主瓣功率，并对测量结果进行平滑计算，以此来分析信号的长期稳定性。

功率评估主要是对接收到的卫星导航信号的地面接收功率的最小值、功率稳定性进行评估，其目的是评估卫星载荷发射功率的大小及其稳定性。具体评估方法如下。

1）*信号功率计算*

将信号分析仪和信号接收机连接到天线接收系统的射频信号输出端，将高增益天线对准并跟踪GNSS系统卫星，根据不同信号的带宽对信号分析仪设置适宜的RBW和VBW等参数。其中，RBW一般设置为信号主瓣带宽的1%～2%；VBW数值设置为RBW数值的3倍；检波方式选择RMS检波；信号分析仪的其他参数不采用任何平均处理。

下面以北斗区域卫星B1频点信号为例介绍信号功率的计算方法。B1信号的调制方式为QPSK(2)，I支路和Q支路信号功率比为1∶1。利用信号分析仪测量并实时记录信号主瓣带宽内的信号总功率P_{channel}，由于该功率值包括I支路信号带内功率和Q支路信号带内功率，所以可以根据支路信号功率比，计算出各支路信号功率：

$$P_{\text{channel}}=(P_{\text{I}}+P_{\text{Q}})G_{\text{channel}} \tag{4.2-15}$$

其中，G_{channel}包含了天线以及由低噪放和链路衰减等组成的接收通道增益，是可以通过事先进行通道标校测试得到的。根据I、Q支路功率比，将式(4.2-15)用分贝形式表示，则信号主瓣带宽内的信号功率P_{I}可表示为

$$P_{\text{I}}=P_{\text{Q}}\approx P_{\text{channel}}-3-G_{\text{channel}} \tag{4.2-16}$$

2）*功率稳定度分析*

利用天线的连续跟踪能力，长时间跟踪某颗可见卫星，在某一连续时间段内测量接收到信号的功率值，并将测量值做统计处理，最终得到该时间段内功率的稳定度。具体分析方法是：首先，对接收信号功率数值进行平滑处理，将原始数据与平滑后的数值作差，然后，统计残差的峰峰值与标准差，以此来考察接收信号的功率随卫星俯仰角的长期变化情况。

对信号功率稳定性进行统计分析的目的是：一方面可以看出接收功率在一天内的变化情况；另一方面可以通过对连续几天、几个月甚至几年的各颗卫星的信号功率进行统计分析，评估发射端设备的工作状态以及设备是否存在老化或故障等现象。

图4.2-4给出了2016年3月14日测得的100点平滑处理后的北斗区域某星B1I信号地面接收功率随方位角和俯仰角变化的情况。从图中可以看出，在此时间段内方位角从114.4°变化至114.8°，俯仰角从24.55°变化至24.85°，该星B1I信号功率变化较平稳，大概从－155 dBW略有下降至－155.5 dBW。

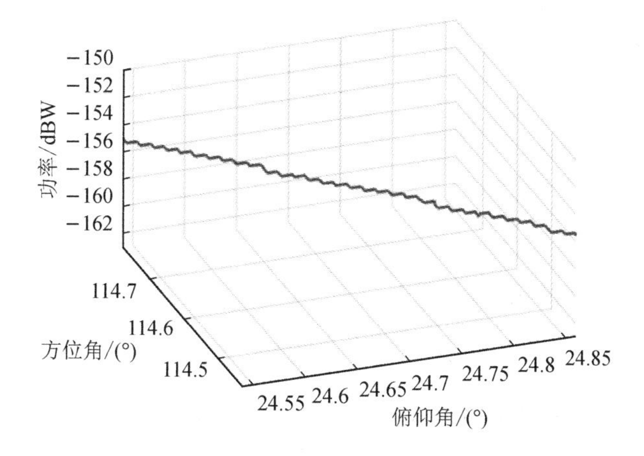

图 4.2-4 北斗某星 B1I 信号地面接收功率随方位角和俯仰角变化关系

2. 基于接收机载噪比观测量数据处理方法

在基于接收机载噪比观测量开展信号功率特性分析之前，有必要对信号的信噪比和载噪比的区别与联系进行说明，以便于读者加深理解。

1）信噪比

前面介绍了信号功率，然而仅知道信号接收功率的大小还不能完整地描述信号质量的好坏，还有一个重要的参数——信号功率相对于噪声功率的强弱，即接收信号的信噪比(SNR)，SNR 可用来衡量信号质量，其定义为信号功率 P 与噪声功率 N 之间的比值：

$$\mathrm{SNR}=\frac{P}{N}=10\lg\left(\frac{P}{N}\right) \tag{4.2-17}$$

信噪比没有单位，通常取对数，用分贝的形式表示。可以看出，信噪比越高，信号质量越好。信噪比直接影响接收机的捕获跟踪性能。

2）载噪比

热噪声主要是由电路中带电粒子的热运动形成的，所以噪声功率 N 常用如下形式表示：

$$N=kTB_n=N_0B_\mathrm{n} \tag{4.2-18}$$

式中，N 的单位为 W；K 为玻耳兹曼常数，单位为 J/K；常数 $k=1.38\times10^{-23}$ J/K；T 的单位为 K；B_n 为噪声带宽，单位为 Hz。噪声功率 N_0 的单位为 W/Hz 或 dBW/Hz，$N_0=KT$。

由式(4.2-18)可以看出，噪声功率与噪声带宽 B_n 有关。因此，信号的信噪比也与噪声带宽有关。在日常应用中，每给定一个信噪比数值，一般均需要随即给出其噪声带宽，应用起来不是很方便。

载噪比(C/N_0)即调制信号的载波功率与噪声功率的比值，其大小与噪声带宽 B_n 无关，从而有利于比较不同接收机之间的性能。载噪比可表示为

$$\frac{C}{N_0}=\frac{P}{N_0} \tag{4.2-19}$$

式中，C/N_0 的单位为 dB/Hz，P 为信号功率。

3）信噪比与载噪比之间的关系

由前面介绍可知：

$$\mathrm{SNR}=\frac{P}{N} \tag{4.2-20}$$

$$\frac{C}{N_0}=\frac{P}{N_0} \tag{4.2-21}$$

$$N=KTB_{\mathrm{n}}=N_0B_{\mathrm{n}} \tag{4.2-22}$$

所以很容易得到二者之间的关系表达式

$$\frac{C}{N_0}=\mathrm{SNR}B_{\mathrm{n}} \tag{4.2-23}$$

通常情况下，认为信号所处的背景噪声具有非常宽的带宽 B，$B \gg B_{\mathrm{n}}$，所以不管 B_{n} 取值为多大，等式 $N=KTB_{\mathrm{n}}=N_0 \times B_{\mathrm{n}}$ 恒成立。这种带宽下的背景噪声常称为噪声基底。

需要说明的是，由于信号在接收过程中射频元器件本身也会产生热噪声，所以信号中的噪声温度 T 会逐级升高，从而产生射频前端损耗。因此，在实际计算载噪比过程中，还需要考虑射频前端损耗，以分贝形式表示如下：

$$\frac{C}{N_0}=P-N_0-L \tag{4.2-24}$$

在实际应用时，在调制传输系统中常采用载噪比指标，而在基带传输系统中一般采用信噪比指标。

4）载噪比数据的处理方法

信号载噪比与卫星高度角有一定的关系，具体表现为载噪比随着卫星高度角的增加而变大，随着高度角的减小而降低。载噪比与方位角基本无关。因此，可以根据 GNSS 接收机观测数据的载噪比 C/N_0 与高度角的变化特征关系，在正常观测条件下，建立一个仅以高度角为变量的模型，也称为载噪比方向图模型。通常采用 Herrings 提出的建模方法（Herring，2006）。模型的表达式为

$$\mathrm{CNR}_{\mathrm{Ele}}=\sum_{i=0}^{k}\alpha_i \sin^i(\mathrm{Ele}) \tag{4.2-25}$$

式中，α_i 为模型系数；Ele 为卫星高度角；k 表示观测量个数。利用在没有较强干扰的环境中采集的观测数据，用最小二乘法拟合出模型系数。用该模型系数可计算出 GNSS 载噪比的期望值。通过将 GNSS 信号的 CNR 实测值与其期望值进行比较，可以判断载噪比有无发生异常。

为了更直观且方便地对导航卫星信号功率变化进行监测及分析比较，可按照式(4.2-26)将各高度角的载噪比统一投影至 90°高度角。

$$\frac{C}{N_{0\mathrm{reject\_90}}}=\mathrm{CNR}_{90}+\left(\frac{C}{N_{0\text{实测}}}-\mathrm{CNR}_{\mathrm{Ele}}\right) \tag{4.2-26}$$

式中，$C/N_{0\text{实测}}$ 为实测值；CNR 为模型函数；$C/N_{0\mathrm{reject\_90}}$ 为实测值对应于天顶方向的投影值。

图 4.2-5 给出了利用 Herrings 模型对接收机载噪比数据进行分析的结果。可以看出对功率结果进行投影后，能够更加直观地反映功率的抖动或跳变等变化情况。

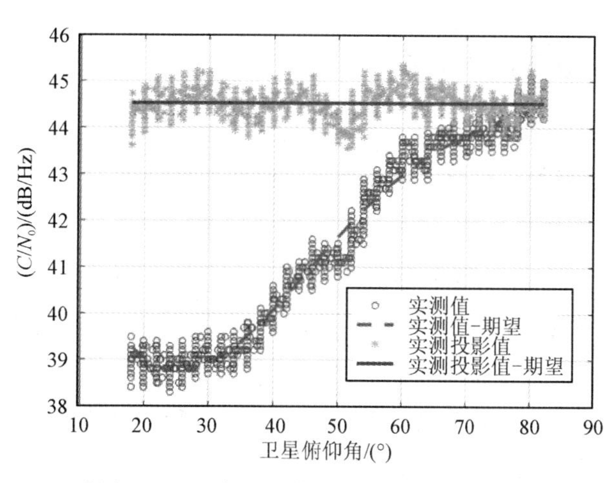

图 4.2-5　采用 Herrings 提出的模型对接收机载噪比数据的分析结果

3. 实测数据处理流程

图 4.2-6 给出了基于实测采集数据的信号功率及其稳定度数据处理流程。

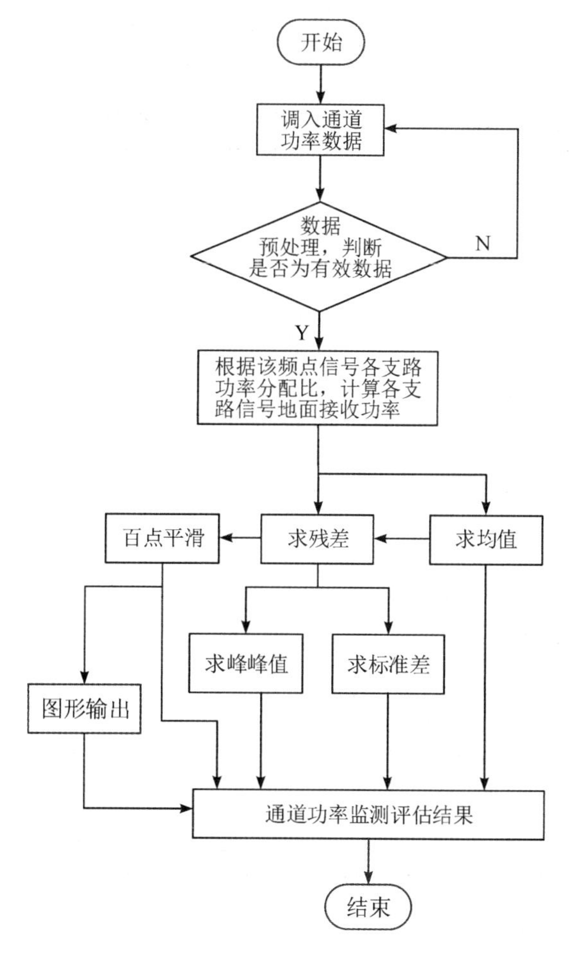

图 4.2-6　信号地面接收功率数据处理流程

4.2.4 主要评估参数及评估指标

通过计算信号到达地面的功率电平可表征信号的功率特性，对信号功率的监测评估主要关注两个参量：地面接收功率最小值和地面接收功率稳定度。

1. 信号地面接收功率最小值

在卫星仰角大于 5°(Galileo 系统要求大于 10°)、地球表面附近的接收机右旋圆极化天线为 0 dB 增益时，卫星发射的导航信号到达接收机天线输出端的各支路信号功率最小值为 P_{power}。要求 P_{power} 大于信号设计时承诺的最小电平。

不同卫星导航系统对各自信号性能要求不同。在进行信号质量评估时，需参照各大系统的接口控制文件(ICD)等公开性能规范标准，评估相应的卫星导航信号质量。

1) GPS 系统评估指标

GPS ICD 中规定：用户接收信号电平是指当卫星仰角大于 5°时，在地球表面附近的 3 dBi 增益接收机天线接收到的最小信号强度。表 4.2-1 所示为带宽在 20.46 MHz 的情况下，Block IIA、IIR、IIR-M、IIF 和 III 卫星信号到达地面的射频信号强度的最小值要求。

表 4.2-1 GPS 信号地面接收功率最小值

<table>
<tr><th rowspan="2">卫 星</th><th rowspan="2">频 点</th><th colspan="2">信 号</th></tr>
<tr><th>P(Y)</th><th>C/A or L2 C</th></tr>
<tr><td rowspan="2">IIA/IIR</td><td>L1</td><td>−161.5 dBW</td><td>−158.5 dBW</td></tr>
<tr><td>L2</td><td>−164.5 dBW</td><td>−164.5 dBW</td></tr>
<tr><td rowspan="3">IIR-M/IIF</td><td>L1</td><td>−161.5 dBW</td><td>−158.5 dBW</td></tr>
<tr><td>L2</td><td>−161.5 dBW</td><td>−160.0 dBW</td></tr>
<tr><td>IIF L5</td><td colspan="2">I5：−157.9 dBW　Q5：−157.9 dBW</td></tr>
<tr><td rowspan="5">III</td><td>L1</td><td>−161.5 dBW</td><td>−158.5 dBW</td></tr>
<tr><td>L2</td><td>−161.5 dBW</td><td>−158.5 dBW</td></tr>
<tr><td>L1C</td><td colspan="2">地面：−157 dBW　轨道：−182.5 dBW</td></tr>
<tr><td>$L1C_D$</td><td colspan="2">地面：−163 dBW　轨道：−188.5 dBW</td></tr>
<tr><td>$L1C_P$</td><td colspan="2">地面：−158.25 dBW　轨道：−183.75 dBW</td></tr>
</table>

2) GLONASS 系统评估指标

GLONASS ICD 中规定：用户接收信号电平指的是当卫星仰角大于 5°，在地球表面附近的接收机天线为 3 dBi 增益的线极化天线时，L1 最小保证电平为−161 dBW，L2 最小保证电平为－167 dBW。卫星发射的 B1、B2 和 B3 导航信号到接收机天线输出端的 I、Q 单路最小保证电平为－163 dBW。

地面用户接收到的功率电平应该是卫星仰角的函数，假设信号功率是在＋3 dBi 线极化接收天线的输出端测量的，卫星仰角大于等于 5°，大气衰减小于 2 dB，卫星姿态的角误差小于 1°，则用户所接收到的功率电平随仰角的变化曲线如图 4.2－7 所示。

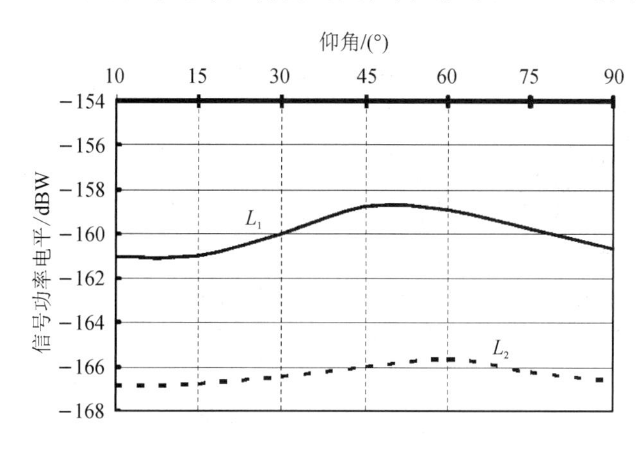

图 4.2－7 最小接收功率与仰角关系

当大气损耗为 0.5 dB，并且卫星指向角精度为 1°时，接收到的信号的最大功率电平应不大于－155.2 dBW。

3）Galileo 系统评估指标

Galileo ICD 中规定：用户接收信号电平是指当卫星仰角大于 10°，在地球表面附近的接收机天线为 0 dBi 增益的右旋圆极化天线时，最小接收的信号强度。Galileo 系统各信号功率见表 4.2－2。

表 4.2－2 Galileo 系统各信号功率(仰角大于 10°)

信号	信号组成	最小接收功率/dBW
E5	E5a (I＋Q) (I/Q 功率比为 1∶1)	－155
	E5b (I＋Q) (I/Q 功率比为 1∶1)	－155
E6	E6 CS (B＋C) (E6-B/E6-C 功率比为 1∶1)	－155
E1	E1 OS/SoL (B＋C) (E1-B/E1-C 功率比为 1∶1)	－157

当俯仰角为5°时，地面用户接收最小信号强度允许比表4.2-2中相应功率值低0.25 dB，最大接收信号强度功率比表4.2-2中相应功率值不高于3 dB。而在接收机设计和动态测试阶段，最大接收信号强度功率比表4.2-2中相应功率值不高于7 dB。

4）北斗区域系统评估指标

北斗区域导航系统ICD文件中规定北斗系统的用户接收信号电平应当满足：当卫星仰角大于5°，在地球表面附近的接收机右旋圆极化天线为0 dB增益时，卫星发射的导航信号到达接收机天线输出端的I支路最小保证电平为－163 dBW。

5）北斗全球系统评估指标

北斗全球系统ICD中规定：当卫星仰角大于5°，在地球表面附近的接收机右旋圆极化天线为0 dB增益时（或线性极化天线为3 dBi增益时），卫星发射的导航信号到达接收机天线输出端的最小保证电平如表4.2-3所示。

表4.2-3　北斗全球系统各信号功率（仰角大于5°）

信　号	卫星类型	最小接收功率/dBW
B1C	MEO卫星	－159
	IGSO卫星	－161
B2a	MEO卫星	－156
	IGSO卫星	－158
B3I	—	－163

注：对于包含数据分量和导频分量的信号，最小接收功率为数据和导频的合路功率，数据和导频之间的功率分配由调制方式定义，分量间的有效功率比偏差小0.5 dB。

2. 信号地面接收功率稳定度

地面接收功率稳定度是指信号到达地面的功率电平随时间保持恒定的能力。

目前，各大卫星导航系统ICD文件中还未曾对信号地面接收功率稳定度指标进行约束，为了更好地保证北斗系统服务性能，北斗系统要求卫星信号地面接收功率稳定度不得大于0.5 dB。

4.3　MATLAB实现

下面是卫星导航信号功率分析程序。

读取待分析的功率文件后，本程序能够输出卫星信号功率随卫星高度角和方位角变换的关系图形，同时还能输出相应平滑处理后的卫星信号接收功率，如图4.2-4所示。

```
clc;
clear;
close all;
format loose;
sat=input('请输入需要处理的卫星名称:','s'); %% 如 GEO1、MEO1 等
Bi=input('请输入卫星频点:', 's'); %% 主要包含三个频点:B1、B2 或 B3
[filepath,namepath]=uigetfile('.csv',['请选择',sat, 'B',Bi,'频点通道功率数据']);
display(filepath);
data=importdata([namepath,filepath]);
len=length(data)
time=len;
num_skip=50;
smooth_num=100;
num_total=time-num_skip;
date=zeros(1,num_total);
DAT=zeros(1,num_total);
direction=zeros(1,num_total);
pitch=zeros(1,num_total);
date(1,:)=data(num_skip+1: end,end-1);
time_start=num2str(data(num_skip+1,1));
[A,E]=Parameter_search(time_start,Bi,num_total);
pitch(1,:)=E;
direction(1,:)=A;
index=find(pitch==max(pitch));
point=index(end);
date_revise=smooth(date,smooth_num);

figure;
plot3(pitch,direction,date_revise','LineWidth',2);
xlabel('俯仰角(度)','fontsize',15,'fontname','宋体');
ylabel('方位角(度)','fontsize',15,'fontname','宋体');
title(['北斗',sat,'卫星 B',Bi,'频点地面接收功率-3D'],'fontsize',15,'fontname',
'宋体');
axis tight;
grid on;
view(-20,40)
zlim([-163 -150])
```

```
figure;
plot(pitch(1: point),date(1: point),'LineWidth',2);
title(['北斗',sat,'卫星 B',Bi,'频点地面接收功率'],'fontsize',15,'fontname','宋体');
xlabel('俯仰角(dec)','fontsize',15,'fontname','宋体');
ylabel('功率(dBW)','fontsize',15,'fontname','宋体');
grid on;
hold on;
plot(pitch(1: point),date_revise(1: point),'r','linewidth',2.5);
legend('原始数据','平滑后数据');
axis tight;
ylim([-160 -150])
```

第5章

信号功率谱特性评估

信号功率谱直观地反映了该信号所包含的各种频率成分及其特点，对信号功率谱特性进行分析是扩频调制设计和性能分析的重要内容。本章介绍了信号功率谱估计相关理论、常见功率谱畸，并给出了有关功率谱的主要评估参数及其相应的评估指标，最后给出了用MATLAB 的具体实现方式。

5.1 本章引言

在信号处理的学习过程中，常常会遇到与谱有关的几个概念，如“频谱”“幅度谱”“相位谱”“功率谱”和“能量谱”。很多读者经常搞不清楚这些概念之间的关系，容易产生混淆。本节针对这些概念进行阐述，并在5.2节重点介绍卫星导航信号质量评估过程中常用的信号谱分析方法。

1. 频谱

频谱是最常见也是最常用的，已广泛应用在导航系统、通信系统、电力系统、机械系统以及社会系统等各个领域。对于满足狄利克雷条件的周期信号可以进行傅里叶展开。设周期函数为 $f(t)$，周期为 T，角频率为 $\omega=2\pi f=2\pi/T$，其傅里叶级数展开为

$$f(t)=\alpha_0+\sum_{n=1}^{\infty}[\alpha_n\cos(n\omega t)+b_n\sin(n\omega t)] \tag{5.1-1}$$

任何一个信号，只要符合一定条件均可以分解为一系列不同频率的正弦(或余弦)分量的线性叠加，而每一个特定频率的正弦(或余弦)分量都有它相应的幅度和相位。因此，对于一个信号，它的各分量的幅度和相位分别是频率的函数。信号的频谱是指信号中各分量的幅度和相位与频率之间的关系函数，是频率谱密度的简称，分为幅度谱和相位谱。其中，幅度谱是信号傅里叶变换的幅值在频域的分布，相位谱是信号傅里叶变换的相位在频域的分布。

在频谱图上，我们既可以看到这个周期信号由哪些频率的谐波分量(正弦和余弦分量)组成；也可以看到，对应的各个谐波分量的幅度，它们的相对大小就反映了各个谐波分量对信号贡献的大小或所占比重的大小。

最常用也是最基础的频域分析方法包括以下几种：

➢ FT(Fourier Transformation)：傅里叶变换。这是理论上的概念，对于连续的信号无法在计算机上使用，因为其时域信号和频域信号都是连续的。

➢ DTFT(Discrete-time Fourier Transform)：离散时间傅里叶变换。这里的“离散时间”指的是在时域上是离散的，也就是计算机进行了采样。不过傅里叶变换后的结果依然是连续的。

➢ DFT(Discrete Fourier Transform)：离散傅里叶变换。在DTFT之后，将傅里叶变换的结果也进行离散化，就是DFT。也就是说，FT是时域和频域均连续，DTFT是时域离散而频域连续，DFT是时域和频域均离散。

➢ FFT(Fast Fourier Transformation)：快速傅里叶变换。FFT是DFT的快速算法，一般工程应用时用的都是这种算法。FFT是用来计算DFT(离散傅里叶变换)和IDFT(离散傅里叶反变换)的快速算法。

➢ FS(Fourier Series)：傅里叶级数。FS是针对时域连续周期信号提出的，傅里叶变换的结果是离散的频域结果。

➢ DFS(Discrete Fourier Series)：离散傅里叶级数。DFS是针对时域离散周期信号提

出的，DFS与DFT的本质是一样的。

2. 功率谱

在第4章中，介绍了什么是功率信号和能量信号。对于功率信号，常用功率谱描述。功率谱是功率谱密度函数(PSD)的简称，为单位频带内的信号功率。由于功率信号不满足傅里叶变换条件，其频谱通常不存在，不过幸运的是维纳-辛钦定理证明了某段信号的功率谱等于这段信号自相关函数的傅里叶变换。

在实际工程应用中，由于功率信号持续时间有限，因此经常直接对信号进行傅里叶变换，然后计算其功率谱。所以，求功率谱就有了以下两种常用的估计方法：

(1) 傅里叶变换幅度谱模的平方/区间长度；

(2) 自相关函数的傅里叶变换。

这两种方法分别叫作直接法和相关函数法。功率谱保留了频谱的幅度信息，但是丢掉了相位信息。所以，频谱不同的信号其功率谱可能是相同的。根据帕塞瓦尔(parseval)定理，信号傅氏变换模平方被定义为能量谱，能量谱密度在时间上进行平均就得到了功率谱。

频谱仪是分析卫星射频信号的最佳监测设备，它能够测量并记录信号的功率谱线。在实际应用中，由于存在不确定的干扰和噪声，所以，在通常情况下可以先对功率谱线进行短时的周期累加平均，得到累加平均后的功率谱线，然后以此来描绘接收信号的功率谱。另外，还可利用频谱仪的连续监测能力，长时间连续采集信号的功率谱，绘制出功率谱线色温图。据此观测信号功率谱长期的稳定性，并可分析干扰信号的频率和存在的时间等特性。

5.2　信号功率谱估计理论

对于卫星导航信号的功率谱分析，主要是通过分析接收到信号的功率谱及其包络，比较其与理想信号功率谱及其包络之间的差异，测量合成功率谱偏差的稳定度及单调倾斜度等，综合考察信号频谱失真程度。

5.2.1　功率谱估计理论

常用的信号功率谱估计方法有功率谱直接估计法和间接估计法。

1. 直接估计法

通常先截取长度为 N 的数据 $x(k)$，然后对该数据进行傅里叶变换，得到信号频谱 $X(\omega)$，于是接收信号的功率谱估计结果可以表示为 $X(\omega)X^*(\omega)$，其中 $X^*(\omega)$ 为频谱的共轭。

2. 间接估计法

功率谱的间接估计法是首先计算 N 点样本数据的自相关函数，然后取自相关函数的傅里叶变换，即可得到信号的功率谱估计。

3. 改进的估计方法

直接用上述这两种方法来估计信号的功率谱，估计精度都不够精细，而且分辨率均较低。另外，直接估计法的截短对信号的功率谱估计结果会有一定的影响，截短后的高斯白噪声均值和方差统计特性均有变化。若对一段正弦信号截短，则信号两端的幅值均会有较大的跳变，频域表现为频谱泄漏现象，因此，需要对上述方法进行改进。

改进的具体方法是将信号序列 $x(k)$ 拆分为 n 个互不重叠的小段，每段数据分别进行谱估计，然后将各段谱估计结果取平均，即得到功率谱估计结果。另外，还有一种做法是将数据分为 n 个相互重叠的小段，这样对评估结果会有一定程度的改善，这种利用数据分段来评估信号功率谱的方法称为平均周期图法。

改进的平均周期图法是通过对分段数据进行加窗处理，通常的做法是加一个非矩形窗函数，具体做法同分段平均周期图法。改进的平均周期图法的优点是可以减小频率泄漏，同时可以增加谱峰的宽度。Welch 周期图法的原理就是这种改进的平均周期图法，它通过将信号重叠分段、加窗和 FFT 等一系列处理后来精确估计信号功率谱，其优点是可以改善功率谱曲线的平滑性，大大提高了信号功率谱估计的分辨率。

下面重点介绍 Welch 周期图法进行信号功率谱估计的具体做法。对输入数据进行重叠加窗处理，其具体实现方法如图 5.2－1 所示。假设分段数据长度为 N，重叠比例因子为 $r(0\leqslant r\leqslant 1)$。

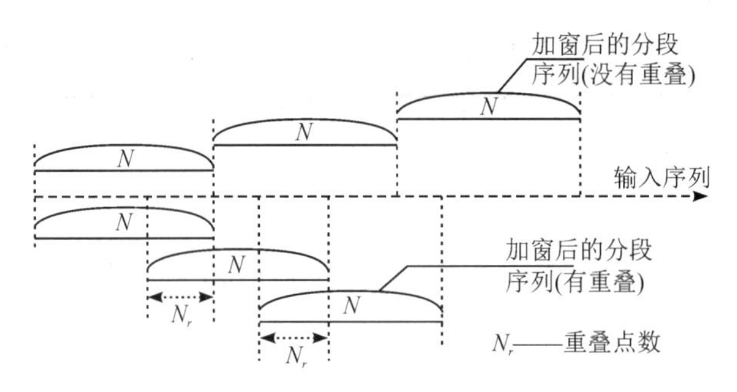

图 5.2－1　Welch 周期图法重叠加窗示意

假设接收卫星导航信号为 $x(n)$，信号总长度为 Len＝length(x)，总共分为 M 段，重叠比例因子为 $r(0\leqslant r\leqslant 1)$，设每段数据长度为 N，则满足如下表达式：

$$N[1+(M-1)r]=\text{Len} \tag{5.2-1}$$

可得，$r=\dfrac{\text{Len}-N}{N(M-1)}$。一般情况下取 $r=0.5$。

对 $x(n)$ 的各小段数据进行加窗处理，则各段信号的离散傅里叶变换(Discrete Fourier Transformation，DFT)为

$$X(e^{j\omega})=\sum_{n=0}^{N-1}x(n)e^{-j\omega n} \tag{5.2-2}$$

取其幅频特性的平方再除以 N，即可得到 Welch 周期图法的信号功率谱如下：

$$\hat{S}_{NX}(\omega)=\frac{1}{N}\left|X(e^{j\omega})\right|^2 \tag{5.2-3}$$

因 $X(e^{j\omega})$ 有周期性，故 $\hat{S}_{NX}(\omega)$ 也有周期性。因此，它是个有偏估计。周期图法的优点是能用 DFT 快速算法来估值，这种方法有如下两个特点：

(1) 选择适当的窗函数 $w(n)$，并且在周期图计算前直接加进去。加窗的优点是无论什么样的窗函数均可使谱估计非负。

(2) 在分段时可使各段之间有重叠，这样会使方差减小。

在利用 Welch 周期图法进行谱分析时，参数及窗函数的选取应综合考虑分析带宽、频率分辨率、偏差和方差等性能指标，需要至少满足以下几点：

(1) 采样率必须足够高，以保证能够刻画多个旁瓣。

(2) 窗的长度应足够长，以保证一定的频率分辨率。

(3) 应选取噪声水平较小的窗函数代替矩形窗，减小谱泄漏。

(4) 分段数应足够多，以降低估计方差。

假设窗函数系数为 $\{w(n), n=0,1,\cdots,N-1\}$，那么加窗带来的信噪比损失为

$$\mathrm{SNR}_{\mathrm{loss}} = \frac{\left(\sum_{n=0}^{N-1} w(n)\right)^2}{N \times \left(\sum_{n=0}^{N-1} w^2(n)\right)} \tag{5.2-4}$$

例如，若加入时长 13.6 μs 的 Hamming(汉明)窗函数，每一小数据段之间有 50% 的重叠，FFT 点数取 2048，总数据长度为 10 ms，则加窗带来的信噪比损失为 −1.3448 dB。

5.2.2　常见功率谱畸变

信号频域畸变主要表现为频谱不对称、杂散和载波泄漏等现象。图 5.2-2 给出了载波泄漏畸变下的频谱图。其中，图(a)为信号正常情况下的信号频谱图，图(b)为存在载波泄漏时的信号频谱图。

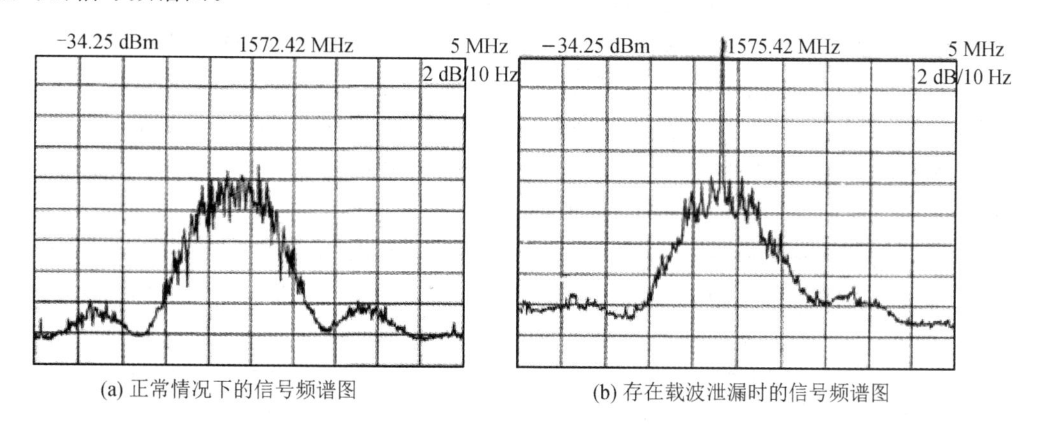

(a) 正常情况下的信号频谱图　　(b) 存在载波泄漏时的信号频谱图

图 5.2-2　信号频域失真示例

这三类常见畸变的表现形式、畸变原因及判断依据如下：

1. 功率谱不对称

(1) 表现形式：信号功率谱包络与理论不一致，如左右不对称、扩展或压缩等。

(2) 畸变原因：发射滤波器可能引起左右不对称和频谱压缩，发射机功放饱和引起频

谱扩展。

(3) 判断依据：计算实测信号功率谱左半主瓣与右半主瓣覆盖面积比是否为 1，左右第一旁瓣零点位置是否一致。

若理想信号经过带有一定倾斜功能的滤波器，则信号功率谱会出现高端与低端不对称的现象。以 BPSK(10)调制信号为例，当信号出现频谱不对称畸变时，其频谱如图 5.2-3 所示(贺成艳 等，2019)。

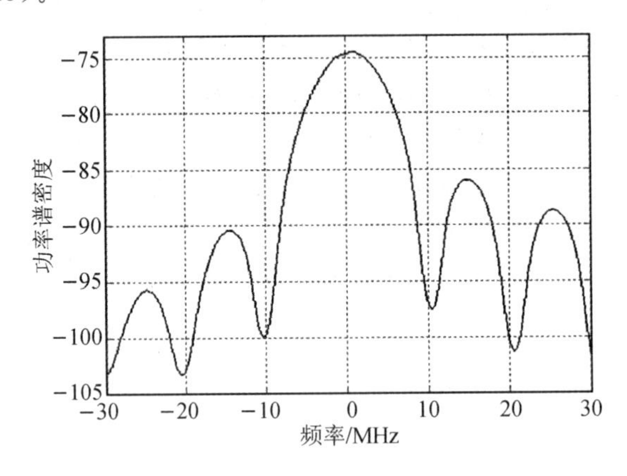

图 5.2-3　功率谱不对称现象示意图

2. 信号杂散

(1) 表现形式：当信号发射单载波时，带内及带外出现杂波；当信号发射扩频信号时，杂波叠加至频谱包络上。

(2) 原因分析：星上发射机功放恶化或本振信号出现杂散。

3. 载波泄漏

(1) 表现形式：信号频谱载频位置出现附加载波。

(2) 原因分析：在基于模拟调制的实现方案中，正交调制器载波泄漏至输出端导致。

(3) 判断依据：接收信号功率谱载频位置是否存在高能量分布。

图 5.2-4 所示为出现了载波泄漏时的信号功率谱包络。在有载波泄漏的信号时，域波形不再是恒包络，而且在信号功率谱的中心频点处会出现高于信号功率的高能量凸起。这会在一定程度上影响信号测距性能(贺成艳 等，2019)。

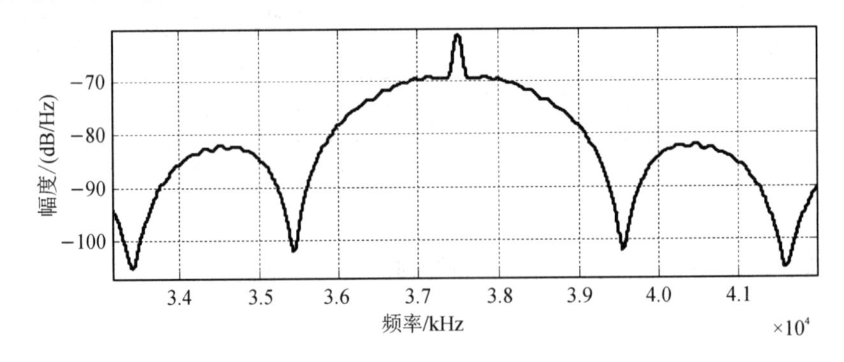

图 5.2-4　载波泄漏时的谱包络

5.2.3　实测数据处理流程

图 5.2-5 给出了基于实测采集数据的信号功率谱特性采集数据的处理流程。

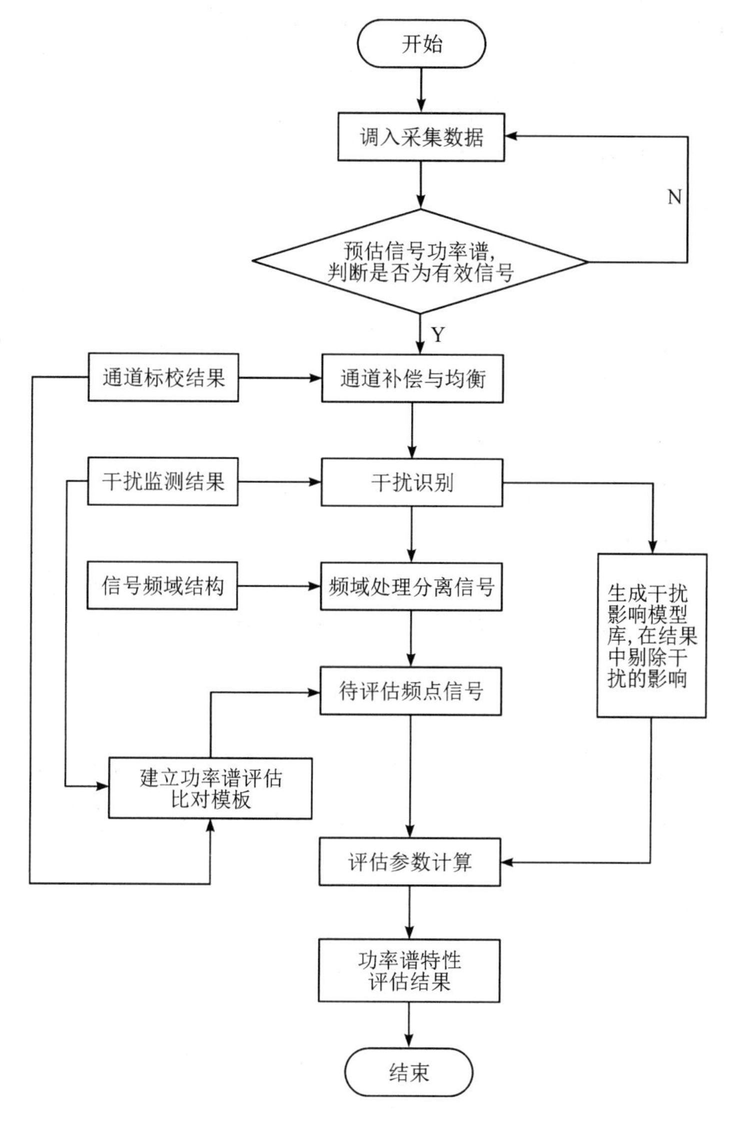

图 5.2-5　信号功率谱特性评估处理流程

需要说明的是，在利用 Welch 方法求解 GNSS 卫星下行采集信号功率谱时，为了提高分析精度和准确度，应尽量确保信号功率谱分辨率优于 1 kHz。另外，对于类似北斗全球系统 B1 和 B2 频点均无理论解析式的信号，常用仿真信号功率谱作为参考标准；而对于类似北斗 B3 频点信号有明确的解析表达式，此时其理想功率谱包络采用闭合解析式作为判决标准。在与采集信号相同的功率谱分辨率情况下，将实测信号功率谱与仿真信号或设计信号的功率谱对应相减，在信号发射带宽内计算功率谱残差，并求解其均值，利用均值调整理想功率谱的幅度大小，使得设计信号功率谱和采集信号功率谱在幅度上保持一致。

5.2.4 主要评估参数及评估指标

由信号体制组成可知，北斗卫星导航系统的信号体制及现代化后的GNSS新型信号大多采用多路复用技术，为保证信号的恒包络特性，在有用信号中加入了一定的交调项，交调项的存在影响原有理想信号的功率谱形状。作为信号频域特性的重要体现，功率谱的正确与否直接关系到信号调制、通道特性等关键部件的性能指标。

对合路信号功率谱的评估包括两方面：

(1) 发射带宽内信号功率谱特性。

(2) 有用信号的主瓣功率谱特性。

在对功率谱特性进行监测和评估的过程中，通常利用主瓣带宽内实际播发信号与设计信号的功率谱包络差异来表征信号的功率谱特性。本节以偏差最大变化量和偏差稳定度两个参量为例，给出参数的定义及其计算方法。

1. 合成功率谱偏差的最大变化量

合成功率谱偏差的最大变化量是指主瓣带宽内实际播发信号与设计信号的功率谱包络差值曲线的多项式拟合曲线的最大值减去最小值。

在信号主瓣带宽内，实测卫星信号的功率谱包络与设计信号的功率谱包络作差，得到合成功率谱偏差曲线。根据偏差曲线特性对曲线做多项式拟合并计算拟合曲线的最大值和最小值，得到合成功率谱偏差最大变化量 ΔPSD，即

$$\Delta PSD = PSD_{Max\_Residual} - PSD_{Min\_Residual} \tag{5.2-5}$$

式中，$PSD_{Max\_Residual}$ 为拟合曲线的最大值；$PSD_{Min\_Residual}$ 为拟合曲线的最小值。

在频率分辨率为1 kHz的情况下，80%主瓣带宽内，MEO信号的合成功率谱偏差的最大变化量小于0.5 dB。

2. 合成功率谱偏差的稳定度

合成功率谱偏差的稳定度是指主瓣带宽内实际播发信号与设计信号的功率谱包络差值曲线的标准差。

在信号主瓣带宽内，实测卫星信号的功率谱包络与设计信号的功率谱包络作差，得到合成功率谱偏差曲线。根据偏差曲线特性对曲线做多项式拟合并统计拟合曲线的标准差，得到合成功率谱偏差稳定度：

$$P_{stability} = \mathrm{std}[PSD_{real}(t) - PSD_{ideal}(t)] \tag{5.2-6}$$

式中，$PSD_{real}(t)$为实测信号的功率谱包络；$PSD_{ideal}(t)$为设计信号的功率谱包络。

在频率分辨率为1 kHz的情况下，80%主瓣带宽内，MEO信号合成功率谱的相对偏差的稳定度小于0.5 dB；GEO信号B1频点合成功率谱的相对偏差的稳定度小于1 dB。

3. 信号频谱失真

另外对于信号的频谱失真大小，还可以用信号频谱失真来描述，表示实测信号频谱相对于理想设计信号频谱的失真程度(唐祖平，2013)。计算方法如下：

$$H_{\text{distortion}}(f)=\frac{\dfrac{S_{\text{rec}}(f)}{\sqrt{\int_{f_L}^{f_H}S_{\text{rec}}(f)S_{\text{rec}}^{*}(f)\mathrm{d}f}}}{\dfrac{S_{\text{real}}(f)}{\sqrt{\int_{f_L}^{f_H}S_{\text{real}}(f)S_{\text{real}}^{*}(f)\mathrm{d}f}}} \tag{5.2-7}$$

式中，$S_{\text{rec}}(f)$为实测信号频谱；$S_{\text{real}}(f)$为设计信号频谱。

5.3 MATLAB 实现

下面是信号功率谱分析程序。

由于现代化后的卫星导航信号大部分为多路复用信号，且很多复用信号很难用一个特定的公式来表示其理想信号功率谱，因此，通常在进行信号功率谱分析时，用于与实测信号比对分析的理想信号功率谱是根据实测信号实时生成的。

```
IF=62.5e6；%%采集数据中频，为理论信号中频 IF+多普勒频移 doppler
fs=250e6；%%数据采样率

fid=fopen(fileName)；%%打开实测信号数据文件，其中 fileName 为文件名，默认存放在根目录下，否则此处还应包含文件路径
skip=1000；%%跳过数据长度，一般取稳定跟踪后的数据段开始分析

%%%%%%%%%%%%%%%%%%%%%%%%%%%%%%%%%%%%%%
%%%首先，需要完成待分析数据的捕获和跟踪
%%%然后，根据实测信号的跟踪结果 实时生成相应的理想信号
%%%假设，实测数据的跟踪结果都保存在 TrackResults 文件中

%%%%%%%%%%%%%%%%%%%%%%%%%%%%%%%%%%%%%%
%%%以北斗 B1 信号为例，下面是相应理想信号的生成方式
num=100；%%生成数据时长（ms）

%%% B1I 支路信号生成
dataB1I=sign(TrackResults(1,1).I_P)；
NavB1I(dataB1I==1)=0；
NavB1I(dataB1I==-1)=1；
```

```
%%% B1Cd 支路信号生成
dataB1Cd=sign(TrackResults(1,2).I_P);
NavB1cd(dataB1Cd==1)=0;
NavB1cd(dataB1Cd==-1)=1;

%%% B1Cpa 支路信号生成
dataB1Cpa=sign(TrackResults(1,3).I_P);
NavB1cpa(dataB1Cpa==1)=0;
NavB1cpa(dataB1Cpa==-1)=1;

%%% B1Cpb 支路信号生成
dataB1Cpb=sign(TrackResults(1,4).I_P);
NavB1cpb(dataB1Cpb==1)=0;
NavB1cpb(dataB1Cpb==-1)=1;

%%% B1A 支路信号生成
%%%由于 B1A 不是民用信号，因此根据 B1A 的码周期及伪随机性，以随机生成的
信号作为 B1A 信号
NavB1A=round(rand(1,ceil(num/10)));

%%%理想信号产生
dataper=fix(fs/1e3);
nffnum=2^(nextpow2(dataper));
for Tcount=1:num
    [signal,countN]=fread(fid,fs/1e3); %%读取实测信号数据

    %%%%根据实测信号对生成的各支路信号进行采样，使二者数据格式一致
    dataB1Cd=B1C_data(Tcount,fs,NavB1cd(Tcount+skip));
    dataB1Cp_a=B1C_pilot_a(Tcount,fs,NavB1cpa(Tcount+skip));
    dataB1Cp_b=B1C_pilot_b(Tcount,fs,NavB1cpb(Tcount+skip));

    dataB1I  =B1I(Tcount,fs,NavB1I(Tcount+skip));
    dataB1Q  =B1Q(Tcount,fs,NavB1I(Tcount+skip));

    Temp=NavB1A(floor((Tcount-1)/10)+1);
    dataB1Ad=B1Ad(fs,Temp);
    dataB1Ap=B1Ap(fs,Temp);
```

```
%%%根据相位查找表进行理想信号生成
ph=[相位查找表];
ph=ph * pi/180;
L=length(dataB1Cd);

dataB1Cd(dataB1Cd==1)=0;
dataB1Cd(dataB1Cd==-1)=1;

dataB1Cp_a(dataB1Cp_a==1)=0;
dataB1Cp_a(dataB1Cp_a==-1)=1;

dataB1Cp_b(dataB1Cp_b==1)=0;
dataB1Cp_b(dataB1Cp_b==-1)=1;

dataB1I(dataB1I==1)=0;
dataB1I(dataB1I==-1)=1;

dataB1Q(dataB1Q==1)=0;
dataB1Q(dataB1Q==-1)=1;

dataB1Ad(dataB1Ad==1)=0;
dataB1Ad(dataB1Ad==-1)=1;

dataB1Ap(dataB1Ap==1)=0;
dataB1Ap(dataB1Ap==-1)=1;

p=zeros(1,L);
i=1:L;
p(i)=ph(64 * dataB1I(i) + 32 * dataB1Q(i) + 16 * dataB1Cd(i) + 8 *
     dataB1Cp_a(i) + 4 * dataB1Cp_b(i) + 2 * dataB1Ad(i) + dataB1Ap(i) +
     1);
BB_I=cos(p);
BB_Q=sin(p);

[Psd_ideal,~]=pwelch(BB_I+1j * BB_Q,[],0.2 * nffnum,nffnum,fs);
%%%理想信号功率谱
```

```
    Ps_ideal(:,Tcount)=10*log10(smooth(Psd_ideal,100,'lowess'));
    [Psd_real,F]=pwelch(signal,[],0.2*nffnum,nffnum,fs); %%%实测信号功率谱
    Ps_real(:,Tcount)=10*log10(smooth(Psd_real,100,'lowess'));
end

fclose(fid);
pp=mean(Ps_ideal');
fw=fs/length(pp);
psd1=fftshift(pp);
bandwidth=ceil(20*1.023e6/fw);    %%%%设置带宽
center=round(length(pp)/2);
PSD_ideal=(psd1(center-bandwidth+1:center+bandwidth)); %%%%理想信号在一定带宽内的功率谱

%%%%%%%%%%%%%%%%%%%%%%%%%%%%%%%%%%%%%%%%%%%%%%%%%%%%%%%%%%%%%%%%%%%%%%%%%%%%%%%%
%%%%对实测信号功率谱进行插值处理
H_sat=mean(Ps_real');
FW=F(2)-F(1);
Band=ceil(20*1.023e6/FW);
cent=round(IF/FW);
PSD_temp=H_sat(cent-Band+1:cent+Band);    %%%接收信号 B1 频点的功率谱
xlab=linspace(1,length(PSD_temp),length(PSD_ideal));
PSD_real=interp1(1:length(PSD_temp),PSD_temp,xlab);

Err_whole=PSD_real-PSD_ideal;
ad=mean(Err_whole);
PSD_real=PSD_real-sign(ad)*abs(ad);
L=length(PSD_real);
f_so=40*1.023e6/(L); %%%%内插后的频谱分辨率

%---下面对每个支路信号的实测功率谱与其理论信号功率谱进行分析比较---

%% B1C
points=round(0.8*2*1.023e6/f_so);
centerP=round(L/2);
```

```
cutP=fix(centerP-points+1 : centerP + points);
xlc=(1:length(cutP))-round(length(cutP)/2);
xlc=xlc * f_so/1e6;
Err1=PSD_real(cutP)-PSD_ideal(cutP);
receive=PSD_real(cutP);
simulate=PSD_ideal(cutP);
figure;
plot(xlc+1575.42,receive);
hold on; plot(xlc+1575.42,simulate,'r');
xlabel('频率/MHz');
ylabel('功率谱密度偏差/(dBW/Hz)');
legend('接收信号','理想信号');
axis tight;

%%目前有些学者是根据一阶拟合曲线计算最大变化量，具体做法为
x=1:length(Err1);
P=polyfit(x,Err1,1);
y=P(1) * x + P(2);
err1_m=y(end)-y(1);
err1_s=std(Err1);
%%一阶拟合主要分析了功率谱曲线失真时关于中心频点的对称性，为了便于说明，这里以一阶拟合方法为例进行介绍
%%%建议感兴趣的读者也可以尝试二阶或其他阶拟合，比较不同阶数拟合的作用和优劣
figure;
plot(xlc+1575.42,Err1,'r','linewidth',3);
hold on;
plot(xlc+1575.42,y,'black');
title('B1C 功率谱残差');
xlabel('频率/MIIz');
ylabel('残差(dB)');
legend('差值曲线','一阶拟合曲线');
axis tight;

%% B1I
points=round(0.8 * 2 * 1.023e6/f_so);
cent_b1i=round(L/2)-round(14 * 1.023e6/f_so);
```

```
scope1=cent_b1i-points+1:cent_b1i+points;
xli=(1:length(scope1))-round(length(scope1)/2);
xli=xli * f_so/1e6;
err2=PSD_real(scope1)-PSD_ideal(scope1);
figure;
plot(xli+1575.42,PSD_real(scope1));
hold on;
plot(xli+1575.42,PSD_ideal(scope1),'r');
xlabel('频率/MHz');
ylabel('功率谱密度偏差/(dBW/Hz)');
legend('接收信号','理想信号');
axis tight;

receive2=PSD_real(scope1);
simulate2=PSD_ideal(scope1);

x=1:length(err2);
P=polyfit(x,err2,1);
y=P(1) * x + P(2);
err2_m=y(end)-y(1);
err2_s=std(err2);
figure;
plot(xli+1575.42,err2,'r','linewidth',3);
hold on;
plot(xli+1575.42,y,'black');
title('B1I 功率谱残差');
xlabel('频率/MHz');
ylabel('残差(dB)');
legend('差值曲线','一阶拟合曲线');
axis tight;

%% B1A
band=0.8 * 2 * 1.023e6;
centerP=round(L/2)+round(14 * 1.023e6/f_so);
point_=round(band/f_so);
rang=centerP-point_+1:centerP+point_;
xlA=(1:length(rang))-round(length(rang)/2);
```

```
xlA=xlA * f_so/1e6;

err3=PSD_real(rang)-PSD_ideal(rang);
figure;
plot(xlA+1575.42,PSD_real(rang));
hold on;
plot(xlA+1575.42,PSD_ideal(rang),'r');
xlabel('频率/MHz');
ylabel('功率谱密度偏差/(dBW/Hz)');
legend('接收信号','理想信号');
axis tight;

receive3=PSD_real(scope1);
simulate3=PSD_ideal(scope1);

x=1:length(err3);
P=polyfit(x,err3,1);
y=P(1) * x + P(2);
err3_m=y(end)-y(1);
err3_s=std(err3);
figure;
plot(xlA+1575.42,err3,'r','linewidth',3);
hold on;
plot(xlA+1575.42,y,'black');
title('B1A 功率谱残差');
xlabel('频率/MHz');
ylabel('残差(dB)');
legend('差值曲线','一阶拟合曲线');
axis tight;

%%合路功率谱
xl=((1:L)-round(L/2)) * f_so/1e6;
figure;
plot(xl+1575.42,PSD_real);
hold on;
plot(xl+1575.42,PSD_ideal,'r')
title('B1 合路信号功率谱');
```

```
xlabel('频率/MHz');
ylabel('功率谱密度/(dBW/Hz)');
grid on;
axis tight
legend('接收信号','理想信号')
```

信号功率谱分析程序运行结果如图 5.3-1 所示。

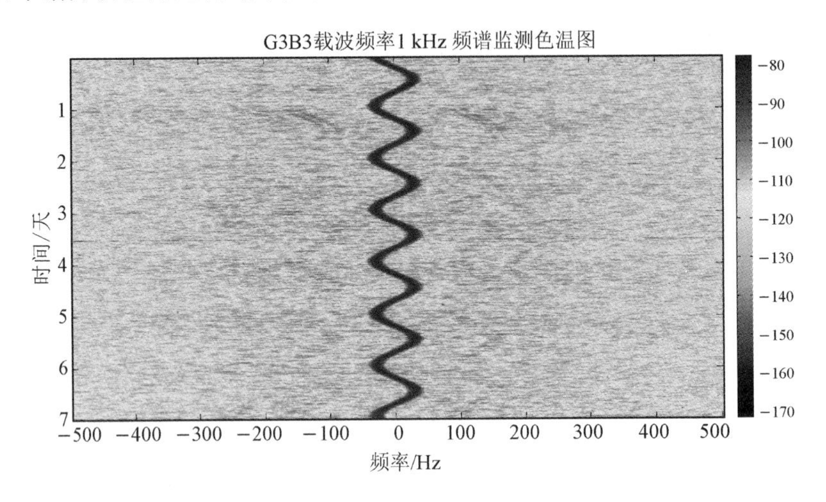

图 5.3-1　卫星信号 1 kHz 带宽频谱色温图

第6章 信号波形特性评估

信号的各类畸变或异常基本都会反映在信号时域波形上，最终影响卫星系统的服务精度性能，因此对卫星导航信号波形的分析至关重要。本章主要介绍了信号时域波形特性评估的相关理论，包括数字畸变的评估方法、模拟畸变的评估方法和波形不对称性的评估方法等，同时介绍了时域波形畸变对相关函数的影响，并给出了有关时域波形的主要评估参数及其相应的评估指标，最后给出了用MATLAB具体实现的方式。

6.1 本章引言

全球卫星导航系统(Global Navigation Satellite System，GNSS)发播的下行信号是卫星导航系统与接收机的唯一接口，完善的信号体制设计是终端设备开发和芯片研制的首要输入条件，信号的潜在性能决定了整个卫星导航系统的性能极限(姚铮 等，2016；贺成艳，2019)。若卫星发播的信号本身存在缺陷，则即便卫星导航系统的其他环节设计得再优良，也无法弥补由此给整个系统在定位、测速、授时性能、抗干扰能力等方面带来的不足。而信号的各类畸变或异常基本都会反映在信号时域波形上，当用户接收机利用有畸变的信号波形与本地复现测距码做相关运算时，就会产生测距误差及跟踪误差，最终影响卫星导航系统的服务性能。因此，对卫星导航信号波形的分析至关重要。

比较典型的案例是 1993 年 GPS SV19 卫星故障。该卫星在轨运行 8 个月之后，L1 信号功率谱出现 10 dB 左右的载波泄漏及谱不对称(Edgar et al.，1999)。由于 C/A 码与 P 码严重不同步(约有 6 m 的偏离)，当 SV19 参与 L1 C/A 差分解算时，会产生 3～8 m 的定位偏差(贺成艳，2015)。随后出现大量针对信号波形畸变的分析模型，其中最具代表性的是 Robert Eric Phelts 在其博士论文中提出的“2nd-order Step”(2OS)模型，该模型后来被 ICAO 采用并一直沿用至今(Phelts，2001)。图 6.1-1 给出了 2OS 模型中的 TMA、TMB 和 TMC 畸变参数设置的一般范围。

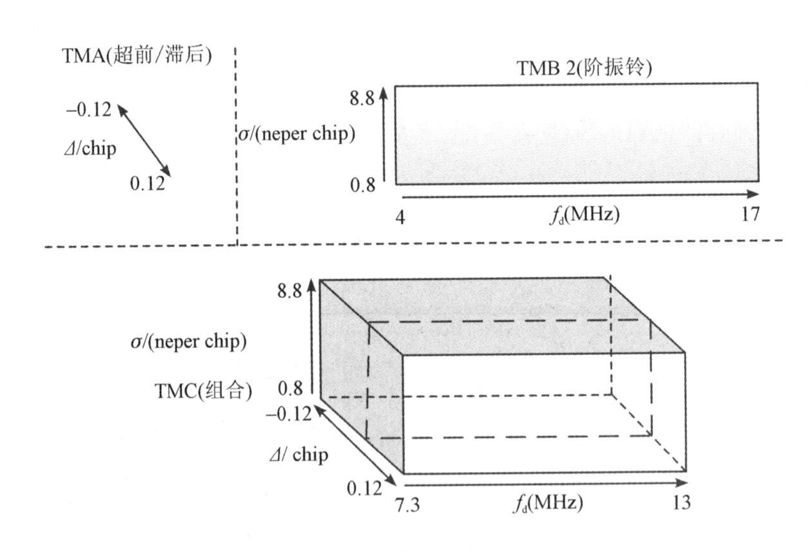

图 6.1-1 三种畸变模型及其参数设置范围

图中各参数含义如下：

Δ：数字畸变的码片持续时间相比理想设计码片超前或滞后的量，单位为 ns；

f_d：模拟畸变的码片幅度振铃频率，单位为 MHz；

σ：与模拟畸变波形幅度振铃相关的阻尼系数，单位为 Mneper/s。

经研究表明：波形不对称畸变也会对信号的功率谱和相关曲线产生影响，从而带来测距误差，严重情况下将会影响定位精度(He et al.，2018)。

本书在传统测距码波形分析"2nd-Order Step"(2OS)模型的基础上，结合GNSS新信号的数学模型，介绍了一种新的信号波形畸变扩展模型，同时提出了用于波形上升下降沿不对称性分析的WRaFES模型，详细分析了WRaFES模型的特点，并给出了该模型应用于信号畸变特性分析的相关峰曲线评估新方法。

6.2　信号时域特性评估理论

卫星导航基带信号的时域波形，能够真实反映出信号码片在发射、传输和接收过程中的信号传输通道特性。国际民航组织(International Civil Aviation Organization，ICAO)对导航信号波形特性分析评估采用的是美国Phelts R. E.博士提出的"2nd-Order Step"(2OS)模型。该模型主要针对测距码基带波形特性将波形故障分为数字畸变(TMA)、模拟畸变(TMB)和混合畸变(TMC)。这3种故障模型是针对GPS L1C/A码提出的，主要对测距码正负码片宽度(TMA)、测距码波形幅度抖动失真(TMB)以及二者的混合失真进行建模和分析，适用于简单BPSK或QPSK调制的测距码波形畸变评估。

此外，ICAO采用的几种信号波形畸变模型，都是针对基带波形宽度和幅度畸变提出的，国内外学者都未曾对码片波形上升下降沿不对称性进行分析。研究表明，信号波形不对称畸变对信号频谱和相关性能也会产生影响。因此，本章还提出了波形上升沿下降沿不对称性分析模型(Waveform Rising and Falling Edges Symmetry简称WRaFES模型)，(He et al.，2018)，并给出了针对新型BOC调制信号的扩展TMA/TMB/TMC分析模型。

本节对码片波形特性分析主要从三个方面展开，分别为波形数字畸变特性、波形模拟畸变特性以及波形不对称性。其中，数字畸变主要产生于卫星信号生成单元的数字电路部分，表现形式为扩频码的正负码形宽度不一致，从而导致相关峰的扩展以及在频谱中出现线性谱。模拟畸变独立于数字畸变产生，主要由星上发射机基带滤波或射频滤波异常导致，主要表现形式为基带信号波形的幅度抖动失真，从而导致相关峰的扭曲变形以及频谱出现高频分量。通常情况下数字畸变和模拟畸变会同时存在。波形不对称性是指基带信号波形的上升沿及下降沿不对称，从而导致相关峰曲线的左右不对称以及相关曲线相对于理想相关曲线的左右偏移，从而影响信号测距性能。

图6.2-1给出了码片赋形特性分析示意图。图中虚线表示理想设计信号码片波形，实线表示畸变信号码片波形。从图中可以看出，该畸变信号波形的幅度有较大程度的抖动失真，也即有较大的模拟畸变。图中"Δ"代表幅度抖动的变化情况，"f_d"表示幅度抖动的频率。另外，通过统计码片点数，还可估计接收信号码片速率及码片的数字畸变。从图中可以看出，码片波形的相位翻转点与理想设计波形也有少许不一致，这种畸变就称为数字畸变，实测卫星导航信号相比设计信号有可能出现最大几十纳秒的延迟或提前。最后该畸变信号还有波形不对称畸变，从图中可以看出每个码片波形的上升沿和下降沿不对称，如图中A

区域和 B 区域。

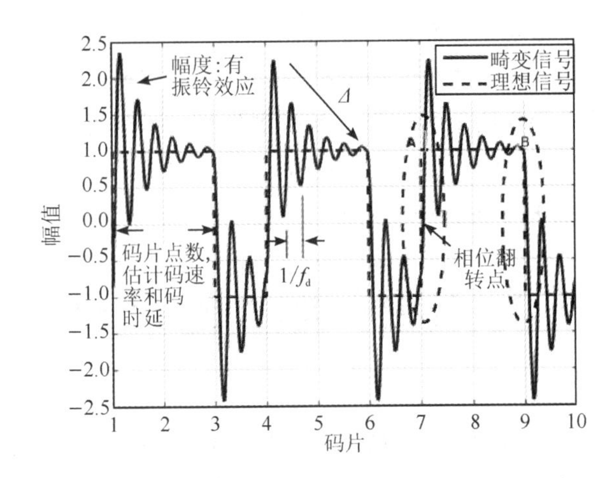

图 6.2-1 码片赋形特性评估示意

信号的上述几种波形畸变都可能对信号测距性能有影响，最终导致导航信号服务性能降低。本章将对每种畸变的特点及评估方法进行详细介绍。

6.2.1 时域波形数字畸变特性评估

1. 数字畸变产生机制分析

数字畸变主要包括边缘时延、竞争/冒险两种，通常表现为扩频码正负码形宽度不一致，与设计信号码片波形宽度有一定的延迟或提前，从而造成相关峰曲线的扩展。数字畸变主要是由星上基带处理器异常引起的。

1）边缘时延

数字畸变主要产生于卫星信号生成单元的数字电路部分，若电子器件响应存在一定的时延，则数字电路就会产生码片边缘的超前与滞后(超前时，$d<0$，滞后时，$d>0$。其中，d 的取值范围通常为$-0.12T_c<d<0.12T_c$)。

数字畸变的发生独立于模拟电路，这种畸变会使得接收到的信号相关峰中心的顶峰尖锐处产生一个平坦的“死区”，并根据码片边缘时延的大小使得整个相关峰发生平移现象。为了更加直观地向读者介绍数字畸变的特点，在此我们取码片下降边缘 $d=0.3T_c$ 时延的波形曲线及相关峰曲线为例进行介绍，图 6.2-2 所示为码片边缘时延波形图及相关峰。其中，图(a)中的实线代表理想信号波形，虚线代表畸变信号波形，d 代表出现数字畸变产生的时延；图(b)为理想设计信号相关峰曲线及有数字畸变的导航信号相关峰曲线。从图 6.2-2 中可以看出，数字畸变会导致相关峰顶峰处产生一个平坦的“死区”以及相关曲线的平移，而且数字畸变时延越大，相关曲线的平移量越大。

2）竞争/冒险

在组合数字电路中，当输入信号通过不同路径到达电路中的同一个门的输入端时，由于各条路径传输时延不同，因此会产生竞争；由于竞争而使电路输出发生瞬时错误的现象，又称为冒险，而瞬时的错误输出通常是宽度很窄的脉冲信号，也称为毛刺。

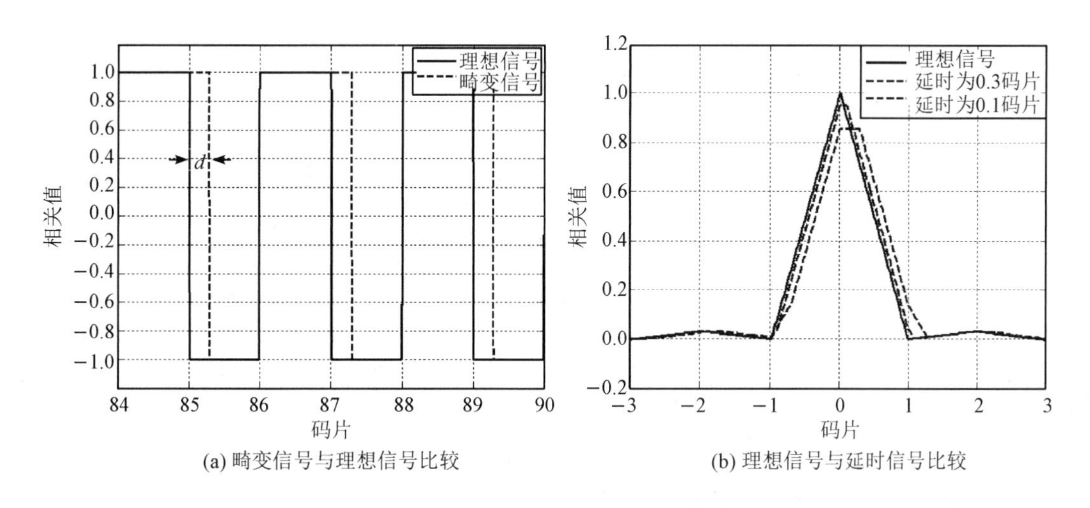

图 6.2-2 码片边缘时延波形图及相关峰

在组合逻辑电路中，竞争现象是普遍存在的，但竞争不一定产生瞬时输出错误。图 6.2-3 描述了在组合数字电路中由于竞争而产生的毛刺现象及对应的相关峰曲线：图(a)中的虚线表示理想信号波形，实线表示由竞争产生的毛刺波形；图(b)中的虚线代表理想信号相关峰，实线代表有毛刺波形信号相关峰。从图 6.2-3 中可以看出，由竞争/冒险引起的畸变信号相关峰曲线也出现了“平顶”及右移现象。

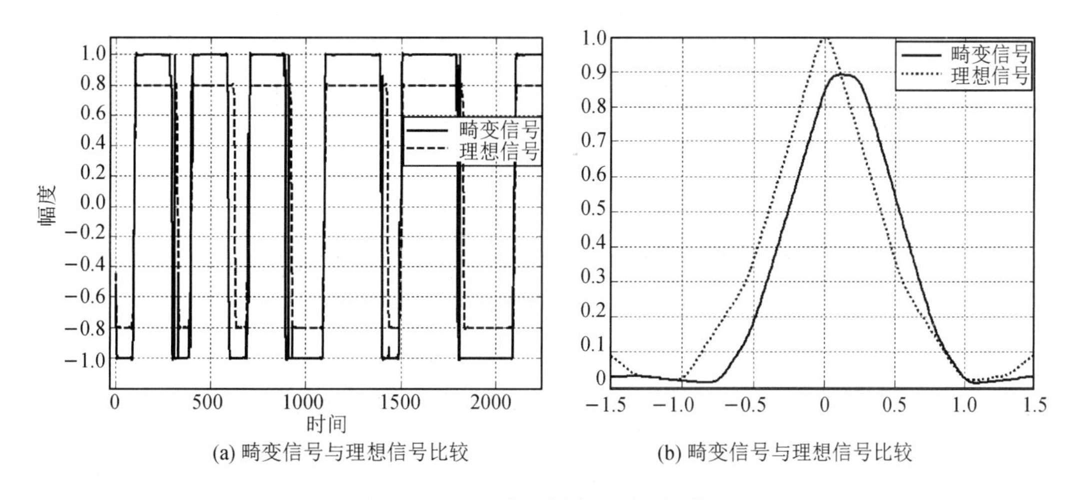

图 6.2-3 码片毛刺波形图及相关峰

2. 数字畸变评估方法

我们知道理想设计信号的正码片宽度和负码片宽度是相等的，当卫星载荷基带信号产生单元发生数字畸变时，正负码片时间宽度将会发生改变。如图 6.2-4 所示，假设信号正码片发生了数字畸变，且畸变量 Δ 为正，则在信号波形中的正码片下降沿过零点发生偏移，正码片宽度增大，因此相邻的负码片宽度减小了 Δ。因此，在测量信号波形中，码片的过零点之差可以获得正码片和负码片宽度，而码片的过零点可以利用线性拟合得到。

通过对码片上升沿和下降沿过零点附近的点进行线性拟合，可求得码片两个边沿的过

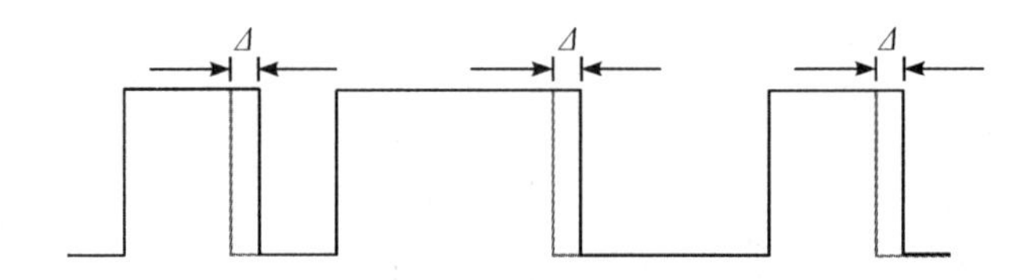

图 6.2-4　数字畸变分析示意图

零点，计算两个过零点处的时间间隔即可得到码片的持续时间。统计码周期内每个正负码片对应的时长，并与理想码片长度做差，可以获得实测信号码片与理想设计码片之间的时间差序列，分别统计两个时间序列的标准差和均值，从而得到实测信号波形数字畸变的程度。

如图 6.2-5 所示，假设(x_0, y_0)和(x_1, y_1)为离波形过零点附近最近的两个点，则以采样点为单位的上升沿过零点求解表达式为

$$x_{\text{rising}}=\frac{x_0 y_1-x_1 y_0}{y_1-y_0} \tag{6.2-1}$$

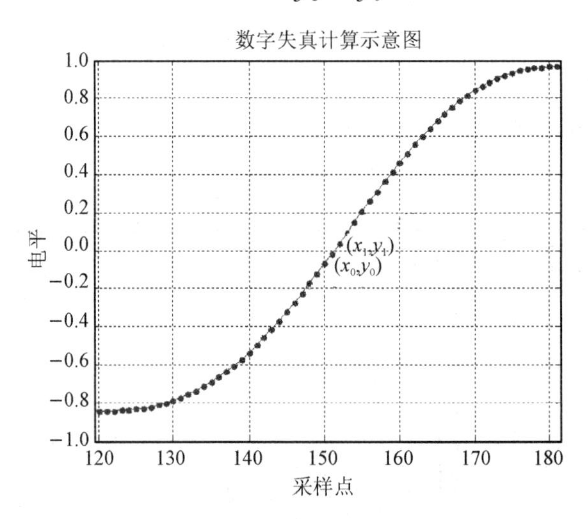

图 6.2-5　数字失真计算示意图

同理，信号的下降沿过零点 x_{failing} 也可通过线性拟合求解，将码片的下降沿过零点减去上升沿过零点可得信号数字失真数值。

$$U=(x_{\text{failing}}-x_{\text{rising}})-\text{round}\left(\frac{x_{\text{failing}}-x_{\text{rising}}}{\left(\frac{f_s}{f_c}\right)}\right)\left(\frac{f_s}{f_c}\right)\quad\left(-\frac{T_c}{2}\leqslant\Delta\leqslant\frac{T_c}{2}\right) \tag{6.2-2}$$

式中，f_s 为信号采样速率或重采样速率；f_c 为实测信号码速率；T_c 为码周期。当实测信号数字畸变量小于$\frac{T_c}{2}$时，求解的码片宽度对 T_c 取模即可得到数字畸变值；当数字畸变量大于$\frac{T_c}{2}$时，信号功率谱将会产生十分严重的伪码时钟泄漏现象，则信号质量会严重下降。需要注意的是，基带信号已调制了导航电文，需要根据导航电文符号来计算数字畸变。同时，地面接收信号受噪声影响，信号实测的过零点并不是个常数，数字畸变量近似呈正态分布，

通过累加平均基带信号可减少噪声对数字畸变量测量的影响，同时对测量结果取统计平均，可获得较为精确的数字畸变量。

还有一种方法是根据信号功率谱中扩频码时钟泄漏大小计算码片波形数字畸变的。若信号出现数字畸变，则原始信号功率谱在整数倍码频处会出现能量尖峰，该现象称为伪码时钟泄漏。如图 6.2-6 所示，当信号发生数字畸变时，在整数倍码速率频率处会产生相应的扩频码时钟泄漏现象。

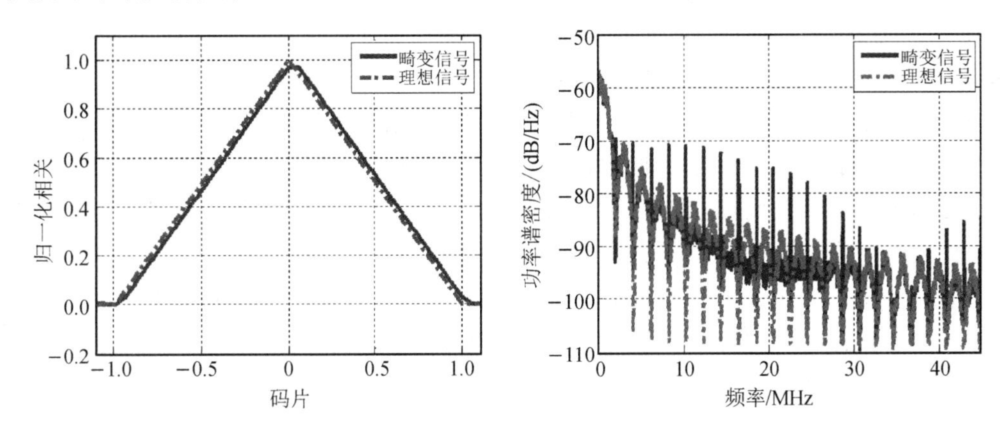

图 6.2-6　$\Delta=0.09T_c$ 畸变信号相关函数及功率谱

在图 6.2-6 中，各频率处的尖峰幅度数字大小和伪码是有直接联系的，数字畸变信号归一化自相关函数的表达式为

$$R_{s_d,s_d}(\tau)\approx R_{s,s}(\tau)+\left[\frac{\Delta}{4}\sum_{\substack{i=-\infty\\ i\neq 0}}^{+\infty}\delta(\tau-iT_c)+\frac{\Delta}{2}\{\delta(\tau-T_c)+\delta(\tau+T_c)\}\right] \tag{6.2-3}$$

式中，Δ 为数字信号畸变量，单位为码片；T_c 为伪码周期；下标 s_d 为有数字畸变的信号；下标 s 为理想设计信号；R 表示相关。泄漏出来的尖峰功率谱 $S_{\text{Spurious}}(f)$ 可通过式(6.2-4)得到。

$$\begin{aligned}S(f)&\approx S_{\text{Norm}}(\tau)+S_{\text{Spurious}}(f)\\ &\approx T_c\left(\frac{\sin(\pi fT_c)}{\pi fT_c}\right)^2+\Delta T_c\frac{\sin^2(\pi f\Delta T_c)}{(\pi f\Delta T_c)^2}\left[\frac{\Delta}{4T_c}\sum_{i=-\infty}^{\infty}\delta\left(f-\frac{i}{T_c}\right)+\frac{\Delta}{2}\left(\cos(2\pi fT_c)-\frac{1}{2}\right)\right]\end{aligned} \tag{6.2-4}$$

利用功率谱进行数字畸变量估计时，有两个问题需要注意：

(1) 功率谱分辨率问题。因为泄漏出来的尖峰带宽非常小，所以需要足够高的分辨率才能利用该方法来判断数字畸变量的大小，建议数据时长选择至少大于 500 ms，而且为了精确估计畸变量不可加入任何平滑功率谱操作。

(2) 需要分离各个支路信号。例如，在 BDS 区域中，系统 B1 频点包含两路信号，当两路信号均发生数字畸变时，在合路信号功率谱上无法判断两个支路信号的数字畸变量，因而需要分离出各信号分量，分别进行功率谱估计，然后依此来估计各支路信号的数字畸变量大小。

由于用信号功率谱估计的结果通常不如直接用时域波形估计的数字畸变量精度高，因此本书将重点介绍基于时域波形的数字畸变估计方法，有兴趣的读者可以查阅相关文献进一步了解基于频域的估计方法。

假设空间噪声类型为高斯白噪声，根据白噪声的统计特性可知，不同时段的噪声是相互独立的，而卫星导航系统民码具有严格的周期性，在剥离载波获得基带信号后，以伪码周期为时间单位，将多个时间单位的基带信号累加后求平均，可以进一步提高基带信号的信噪比。但是由于受卫星和接收机相互运动的影响，下行导航信号必然存在多普勒现象，码多普勒的存在会使得基带信号码片长度发生改变，若直接将不同周期的码片进行周期累加平均，则会导致在不同时段内的波形叠加后，信号波形细节会相互抵消，所以在累加后的信号功率谱中看不到伪码时钟泄漏现象，则无法准确测量信号的波形失真程度。

为了补偿码多普勒效应，需要预先估计多普勒数值。根据码多普勒相对应地改变重采样率，使得每个伪码周期的基带信号在时域上对齐，从而大大减小或消除周期累加对信号波形特性的影响。该方法以码相位为基础，通过配置码相位单元来获得累加平均信号。码相位平均方法如图 6.2-7 所示。该方法计算精度较高，但复杂度较大且耗时较长，它要求根据计算得到的多普勒实时调整采集设备的采样率，且硬件成本过高。

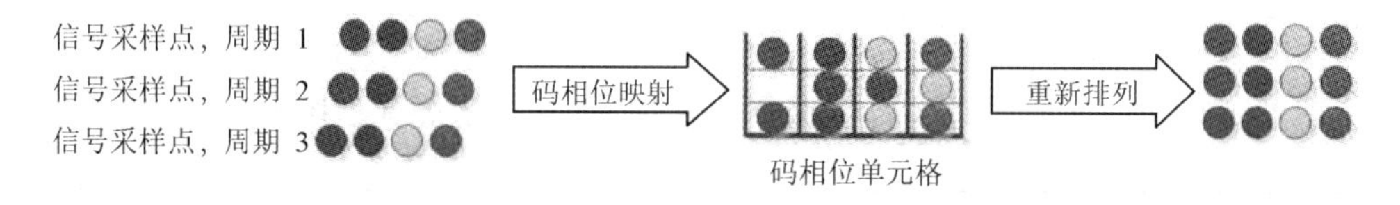

图 6.2-7 码相位平均方法示意图

具体方法步骤如下：

首先，利用软件接收机稳定跟踪接收信号后将其载波剥离，读取 N 个伪码周期的基带信号和伪码速率数值。然后，设置理想无失真信号码相位单元的分辨率，分辨率 $\mathfrak{R}_{\mathrm{ideal}}$ 的表达式为

$$\mathfrak{R}_{\mathrm{ideal}}=\frac{f_{\mathrm{code}}}{N_{\mathrm{bin}}} \tag{6.2-5}$$

那么，接收信号的码相位分辨率 $\mathfrak{R}_{\mathrm{re}}$ 为

$$\mathfrak{R}_{\mathrm{re}}=\frac{f'_{\mathrm{code}}}{N_{\mathrm{re}}} \tag{6.2-6}$$

f_{code} 为标称的伪码速率 $f_{\mathrm{code}}=2.046$ MHz；f'_{code} 为接收信号的实时码速率；N_{bin} 为每个伪码周期内设置的码相位单元数，它直接决定码相位单元的分辨率；N_{re} 为每个伪码周期内基带信号的采样点数，一般 $N_{\mathrm{bin}}\geqslant N_{\mathrm{re}}$。依次对基带信号中的每个采样点做以下判决：

$$K_i=\mathrm{Ceil}\left(\frac{\mathfrak{R}_{\mathrm{re}}}{\mathfrak{R}_{\mathrm{ideal}}}\cdot i\right)\quad (i=1,2,\cdots,N_{\mathrm{re}}) \tag{6.2-7}$$

Ceil 为取整运算；K_i 为第 i 个采样点对应的码相位单元格数，将第 i 个采样点的幅度值“放入”该单元格中；将获得的码相位单元格作平均运算，即可得到累加平均后的基带波形。为了进一步提高累加信号的时域分辨率，可通过线性差值方法将累加平均后的基带信号进行插值运算，接收信号虽然包含了码多普勒，但通过码相位单元格作累加后从相位上调整了采样点，进而消除码多普勒对累积运算的影响，所以可调整内插点数，保证每个码片上的采样点数为整数。

需要注意的是，该方法的理想信号码相位分辨率 $\Re_{\text{ideal}}$ 是和基带信号平均效果成反比的。当分辨率设置越大，即 N_{bin} 数值越大时，每个单元格分配的采样点就越少，平均效果变差。为了调和分辨率和平均效果的矛盾，建议设置的点数为

$$N_{\text{bin}} = \max N_{\text{re}} + 1 \tag{6.2-8}$$

图 6.2-8 中，图(a)为 3 颗 GEO 卫星和 3 颗 IGSO 卫星测量结果；图(b)为 24 颗 MEO 卫星测量结果，其中 S1 代表卫星研制单位 1，S2 代表卫星研制单位 2(BDS-3 数字畸变指标≤ 1 ns。)

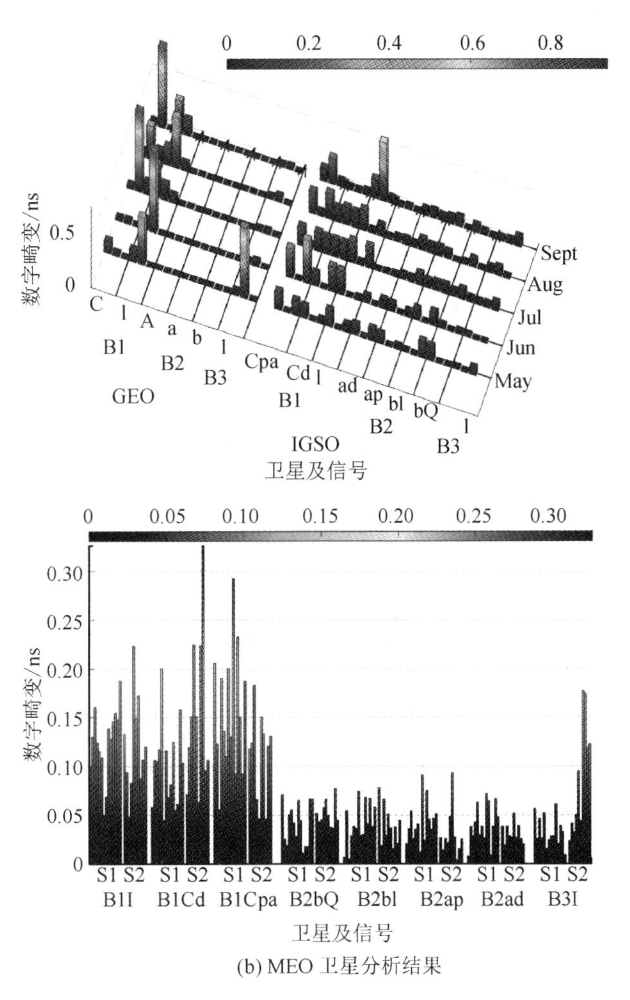

(b) MEO 卫星分析结果

图 6.2-8 2020 年 4—9 月测得的 BDS-3 30 颗在轨卫星各支路信号数字畸变结果均值

图 6.2-8 为 2020 年 4 月至 9 月 30 颗 BDS-3 卫星 B1/B2/B3 三个频点各支路民用信号数字畸变分析结果均值的统计值。从图中可以看出：两个卫星研制方 S1 和 S2 的卫星下行信号数字畸变基本相当，S1 卫星 B3I 信号数字畸变稍好于 S2 卫星；从总体来看，在三个频点 S 曲线偏差分析的结果中，B2a 和 B2b 各支路信号、B3I 信号数字畸变基本相当，B1I、B1Cd 和 B1Cpa 的数字基本相当，而且前一组稍好于后一组；B1 各支路信号、B3I 信号数字畸变的分析结果不同则卫星之间差异稍大。

6.2.2 时域波形模拟畸变特性评估

1. 模拟畸变产生机制分析

模拟畸变独立于数字畸变而产生，主要由星上发射机的基带滤波或射频滤波异常导致。主要表现为基带信号幅度抖动失真，相关峰扭曲变形，以及频谱出现高频分量。模拟畸变会抬高信号频谱中距离中心频率为 f_d 附近的信号能量。因此，模拟畸变相当于相关函数经过了一个二阶滤波器。

模拟畸变时域波形示意图如图 6.2-9 所示。由于受到卫星射频通道和接收设备通道的影响，接收到的 GNSS 卫星信号会产生一定程度的码片边缘变形及抖动，即振铃效应。即使在进行载波剥离后，测距码码片的波形边缘仍然有波动，这些波动会使得接收到的信号的相关峰在顶峰尖锐处展宽，使相关峰对称性变差，并且增益降低。在低信噪比的情况下，将降低接收机环路的稳定性，增加测距误差。

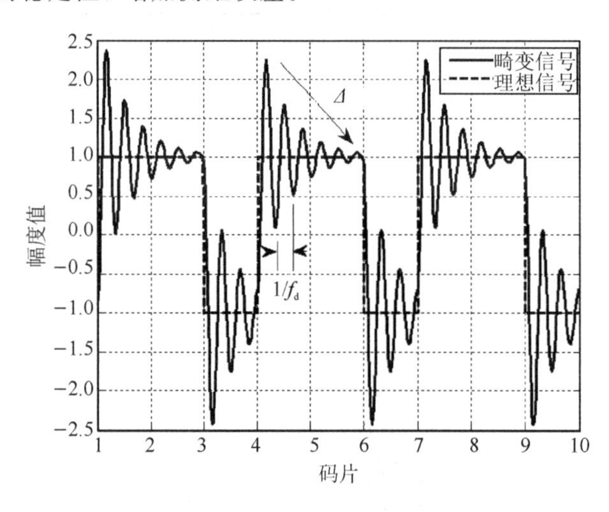

图 6.2-9　模拟畸变时域波形示意图

模拟畸变信号的相关曲线及功率谱如图 6.2-10 所示。从图中可以看出，模拟畸变会破坏相关曲线的对称性，使得相关峰扭曲变形，并抬高信号功率谱中距离中心频率为 f_d 附近的信号能量。

在通常情况下，模拟畸变可以看成是信号产生幅度调制和单侧发生振铃效应的结果。模拟畸变模型是利用两个参数来描述振铃效应的二阶滚降效应，设滚降振荡频率为 f_d(MHz)、滚降因子为 σ，则相应的表达式如式(6.2-9)所示(Saitoh et al., 2004)。

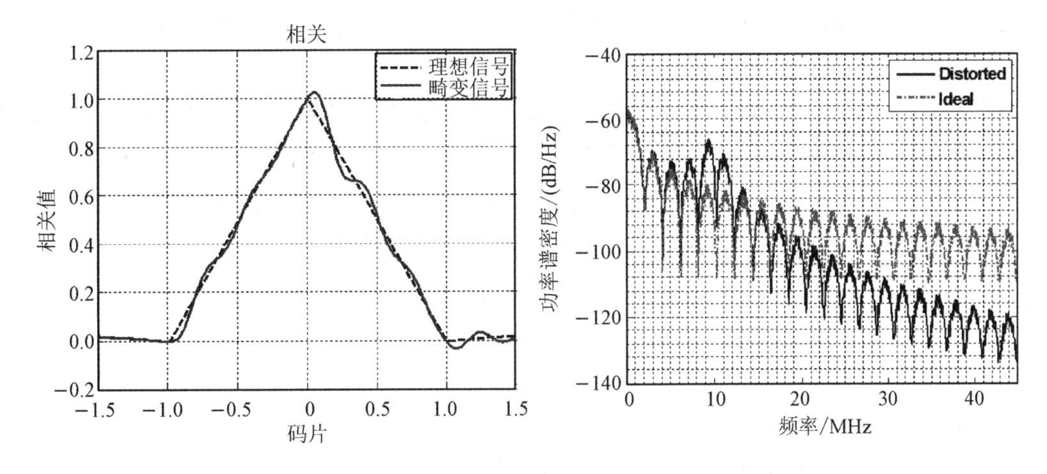

图 6.2-10　模拟畸变相关峰及功率谱

$$e(t)=\begin{cases}0 & (t<0)\\ 1-\exp(-\sigma t)\cdot\left[\cos\omega_{\mathrm{d}}t+\dfrac{\sigma}{\omega_{\mathrm{d}}}\sin\omega_{\mathrm{d}}t\right] & (t\geqslant 0)\end{cases}\tag{6.2-9}$$

式中，$\omega_{\mathrm{d}}=2\pi f_{\mathrm{d}}$，$f_{\mathrm{d}}$ 可变范围为 4～17 MHz，滚降系数 σ 的范围为 0.8～8.8。f_{d} 小于 4 MHz 时会对军用信号 P(Y)码产生影响，对于星载设备来说，一般不会产生高于 17 MHz 的振荡频率。σ 较小时(如 $\sigma<0$)将产生不稳定码片，而较大的 σ(如 $\sigma>8.8$)将不能使振荡器产生持续的振荡。

分析结果表明：若 f_{d} 相同，σ 的值越大，则波形抖动幅度趋于零的速度越快；若 σ 相同，f_{d} 的值越大，则波形抖动频率越快。可见 f_{d} 决定波形抖动频率，而 σ 则决定波形抖动幅度。

此外需要说明的是，通常在系统实际工作的过程中，数字畸变和模拟畸变并不是单独存在的，而是相伴而生的。数/模混合畸变表示数字畸变和模拟畸变同时发生，主要表现为正负码形的宽度不一致、波形的抖动失真以及相关曲线的扭曲扩展。GPS SV19 事件就是这种混合畸变造成的结果。由于数/模混合畸变的表现形式同时具备数字畸变和模拟畸变特性，因此本书将不再详细赘述。

2. 模拟畸变特性评估方法

目前，利用时域波形测量模拟畸变是比较通用的方法，具体参数计算方法如下：

(1) 利用软件接收机获得剥离载波后的基带信号，本地滤波器带宽设置为信号发射带宽，这样做是为了尽量减小本地滤波器对信号造成的过冲效应。

(2) 在获得基带信号后，由于噪声的影响，信号的时域波形特征并不明显，可通过相干累加方法获得多个码周期下的平均信号时域波形，最大程度地减小了噪声对模拟畸变量估计结果的影响。

模拟畸变时域表达式为

$$e(t)=\begin{cases}1-\mathrm{e}^{-\sigma t}\left[\cos\omega_{\mathrm{d}}t+\dfrac{\sigma}{\omega_{\mathrm{d}}}\sin\omega_{\mathrm{d}}t\right] & (t\geqslant 0)\\ 0 & (t<0)\end{cases}\tag{6.2-10}$$

式(6.2-10)包含两个待估计的参数，可利用最小二乘拟合方法来估计模拟畸变参数，模拟畸变参数起始值可利用下面的方法进行计算：

统计内插后基带信号码片振荡的波峰和波谷，由于噪声和其他因素的影响，各个波峰和波谷之间的时间间隔不完全相同，因此通常取第一个波峰和波谷之间的 2 倍时间间隔作为振荡周期 f_d，用第一个波峰所在的时间点 t_0 和幅度值可计算出振荡幅度数值 σ。在得到模拟畸变参数的初始值后，可根据实际信号情况设置一定范围的参数区间进行二维搜索，最后可获得极大似然意义下的最佳模拟畸变参数。

6.2.3 时域波形不对称特性评估

1. 波形不对称产生机制分析

由于 GNSS 现代化之前的信号调制方式主要为 BPSK 和 QPSK，其时域波形取值为 ±1，而现代化后的 BOC 调制一般为多级电平。所以，为简单起见，本书主要以 BPSK 调制测距码时域波形加以说明，该方法也适用于调制子载波后的 BOC 信号波形。

针对信号时域波形不对称的特性，本书提出了用于波形上升下降沿对称性分析的 Waveform Rising and Falling Edge Symmetry 模型，简称 WRaFES 模型(He et al.，2018；贺成艳 等，2019)。图 6.2-11 所示给出了 WRaFES 模型示意图。其中，$W_{\pm d}$ 中的 d 表示该点到码片中心点的距离与整个码片长度的比值。根据码片波形各点不对称性对用户测距的影响分析结果来看，该模型中各点选取的基本原则是在波形上升沿和下降沿的前段、中段和后段部分多选点，尤其是多个电平波形的上升沿和下降沿中段部分，因为该部分对信号测距性能影响较大。对于含有副载波调制的多级电平码片波形，建议每级电平的上升下降沿都选取多个点进行不对称性分析。因此，在实际应用中，可以根据实测信号波形的特点，选取合适的 d 取值。该图中给出了距离码片中心点±0.40，±0.43，±0.47，±0.50，±0.53，±0.57 和±0.60 个码片时的情况。

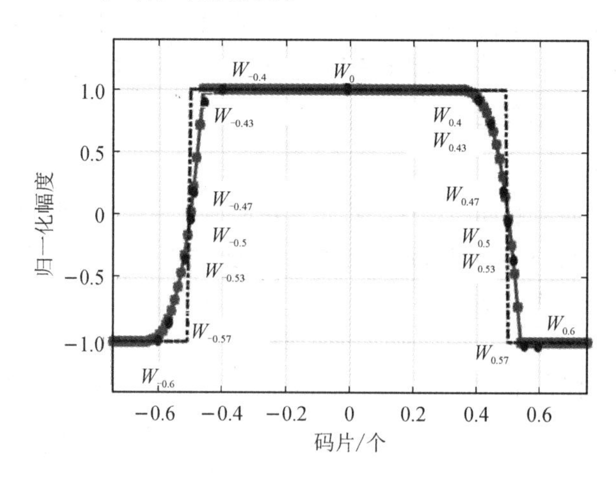

图 6.2-11　WRaFES 波形不对称示意图

2. 波形不对称特性评估方法

表 6.2-1 给出了 WRaFES 模型对波形不对称性进行量化分析时所需的模型参数，主要分为 3 类，包括 DD 测试参数、对称性评价参数和非对称性评价参数。

表 6.2-1 WRaFES 参数列表

DD 测试参数	对称性面积比参数
$M_1=\frac{(W_{-0.5}-W_{0.5})-(W_{-0.47}-W_{0.47})}{W_0}$ $M_2=\frac{(W_{-0.53}-W_{0.53})-(W_{-0.5}-W_{0.5})}{W_0}$	$M_{24}=20\lg\left[\frac{\int_{t=0.6T_c}^{-0.4T_c}s(t)\mathrm{d}t}{\int_{t=0.4T_c}^{0.6T_c}s(t)\mathrm{d}t}\right]$
对称性评价参数	非对称性评价参数
$M_3=\frac{W_{-0.4}-W_{0.4}}{W_0}M_4=\frac{W_{-0.43}-W_{0.43}}{W_0}$	$M_{10}=\frac{W_{-0.4}}{W_0}M_{11}=\frac{W_{0.4}}{W_0}M_{12}=\frac{W_{-0.43}}{W_0}$
$M_5=\frac{W_{-0.47}-W_{0.47}}{W_0}M_6=\frac{W_{-0.5}-W_{0.5}}{W_0}$	$M_{13}=\frac{W_{0.43}}{W_0}M_{14}=\frac{W_{-0.47}}{W_0}M_{15}=\frac{W_{0.47}}{W_0}$
$M_7=\frac{W_{-0.53}-W_{0.53}}{W_0}$	$M_{16}=\frac{W_{-0.5}}{W_0}M_{17}=\frac{W_{0.5}}{W_0}M_{18}=\frac{W_{-0.53}}{W_0}$
$M_8=\frac{W_{-0.57}-W_{0.57}}{W_0}$	$M_{19}=\frac{W_{0.53}}{W_0}M_{20}=\frac{W_{-0.57}}{W_0}M_{21}=\frac{W_{0.57}}{W_0}$
$M_9=\frac{W_{-0.6}-W_{0.6}}{W_0}$	$M_{22}=\frac{W_{-0.6}}{W_0}M_{23}=\frac{W_{0.6}}{W_0}$

其中：

(1) DD 测试参数描述了波形上升和下降过程中的中间点附近的不对称性。其中，M_1 表示翻转点附近大于零部分的码片上升下降沿不对称性；M_2 表示翻转点附近小于零部分的码片上升下降沿不对称性。在此假设该参数服从均值为 0 的高斯分布。

(2) 对称性评价参数 M_3 至 M_9 主要用于评价波形上升下降沿过程中位置对等点的不对称性；同样假设该参数服从均值为 0 的高斯分布。

(3) 非对称性评价参数 M_{10} 至 M_{23} 之间两两比较(例如，M_{10} 和 M_{11}，M_{12} 和 M_{13})，分别用于表示波形上升和下降过程中各个点的畸变情况。假设上升和下降过程成对参数的互差服从均值为 0 的高斯分布。

(4) 对称性面积比参数 M_{24} 主要用于评价波形上升下降沿覆盖面积比，若波形不对称，则面积比通常不为 1。

在实际应用时，可利用该模型分析实测导航信号波形的不对称性，并建立评价指标模板，分析实测数据与评价指标间的符合性。下面给出了四种典型不对称情况，如图 6.2-12 所示。

(1) 理想对称矩形波形。

(2) 对称非理想波形(指波形上升和下降有缓慢变化过程，而非理想波形的上升下降沿突变)。

（3）单独点非对称非理想波形（保持其他点不变，只变化某一个点）。

（4）完全非对称非理想波（上升沿和下降沿完全不对称的非理想波）。

图 6.2-12 中“下降沿某点变化”和“上升沿某点变化”都属于第（3）种波，由于仅有一个点不同，因此两条线基本重合；图中“上升沿面积大”和“下降沿面积大”属于第（4）种波；“理想波形”是第（1）种波，由于第（2）种波与第（3）种波只一个点不重合，故图中未显示第（2）种波。

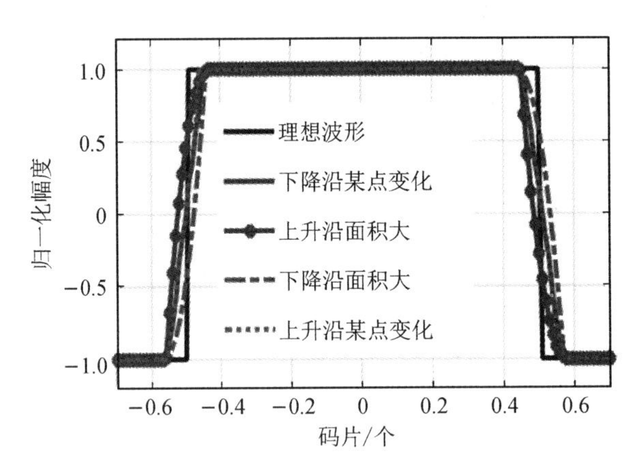

图 6.2-12　WRaFES 波形不对称分析

6.2.4　信号时域畸变对相关函数的影响

不管是信号时域波形的数字畸变，还是模拟畸变或波形不对称，都会带来相关函数的扭曲变形或平移，从而导致信号测距性能下降，严重情况下将影响卫星导航系统的 PNT 性能。因此，本节专门针对信号时域波形畸变与相关函数关系进行详细介绍，可以比较直观地看出各类畸变及其不同畸变程度带来的信号测距性能下降情况。

1. 2OS 模型与相关函数

传统 2OS 模型是国际民航组织采用的信号时域波形分析模型，主要针对 BPSK 和 QPSK 调制信号时域波形畸变。

1）数字畸变模型相关函数

数字畸变模型 TMA 只有一个参数 Δ，表示测距码中的正码片的下降沿超前（$\Delta<0$）或滞后（$\Delta>0$）理想码片的长度。假设理想测距码为 $x_{\text{nom}}(t)$，若接收信号测距码滞后理想信号，则表示为 $x_{\text{lag}}(t)$，超前于理想信号则表示为 $x_{\text{lead}}(t)$。以滞后码为例，接收到的导航信号与理想测距码间的相关函数可表示为

$$\begin{aligned}R_{\text{lag}}(\tau) &= \langle x_{\text{lag}}(t),\ x_{\text{nom}}(t-\tau)\rangle \\ &= \langle x_{\text{lag}}(t)-x_{\text{nom}}(t)+x_{\text{nom}}(t),\ x_{\text{nom}}(t-\tau)\rangle \\ &= \langle x_{\text{lag}}(t)-x_{\text{nom}}(t),\ x_{\text{nom}}(t-\tau)\rangle + \langle x_{\text{nom}}(t),\ x_{\text{nom}}(t-\tau)\rangle \\ &= \langle x_{\text{lag}}(t)-x_{\text{nom}}(t),\ x_{\text{nom}}(t-\tau)\rangle + R_{\text{nom}}(\tau)\end{aligned} \tag{6.2-11}$$

可见，此时的相关峰是在理想相关峰的基础上叠加了由滞后边沿 $x_{\text{lag}}(t)-x_{\text{nom}}(t)$ 导致

的扰动相关，如图 6.2 - 13 所示。

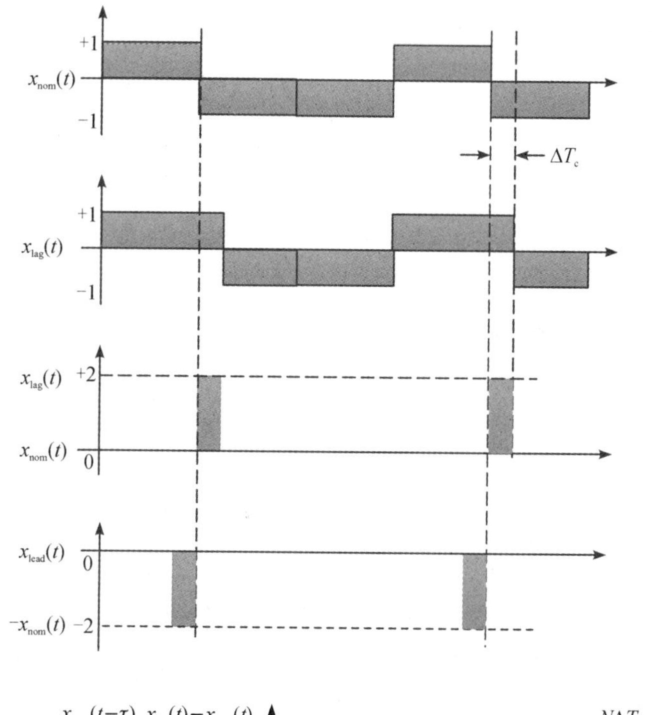

图 6.2 - 13　标准信号和滞后信号之间的相关特性

若对 τ 进行分解，则式(6.2 - 11)可进一步表示如下：

$$R_{lag}(\tau)=\begin{cases}0 & (\tau\leqslant -T_c)\\ \dfrac{N}{2}(\tau+T_c) & (-T_c<\tau\leqslant -T_c+\Delta T_c)\\ N\tau+NT_c\left(1-\dfrac{\Delta}{2}\right) & (-T_c+\Delta T_c<\tau\leqslant 0)\\ NT_c\left(1-\dfrac{\Delta}{2}\right) & (0<\tau\leqslant \Delta T_c)\\ -N\tau+NT_c\left(1+\dfrac{\Delta}{2}\right) & (\Delta T_c<\tau\leqslant T_c)\\ -\dfrac{N}{2}(\tau-T_c(1+\Delta)) & (T_c<\tau\leqslant T_c+\Delta T_c)\\ 0 & (T_c+\Delta T_c<\tau)\end{cases}\qquad(6.2-12)$$

图 6.2 - 14 为数字畸变信号的相关峰曲线，相对于理想信号的相关曲线，数字畸变时信号相关峰曲线会发生左右平移，并在相关顶峰附近产生平坦区。

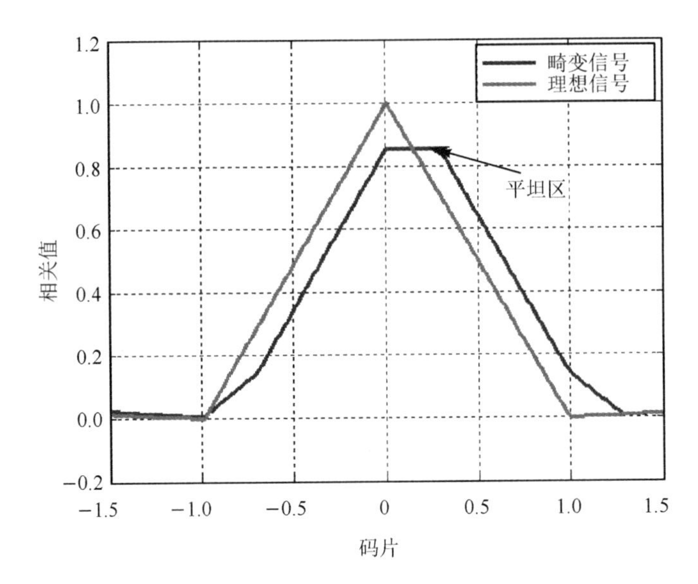

图 6.2－14　数字畸变信号相关峰

从图 6.2－14 中可以看出，数字畸变使得信号相关峰曲线顶部出现平坦的“死区”。此时，超前减滞后鉴相器在平坦区内任意一点处，均可能使跟踪环路锁定，于是势必会产生测距误差。平坦区越大，则跟踪误差越大。所以，较大的数字畸变(延迟或提前)会给测距误差产生较大的影响，从而影响定位性能。

2）模拟畸变模型相关函数

如图 6.2－15 所示，假设信号相关函数为 $R(\tau)$，通道特性传输函数为 $h_{2nd}(t)$，对于模拟畸变，$h_{2nd}(t)$与 τ、σ 和 f_d 有关。

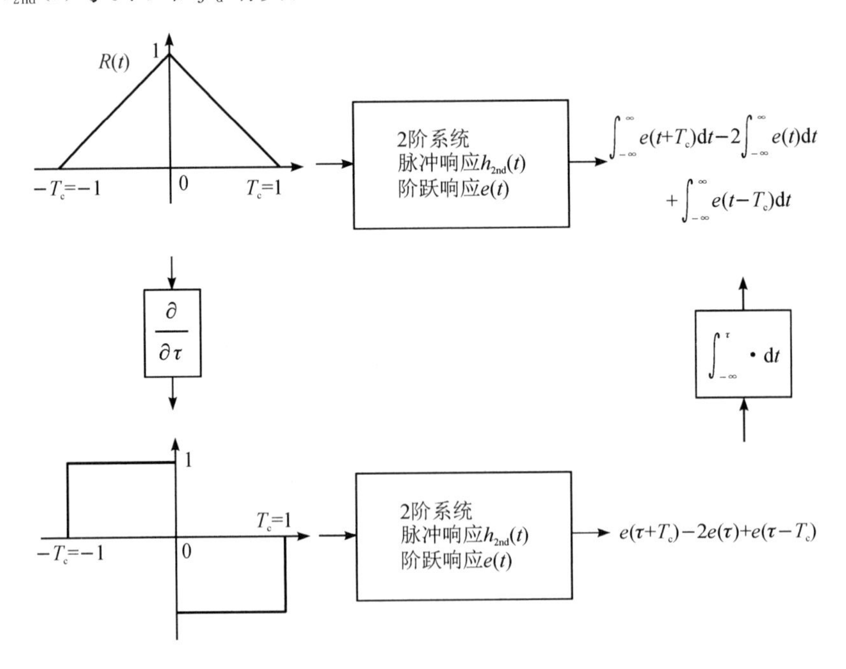

图 6.2－15　相关峰及其导数的关系

由图 6.2－15 可以得到：

$$\frac{\partial R(\tau)}{\partial \tau}=u(\tau+T_{c})-2u(\tau)+u(\tau-T_{c}) \tag{6.2-13}$$

$$h_{2nd}(t)\times\frac{\partial R(\tau)}{\partial \tau}=e(\tau+T_{c})-2e(\tau)+e(\tau-T_{c}) \tag{6.2-14}$$

则模拟畸变信号相关峰函数可表示为

$$\begin{aligned}R_{anolog}(\tau,\sigma,f_{d})&=h_{2nd}(\tau,\sigma,f_{d})*R(\tau)\\&=E\Big|_{0}^{\tau+T_{c}}-2E\Big|_{0}^{\tau}+E\Big|_{0}^{\tau-T_{c}}\end{aligned} \tag{6.2-15}$$

式中，$E(t)$是个单位阶跃响应，于是有

$$E(t)=\int_{0}^{t}e(\alpha)\mathrm{d}\alpha=\begin{cases}0 & (t<0)\\ t-\dfrac{2\sigma}{\sigma^{2}+\omega_{d}^{2}}+\dfrac{\exp(-\sigma t)}{\sigma^{2}+\omega_{d}^{2}}\left[2\sigma\cos\omega_{d}t+\left(\dfrac{\sigma^{2}}{\omega_{d}}-\omega_{d}\right)\sin\omega_{d}t\right] & (t\geqslant 0)\end{cases} \tag{6.2-16}$$

从式(6.2－15)和式(6.2－16)可以看出，在模拟畸变信号的相关峰曲线中，还包含了正弦和余弦的特征，相关曲线不再是平滑的直线，而是左右不对称的曲线。这种不平滑和不对称性将会产生测距误差，对不同超前和滞后间隔的鉴相器有不同的零点输出。研究结果表明，f_{d} 越小，则相关峰曲线偏离理想曲线的抖动频率越小，但幅度越大；σ 越小，相关峰曲线抖动的幅度越大。

3）数/模混合畸变模型相关函数

混合畸变可看作超前畸变信号 $x_{lead}(t)$或滞后畸变信号 $x_{lag}(t)$，通过一个二阶非线性系统 $h_{2nd}(t)$后，得到畸变信号，它有三个重要参数，分别为σ、f_{d} 和 Δ。我们可以应用分析模拟畸变的方法来推导数/模混合畸变 R_{c}，表达式为

$$\begin{aligned}\frac{\partial R_{lag}(\tau)}{\partial \tau}=\frac{\partial R_{lead}(\tau)}{\partial \tau}=&\ \frac{1}{2}u(\tau+T_{c})+\frac{1}{2}u(\tau+T_{c}-\Delta)-u(\tau)-\\&u(\tau-\Delta)+\frac{1}{2}u(\tau-T_{c})+\frac{1}{2}u(\tau-T_{c}-\Delta)\end{aligned} \tag{6.2-17}$$

$$\begin{aligned}h_{2nd}(\tau)\times\frac{\partial R_{lag}(\tau)}{\partial(\tau)}&=h_{2nd}(\tau)\times\frac{\partial R_{lead}(\tau)}{\partial(\tau)}\\&=\frac{1}{2}e(\tau+T_{c})+\frac{1}{2}e(\tau+T_{c}-\Delta)-e(\tau)-e(\tau-\Delta)+\\&\quad\frac{1}{2}e(\tau-T_{c})+\frac{1}{2}e(\tau-T_{c}-\Delta)\end{aligned} \tag{6.2-18}$$

则数/模混合畸变信号的相关峰函数的表达式为

$$\begin{aligned}R_{c}(\tau,\sigma,f_{d},\Delta)=h_{2nd}\times R_{lag}=&\ \frac{1}{2}E\Big|_{0}^{\tau+T_{c}}+\frac{1}{2}E\Big|_{0}^{\tau+T_{c}-\Delta}-\\&E\Big|_{0}^{\tau}-E\Big|_{0}^{\tau-\Delta}+\frac{1}{2}E\Big|_{0}^{\tau-T_{c}}+\frac{1}{2}E\Big|_{0}^{\tau-T_{c}-\Delta}\end{aligned} \tag{6.2-19}$$

由上式可知，当 $\Delta=0$ 时，可认为式(6.2－19)是模拟畸变信号的相关峰函数。

图 6.2－16 所示为模/数混合畸变信号相关峰曲线与理想信号相关峰曲线的对比图。图中，虚线表示理想信号，实线表示畸变信号。模/数混合畸变信号的相关峰，包含了数字畸变和模拟畸变的所有特征，包括顶峰平坦死区、边缘波动和边缘不对称等。

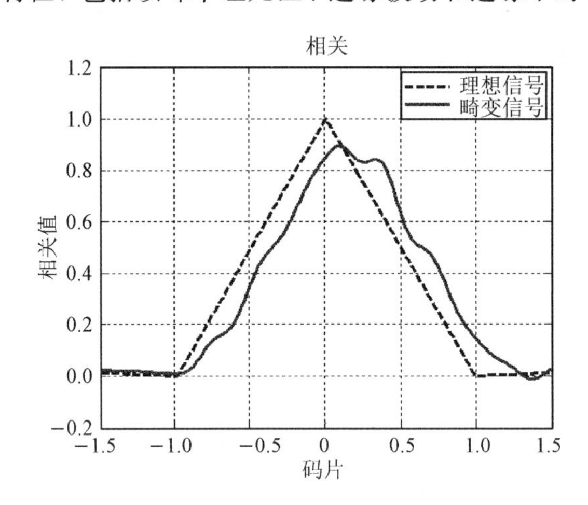

图 6.2－16　模/数混合畸变信号相关峰

2. WRaFES 模型与相关函数

由于时域波形畸变会影响信号的测距性能，因此我们利用相关峰曲线特性和 S 曲线过零点偏差来分析由上升沿和下降沿不对称引起的测距性能下降程度。

1）相关峰曲线特性

以 BOC(1,1)信号为例，各相关器输出如图 6.2－17 所示。

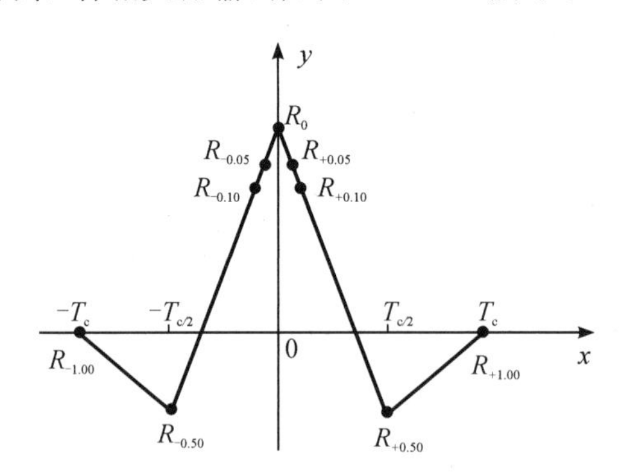

图 6.2－17　BOC(1,1) SQM 相关器输出

图 6.2－17 中，一个正负码片间隔内，相关峰曲线的最大绝对值是即时相关器输出，记为 R_0，距离最大值 0.05 码片、0.10 码片、0.50 码片和 1.00 码片的相关器输出分别记为 $R_{-0.05}$，$R_{0.05}$，$R_{-0.10}$，$R_{0.10}$，$R_{-0.50}$，$R_{0.50}$，$R_{-1.00}$ 和 $R_{1.00}$。设 $R=[R_{-1.00},R_{-0.50},R_{-0.10},R_{-0.05},R_0,R_{0.05},R_{0.10},R_{0.50},R_{1.00}]$为相关器输出，假设相关器输出服从高斯分布(Jahromi et al.，2016)，则其均值 $u_R=\sqrt{2(C/N_0)TR(d_I)}$，方差 $s_R^2=1$，协方差 $s_{R_1,R_2}=R(d_{R_1,R_2})$。其中，

$R(g)$为相关函数曲线；d_I为距离相关曲线$R(g)$中心点的距离；T为相干积分时间；d_{R_1,R_2}为相关器R_1和R_2的距离；C/N_0为信号载噪比。

相关峰评估参数为

$$P_i=\begin{cases}\dfrac{R_{-m}-R_m}{R_0} & (i=3,\ 4,\ 5,\ 6)\\ \dfrac{R_k}{R_0} & (i=7,\ 8,\ \cdots,\ 14)\end{cases} \tag{6.2-20}$$

$$P_1=P_4-P_3,\ P_2=P_5-P_4 \tag{6.2-21}$$

式中，当$i=3,4,5,6$时，m取值分别为0.05,0.10,0.50,1.00；当$i=7,8,\cdots,14$时，n取值分别为−0.05,0.05,−0.10,0.10,−0.50,0.50,−1.00,1.00。因此，可以计算各参数的理论均值和方差，见表6.2-2。

表6.2-2　相关特性参数均值和方差

参数	P_1	P_2	P_3	P_4	P_5	P_6	P_7
均值	0	0	0	0	0	0	0.85
方差	$\frac{0.6}{2T(C/N_0)}$	$\frac{2.4}{2T(C/N_0)}$	$\frac{0.6}{2T(C/N_0)}$	$\frac{1.2}{2T(C/N_0)}$	$\frac{2.0}{2T(C/N_0)}$	$\frac{2.0}{2T(C/N_0)}$	$\frac{2.775}{2T(C/N_0)}$

参数	P_8	P_9	P_{10}	P_{11}	P_{12}	P_{13}	P_{14}
均值	0.85	0.70	0.70	−0.50	−0.50	0	0
方差	$\frac{2.775}{2T(C/N_0)}$	$\frac{0.51}{2T(C/N_0)}$	$\frac{0.51}{2T(C/N_0)}$	$\frac{0.75}{2T(C/N_0)}$	$\frac{0.75}{2T(C/N_0)}$	$\frac{1.0}{2T(C/N_0)}$	$\frac{1.0}{2T(C/N_0)}$

假设归一化信号幅度为1，每个码片取100个采样点，整个码片上升和下降过程各取13个点，每个码片幅度为1的点为87个。为了便于说明上升沿和下降沿中不同位置点的畸变特性，本节仿真分析了28种情况：1～13代表波形下降过程中，等间隔分布的13个点绝对值分别大于正常值0.3的情况；14表示上升沿和下降沿完全对称情况；15表示上升沿和下降沿完全不对称；16～28代表上升过程中，等间隔分布的13个点绝对值分别大于正常值0.3的情况。

研究结果表明：

(1) 码片波形的不对称会产生相关曲线的不对称。若波形下降过程的面积大于上升过程的面积，则相关曲线右峰高于左峰，反之亦然。

(2) 波形的不对称除了产生相关峰曲线的左右不对称外，还会产生相对于相关理想曲线的左右偏移。

(3) 在相关曲线评估参数中：

➤ P_3、P_4、P_9、P_{10}对波形的不对称比较敏感，P_{13}和P_{14}不敏感。

➤ P_1仅对波形上升和下降过程中的两端处的不对称敏感，其值随着码片波形下降沿面积的增大而增大，该参数与 WRaFES 模型中的 M_3、M_4、M_8 和 M_9 的相关性较大。

➢ 与 P_1 相反，P_3 主要对上升和下降过程中的中间部分的不对称敏感，其值随着下降沿面积的增大而增大，该参数与 WRaFES 模型中的 M_1、M_2、M_5-M_7 的相关性较大。

➢ P_4 对波形上升和下降整个过程都比较敏感，该参数值随着下降沿面积的增大而增大，该参数与 WRaFES 模型中的各参数均有相关性，与 M_{24} 的相关性较大。

➢ P_7 和 P_9 主要对波形上升和下降过程中的后半段比较敏感，其值随着下降沿面积的增大而增大，该参数与 WRaFES 模型中的 M_{10}、M_{12}、M_{21} 和 M_{23} 的相关性较大。

➢ P_2、P_8、P_{10} 主要对波形上升和下降过程中的前半段比较敏感，其值随着下降沿面积的增大而减小，该参数与 WRaFES 模型中的 M_{11}、M_{13}、M_{20} 和 M_{22} 的相关性较大。

2）S 曲线过零点偏差分析

在理论上，接收机码环鉴相曲线（S 曲线）的过零点，即码环的锁定点，应位于码跟踪误差为零处。而实际上，由于信道传输失真、多径等的影响，码环鉴相曲线常锁定在相位有偏差的地方（贺成艳，2013）。

图 6.2－18 给出了码片波形上升沿和下降沿不对称产生的 S 曲线过零点偏差（Curve Bias，SCB）影响分析。图中的 1～13 代表在波形下降过程中，等间隔分布的 13 个点，其绝对值分别大于正常值 0.3 的情况。其中，第 1 个点最靠近下降沿的初始位置；第 13 个点最

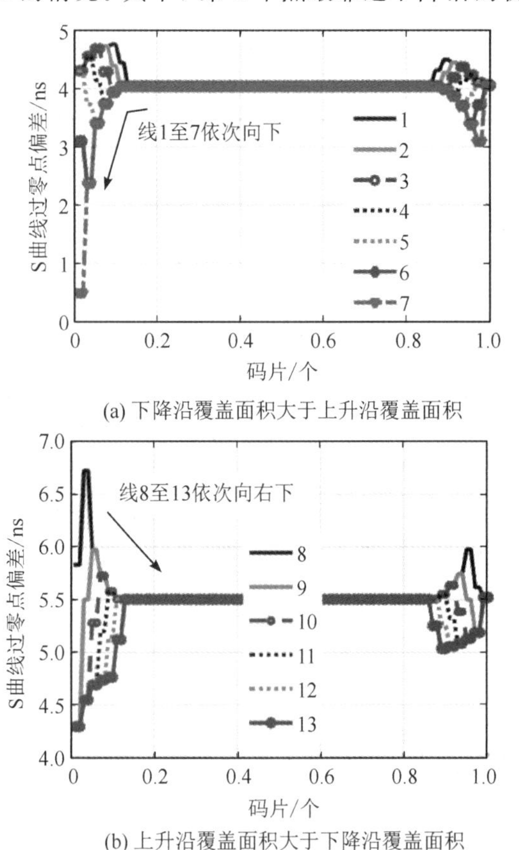

(a) 下降沿覆盖面积大于上升沿覆盖面积

(b) 上升沿覆盖面积大于下降沿覆盖面积

图 6.2－18　码片上升下降沿不对称带来的 SCB 影响分析

接近下降沿结束的位置；第1～7个点大于零；第8～13个点小于零。因此，图(a)给出的是在下降过程中，某点的值大于上升过程中相应点值的情况；图(b)与图(a)恰好相反，此时下降过程中的面积小于上升时的面积。

研究结果表明，码片波形上升和下降过程中的中间点附近的不对称，如图6.2-18中的第6、7、8、9条曲线，主要影响相关峰曲线中主峰和次峰顶峰附近的对称性，影响范围一般不会超过距离相关峰顶峰位置±0.05～0.06码片，将主要影响与相关器间隔为0.10的S曲线的过零点偏差；码片波形的不对称会在一定程度上影响SCB值的大小，下降过程的波形积分面积小于上升过程的面积时，不管相关器间隔取值多少，带来的SCB值普遍大于下降过程面积较大的情况。码片波形的不对称还会影响码片间隔小于0.10码片和大于0.90码片间隔时的SCB曲线抖动值，而且上升和下降过程面积比不对称时大，带来的SCB抖动也越大。

3. GNSS新信号数学模型

相比于传统调制信号，新型GNSS信号中一个主码片间隔内可能含有多级电平(Fontanella et al.，2010)。假设一个码片由N^{sub}个长度相等的子码片组成，不同子码片的幅度表示A_n，$n=1$，2，…，N^{sub}。于是每个主码片波形可以表示为

$$g^{chip}(t)=\sum_{n=1}^{N^{sub}}A_n g^{sub}\left(t-n\frac{T_c}{N^{sub}}\right) \tag{6.2-22}$$

式中，$g^{sub}(t)$为子码片形状的函数；T_c为一个码片时间，单位为s。

于是，任何GNSS信号都可以表示为

$$s(t)=\sum_{i=-\infty}^{+\infty}C_i g^{chip}(t-iT_c) \tag{6.2-23}$$

式中，C_i为PRN码序列的幅度。

假设$g^{sub}(t)$也是矩形波，于是$s(t)$的功率谱密度表达式为

$$G_s(f)=\frac{1}{T_c}\frac{\sin^2\left(\dfrac{pfT_c}{N^{sub}}\right)}{p^2f^2}\left\|\sum_{n=1}^{N^{sub}}A_n e^{-\frac{j2pfT_c}{N^{sub}}}\right\|^2 \tag{6.2-24}$$

式(6.2-24)前半部分可以看作BPSK(N^{sub})的功率谱表达式，记为$G_s^{bpsk(N^{sub})}(f)$，其中，f表示信号$s(t)$的频率。后半部分记为$G_s^{boc_mod}(f)$。任何新信号的功率谱都可以表示为

$$G_s(f)=G_s^{bpsk(N^{sub})}(f)G_s^{boc\_mod}(f) \tag{6.2-25}$$

针对GNSS各种新信号建立的数学模型，推导出几种常见的GNSS新信号功率谱表达式见表6.2-3(Thoelert et al.，2011；Avila-Rodriguez et al.，2008；Rebeyrol et al.，2005)。对于复合谱，例如，MBOC信号可以根据BOC(1,1)和BOC(6,1)分量的功率比分配情况，做简单处理即可得到复合信号功率谱。

表 6.2-3　GNSS 新型常见信号功率谱

调制方式	功率谱密度	
	$G_s^{BPSK(N^{sub})}(f)$	$G^{mod}(f)$
BPSK(n)	$\dfrac{\sin^2(\pi f T_c)}{T_c(\pi f)^2}$	—
BOC(p,q) $N^{sub}=\dfrac{2p}{q}$	$\dfrac{\sin^2\left(\dfrac{\pi f T_c}{N^{sub}}\right)}{T_c(\pi f)^2}$	$N^{sub}+2\sum\limits_{n=1}^{N_{sub}-1}(-1)^n(N^{sub}-n)\cos\left(\dfrac{2\pi f n T_c}{N_{sub}}\right)$
MBOC(6,1,1/11)	$G_{BOC(1,1)}^{sub}(f)=\dfrac{\sin^2\left(\dfrac{\pi f T_c}{2}\right)}{T_c(\pi f)^2}$ $G_{BOC(6,1)}^{sub}(f)=\dfrac{\sin^2\left(\dfrac{\pi f T_c}{12}\right)}{T_c(\pi f)^2}$	$G_{BOC(1,1)}^{sub}(f)=2-2\cos(\pi f T_c)$ $G_{BOC(6,1)}^{sub}(f)=12+2\sum\limits_{n=1}^{11}(-1)^n(12-n)\cos\left(\dfrac{2\pi f n T_c}{12}\right)$
AltBOC(p,q) $N^{sub}=4\left(\dfrac{2p}{q}\right)$	$\dfrac{\sin^2\left(\dfrac{\pi f T_c}{4N^{sub}}\right)}{T_c(\pi f)^2}$	$\left\Vert\sum\limits_{n=0}^{N^{sub}-1}a_n e^{-\frac{2\pi j f n T_c}{4N^{sub}}}\right\Vert^2$

4. 新型波形畸变模型及相关函数

针对新型调制信号，本节我们根据 6.2.3 节介绍的新信号数学模型，用通用表达式的方式给出新型信号畸变模型及其信号相关函数。

由于 BOC 族信号波形畸变的产生有两种方式：一种是在调制前，主码序列和子载波序列分别产生畸变；另一种是在调制后，对整个的多级电平波形产生畸变。鉴于目前大多数新信号的产生方式主要基于第二种情况，因此本节的分析都将针对含有子载波的时域波形及相关函数进行分析。

1）扩展数字畸变模型及相关函数

该种畸变定义为每个 PRN 主码码片翻转时，上升沿或下降沿提前或延迟的时间。假设理想子码为 $S_i(t)$，畸变波形部分为 $D_e(t)$，则畸变信号的时域波形 $\tilde{S}(t)$ 和理想子码的相关函数 $R_{S_i}(t)$ 可表示为

$$\tilde{S}(t)=S_i(t)+D_e(t) \tag{6.2-26}$$

$$R_{S_i}(t)=R_{S_i}^{BPSK(N^{sub})}(t)*R_{S_i}^{boc\_mod}(t) \tag{6.2-27}$$

畸变波形的相关函数可表示为

$$\begin{aligned} R_{\tilde{S},S}^{TM\_A}(t)&=\tilde{S}(t)*S_i(t)=R_{D_e,S_i}(t)+R_{S_i}(t)\\ &=[R_{D_e,S_i}^{BPSK(N^{sub})}(t)+R_{S_i}^{BPSK(N^{sub})}(t)]*R_{S_i}^{boc\_mod}(t)\\ &=[R_{D_e,S_i}^{BPSK(N^{sub})}(t)*R_{S_i}^{boc\_mod}(t)]+R_{S_i}(t)\end{aligned} \tag{6.2-28}$$

式中，符号 $*$ 为卷积符号；$\tilde{S}(t)$ 为含有畸变的导航信号时域波形；$S_i(t)$ 为理想设计信号时域波形；$D_e(t)$ 为含有畸变的实测导航信号与其理想设计信号互差后的畸变部分；$R_{S_i}(t)$ 为理想设计信号 $S_i(t)$ 的自相关函数。这里的 $R_{a,b}^{c}(g)$ 为信号相关函数。其中，下标 a、b 为信号 a 与信号 b 之间的互相关。当表示信号 a 或信号 b 的自相关时，下标记为 a 或 b；上标 c 表示做相关运算的信号成分。

2）扩展模拟畸变模型及相关函数

该畸变定义为每个 PRN 码片翻转时幅度的振铃效应，独立于 TMA 畸变而产生。假设产生模拟畸变系统的脉冲响应为

$$h(t)=\begin{cases}0 & (t<0)\\ \dfrac{\omega_n}{\sqrt{1-z^2}}\mathrm{e}^{-z\omega_n t}\sin(\omega_d t) & (t\geqslant 0)\end{cases} \tag{6.2-29}$$

式中，$\omega_d=\omega_n\sqrt{1-z^2}$ 为振荡频率；ω_n 为无阻尼振荡频率；z 为阻尼系数；ω_d 为阻尼振荡频率；衰减因子为 $s_d=z\omega_n$。畸变波形产生的相关函数可表示为

$$R_{\tilde{S},S}^{TM\_B}(t)=h(t)*R_{S_i}^{BPSK(N^{sub})}(t)*R_{S_i}^{boc\_mod}(t)=h(t)*R_{S_i}(t) \tag{6.2-30}$$

3）扩展数/模混合畸变模型及相关函数

该畸变为扩展 TMA 和扩展 TMB 的混合畸变。混合畸变波形的相关函数可表示为

$$R_{\tilde{S},S}^{TM\_C}(t)=h(t)*[R_{D_e,S_i}^{BPSK(N^{sub})}(t)+R_{S_i}^{BPSK(N^{sub})}(t)]*R_{S_i}^{boc\_mod}(t) \tag{6.2-31}$$

6.2.5 实测数据处理流程

图 6.2-19 给出了基于实测采集数据的测距码时域波形特性评估方法的处理流程。

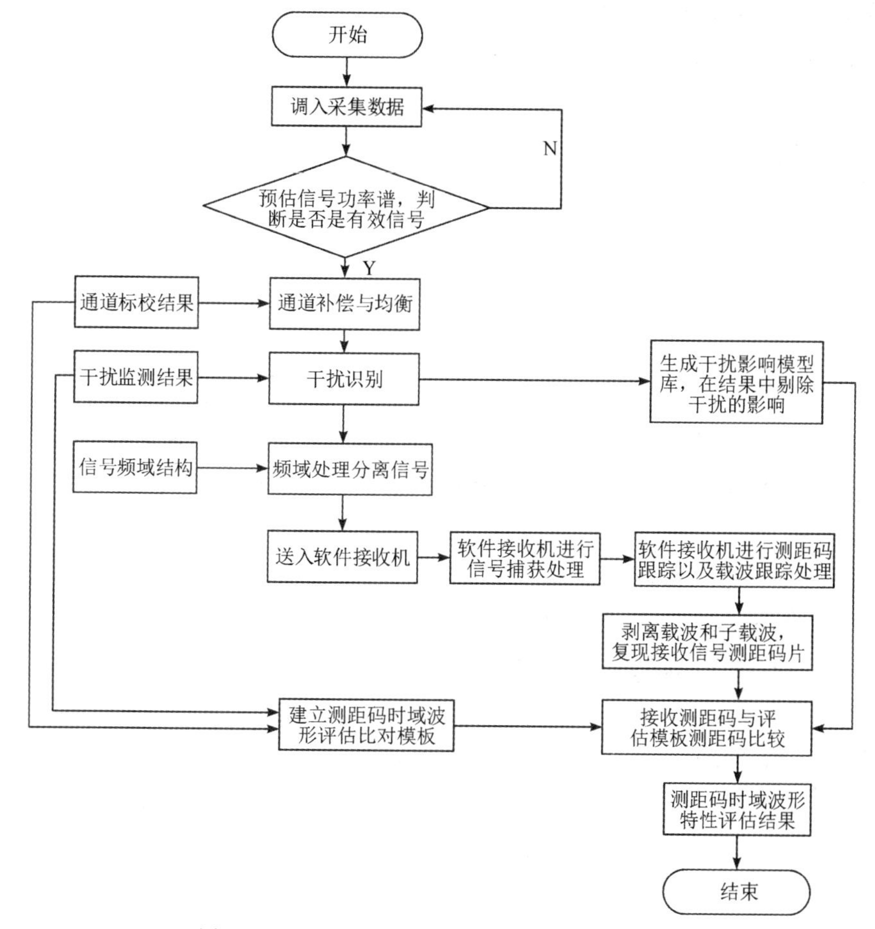

图 6.2-19　测距码时域波形评估方法处理流程

6.2.6 主要评估参数及评估指标

由上述分析可知，对信号时域波形特性的分析主要有数字畸变量Δ、模拟畸变滚降因子σ和模拟畸变滚降振荡频率f_d三个参数。其中，数字畸变量目前在北斗信号性能测试评估中有明确要求，但对于模拟畸变量各大卫星导航系统还未曾做相关约束，因此这里仅给出北斗信号性能评估中有关数字畸变量的评估指标要求。

1. 数字畸变量Δ

基带信号单个正码片或负码片的持续时间相对于其理想设计码片持续时间的差值。

数字畸变量均值≤ 1 ns；数字畸变量标准差≤5 ns。

2. 模拟畸变滚降因子σ

与模拟畸变码片翻转时波形幅度振铃相关的阻尼系数，表征基带信号时域波形幅度抖动衰减的快慢。

滚降系数σ的范围为0.8～8.8 Mneper/s。σ较小时(如$\sigma<0$)将产生不稳定码片，而较大的σ(如$\sigma>8.8$ Mneper/s)将不能使振荡器产生持续的振荡。

3. 模拟畸变滚降振荡频率f_d

模拟畸变的码片翻转时幅度抖动的频率。

f_d可变范围为4～17 MHz。f_d小于4 MHz时会对同频点的其他分量信号(如GPS的P(Y)码)产生影响，对于星载设备来说，一般不会产生高于17 MHz的振荡频率。

6.3 MATLAB实现

下面以数字畸变为例，介绍其分析方法。

假设Ir_signal为软件接收机稳定跟踪解调后的即时I支路信号测距码。

```
f_chipRate=2.046e6; %%%此处为待分析信号测距码速率，假设为2.046e6 Hz
codenum=f_chipRate/1e3;
numpercode=fs/f_chipRate;
len=length(Ir_signal); %%数据长度
code_I=sign(Ir_signal); %%取符号

I=zeros(1,codenum);
for k=1:codenum;
  I(1,k)=sign(sum(Ir_signal(floor((k-1)*numpercode+10):floor(k*numper-
code-10))));
end
```

```
situ1=[1,-1]; %%%%%%下降沿
situ2=[-1,1]; %%%%%%上升沿
index1=zeros(1,len);
index2=zeros(1,len);
for k=1:len-1
  if isequal(code_I(k:k+1),situ1)
      index1(k)=1;
  elseif isequal(code_I(k:k+1),situ2)
      index2(k)=-1;
  end
end
%%%%%%找码片上升沿和下降沿
inde1=find(index1==1); %%%%下降沿
inde2=find(index2==-1); %%%%%%上升沿
L=min(length(inde1),length(inde2));
inde1=inde1(1:L);
inde2=inde2(1:L);

down_pos=inde1; %%%%%下降沿正点
down_neg=inde1+1; %%%%%下降沿负点
up_neg=inde2; %%%%%上升沿负点
up_pos=inde2+1; %%%%%上升沿正点

P_up=abs(Ir_signal(down_pos))./(abs(Ir_signal(down_pos))+abs(Ir_signal(down
_neg)));
P_down=ones(1,length(P_up))-P_up;
N_up=abs(Ir_signal(up_neg))./(abs(Ir_signal(up_neg))+abs(Ir_signal(up_
pos)));
N_down=ones(1,length(N_up))-N_up;
tempI=(1:len);

down_pos=down_pos+P_up; %%%%下降沿的零点
up_neg=up_neg+N_up; %%%%%上升沿的零点

zeropoint=zeros(1,2*length(down_pos));
if I(1)==1
  zeropoint(1:2:length(zeropoint))=down_pos;
```

```
    zeropoint(zeropoint==0)=up_neg;
  elseif I(1)==-1
    zeropoint(1,1:2:length(zeropoint))=up_neg;
    zeropoint(zeropoint==0)=down_pos;
  end
  Re_error=[zeropoint(1),diff(zeropoint)];
  R1=round(Re_error/numpercode) * numpercode;

  result=(Re_error-R1)/fs * 1e9;
  if I(1)==1
    Len_pos=mean(result(1:2:length(zeropoint)-1));
    Len_neg=mean(result(2:2:length(zeropoint)));
    std_p=std(result(1:2:length(zeropoint)-1));
    figure; plot(result(3:2:length(zeropoint)-1));
    hold on; plot(result(4:2:length(zeropoint)),'r');
    legend('正码片','负码片');
  elseif I(1)==-1
    Len_neg=mean(result(1:2:length(zeropoint)-1));
    Len_pos=mean(result(2:2:length(zeropoint)));
    std_p=std(result(1:2:length(zeropoint)-1));
    figure; plot(result(3:2:length(zeropoint)-1));
    hold on; plot(result(4:2:length(zeropoint)),'r');
    legend('负码片','正码片')
  end
  xlabel('码片过零点数','fontsize',14,'fontname','微软雅黑');
  ylabel('码片数字畸变/ns','fontsize',14,'fontname','微软雅黑');

  axis tight;
  grid on;

  Dis_Mean=(abs(Len_neg)+abs(Len_pos))/2; %%%%数字畸变均值
  Dis_Stand=(std_p);    %%%%数字畸变标准差;



  %%%%%%%%%%%% 下面是模拟畸变仿真分析方法
  clc;
  clear;
```

```
close all;
%%%%%%%%%%%%%%采样率和码速率设置
fs=250e6;
ts=1/fs;
f_gold=2.046e6;
%%%%%%%%%%%%%%根据公开 ICD 生成信号测距码
No=2; %%卫星编号
n1=f_gold/1000; %%生成码长度

code=GoldGenerator(No,n1);
code=double(code);

codeleng=1:fs/1000;
newcodeleng=codeleng*f_gold/fs;
code0=code(ceil(newcodeleng));

%%模拟畸变信号产生
t=(0:2000);
delt=3.8e6;    %衰减因子,可调,一般为 0.8~8.8 Mneper/s 之间
fd=6e6;    %衰减振荡频率,可调,一般为 4~17 MHz
wd=2*pi*fd;

respons_e=1-exp(-delt*t*ts).*(cos(wd*t*ts)+delt*sin(wd*t*ts)/wd);
respons_h=diff(respons_e);

local_data=conv(respons_h,code0);
local_data=local_data(1:length(code0));

%%%绘图
nf=fs/f_gold;
xlab=(1:length(local_data))/nf;
figure; plot(xlab,local_data,'lineWidth',2);
hold on;
plot(xlab,code0,'k--','lineWidth',2);
axis([1 10-2.5 2.5])
xlabel('码片');
ylabel('幅度值');
```

```
title('模拟畸变波形与理想波形比较');
legend('畸变信号','理想信号');
grid on
%%%随后可以对模拟畸变信号的各种特性进行分析验证
```

第7章

信号调制特性评估

本章主要介绍了不同类型信号调制特性评估的方法及理论，包括传统PSK调制信号评估理论、新型复合调制信号评估理论以及常见信号调制特性畸变等，并给出了有关调制特性的主要评估参数及其相应的评估指标，最后给出了用MATLAB具体实现的方式。

7.1 本章引言

导航系统一般都采用扩频体制，不同支路之间的伪码近似认为相互正交，对于普通用户来说，支路正交性对信号精度的影响可以忽略。但对于高端接收机来说，为了提高信号跟踪精度和改善接收灵敏度，一般需要在支路测距码相互正交的前提下，对信号进行联合载波跟踪。若存在正交误差，则会带来载波相位跟踪偏差，影响信号高精度定位性能。同样地，对于联合支路进行伪码跟踪的接收机来说，这种支路正交误差将会降低伪码跟踪精度。

信号各个分量之间的幅度和相位特性是信号调制特性的重要表现。对于传统调制方式信号，如 BPSK 或 QPSK，各分量之间的相位关系比较简单，而 GNSS 现代化后的信号大多采用新型调制方式及复用方式，北斗全球系统 B1 频点信号采用最优相位恒包络发射技术(POCET)，在 B1 频点调制了 7 路信号，信号之间的载波相位关系非常复杂，相位点之间相位角度比较密集，载波相位误差直接影响了信号调制的正确性。

星座图是将数字信号在复平面内表示，它能直观地反映出接收到的卫星导航信号的调制形式及其失真程度(王建新 等，2004)，可以更加直观地表示信号间的相位关系。图 7.1-1 所示为北斗全球卫星导航系统 B1 频点信号星座图，其中图(a)为理想设计信号星座图，图(b)为设计信号经过 100 MHz 带宽滤波器后的信号星座图。可以看出，相比传统 BPSK/QPSK 调制信号，北斗 B1 频点理想设计信号星座图中各星座点之间相位角度非常密集，信号之间相位关系复杂；由于滤波器的带限影响及幅频影响，信号星座图各相位点模糊不清(Wang et al.，2019)。

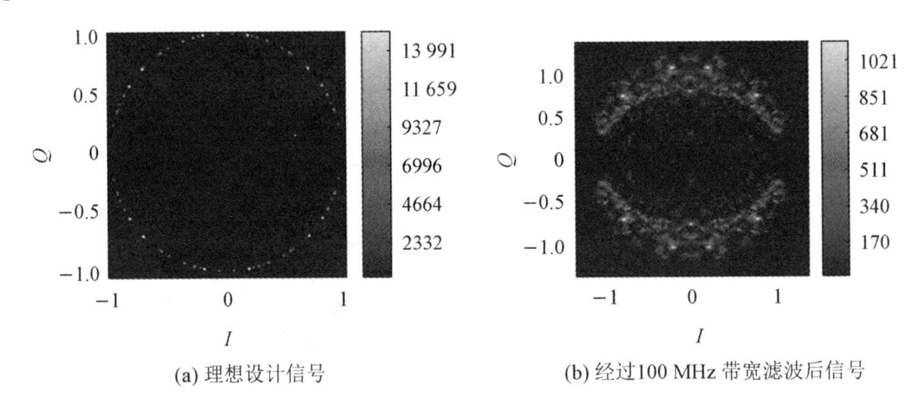

(a) 理想设计信号　　(b) 经过100 MHz 带宽滤波后信号

图 7.1-1　北斗全球系统 B1 频点信号星座图

7.2 信号调制特性评估理论

不同调制信号的调制特点不同，则对其调制特性的分析方法也不尽相同。本节以传统 BPSK/QPSK 调制信号为出发点，首先介绍传统调制信号的评估方法，然后在此基础上针对新型多路复用信号的特点介绍其调制特性评估理论，同时给出了卫星导航信号调制特性的常见典型畸变及其特点分析。

7.2.1　传统 BPSK/QPSK 调制信号评估理论

设 I 支路信号的理想幅度为 I_{ref}，Q 支路信号的理想幅度为 Q_{ref}，实测信号 I 支路的幅度为 I_i，实测信号 Q 支路的幅度为 Q_i，则可用以下参数来综合评估接收信号的星座图特性。

1. *I/Q* 幅度不平衡度

若实测 I/Q 支路信号的幅度与理想信号的幅度有偏差，则称为 I/Q 幅度偏差。常用 I/Q 幅度不平衡度 A_{imbla} 可表示为

$$A_{imbla}=20\times\lg\left(\frac{|Q_i|-|Q_{ref}|}{|I_i|-|I_{ref}|}\right) \tag{7.2-1}$$

2. 幅度误差和相位误差

幅度误差是指实测信号幅度与设计信号幅度之差，相位误差是指实测信号相位与设计信号相位之差。幅度误差 $(E_{mag})_{RMS}$ 和相位误差 $(E_{phase})_{RMS}$ 分别表示为

$$(E_{mag})_{RMS}=100\%\times\sqrt{\frac{1}{N}\sum_{j=1}^{N}\left(\sqrt{I_j^2+Q_j^2}-\sqrt{I_{ref}^2+Q_{ref}^2}\right)^2} \tag{7.2-2}$$

$$(E_{phase})_{RMS}=100\%\times\sqrt{\frac{1}{N}\sum_{j=1}^{N}\left(a\tan\left|\frac{Q_j}{I_j}\right|-a\tan\left|\frac{Q_{ref}}{I_{ref}}\right|\right)^2} \tag{7.2-3}$$

式中，N 为数据抽样点数。

3. EVM 值

误差向量幅度值(Error Vector Magnitude，EVM)是指在给定时刻理想无误差信号与实际接收信号间的向量差。由于每个符号变化时 EVM 也在不断地变化，所以通常将 EVM 值定义为误差向量在一段时间内的均方根值(Root Mean Square，RMS)。接收到的码片先经过解调、解扰和解扩之后，再通过扩频、加扰和调制，重新复现发射端信号，然后再将这个矢量信号跟接收到的矢量信号做矢量差，再做统计平均，求得的值即为 EVM 值。计算公式为

$$\mathrm{EVM}_{RMS}=100\%\times\sqrt{\frac{\frac{1}{N}\sum_{j=1}^{N}\left(|I_i-I_{ref}|^2+|Q_i-Q_{ref}|^2\right)}{S_{max}^2}} \tag{7.2-4}$$

式中，N 为数据抽样点数；S_{max} 为理想相位图最远状态的矢量幅度。EVM 值越大说明信号受到的干扰越大，这样恢复出的信号误差就越大。EVM 值反映了发射信号的调制质量，较大的 EVM 值将导致信号检测精度变差，从而降低接收机的接收性能。

图 7.2-1 为导航信号星座图相关参数的计算原理图。除了星座图外，通常还用矢量图、相位轨迹图以及 I/Q 原点偏移等来反映和描述接收信号的调制质量。矢量图表示状态以及状态的过渡，在矢量图上由原点向信号某一点画出的矢量，对应于此时的瞬时功率，表示状态过渡期间的功率电平；相位轨迹图又称为格形图，用于反映实测信号或理想信号

的相位随时间的变化情况(每个符号的相位轨迹)；I/Q 原点偏移也称为 I/Q 偏移，可表示为图 7.2-1 中的零点偏移 $\overrightarrow{OO'}$，如果没有本振馈通(本振 100%抑制)，那么 I/Q 偏移为零。

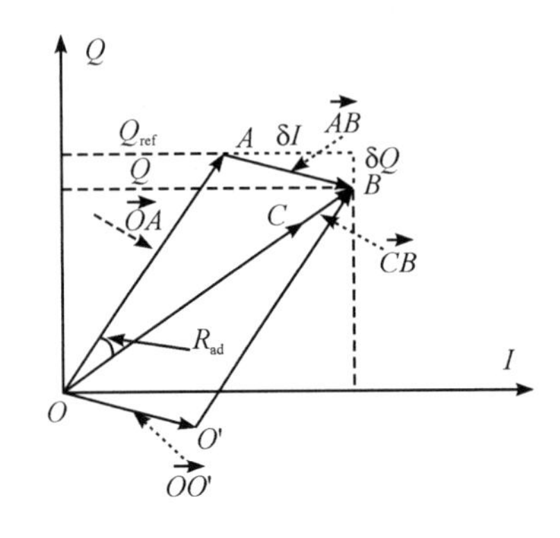

图 7.2-1 星座图参数测量原理

图 7.2-1 中，横坐标表示同向分量，纵坐标表示正交分量；O 表示理想坐标原点；A 表示理想星座点；B 表示实测星座点；O'表示偏移的原点；$\overrightarrow{OA}$ 表示参考的理想矢量；$\overrightarrow{OC}$ 表示理想幅度；$\overrightarrow{CB}$ 表示幅度误差；$\overrightarrow{AB}$ 表示误差矢量；$\overrightarrow{OO'}$表示误差矢量原点偏移；R_{ad} 表示相位误差。

7.2.2 新型多路复用信号评估理论

由于新型调制信号在一个频点复用多个信号，调制星座图中的星座点较多，星座点跳转迹线复杂，因此传统仪器测量方法无法对复杂的调制信号进行分析。需要采用基于高精度数据采集的 GNSS 软件接收机测量方法，具体计算方法如下：

假设待评估频点的导航信号包含了 N 路导航信号分量，分别称为信号分量 1，信号分量 2，…，信号分量 N。首先生成信号分量 1 的一个伪随机码周期的本地伪随机码样本数据，对采样信号数据进行捕获，根据捕获曲线确定采样数据中信号分量 1 的伪随机码起始点序号，以该序号为参考点，重新读取数据，实现各导航信号分量的 DLL-PLL 跟踪。待所有导航信号分量跟踪稳定后，在每个相同时刻的积分周期，分别计算各导航信号分量调制载波的初始相位，并相互计算各调制载波初始相位之间的差。最后针对每种不同导航信号分量调制载波初始相位互差，在多个积分周期内取绝对值求最大值，用最大值表示该类型导航信号分量之间的信号分量相位偏差。

数据处理方法如下：

假设信号分量 1 表示为 $s_1(t)$，用该信号的一个伪随机码周期的本地伪随机码样本数据，对采样信号数据进行捕获跟踪，当达到稳定跟踪状态时，接收机输出的载波相位估计值为

$$\phi_{s_1}(t)=\omega_c t+\hat{\omega}_d(t)t+\hat{\varphi}_1 \tag{7.2-5}$$

式中，ω_c 表示该频点的载波频率；$\hat{\omega}_d(t)$和 $\hat{\varphi}_1$ 分别表示 $s_1(t)$信号本地载波环路反馈的载波多普勒和载波初相的估计值。

同理，信号分量 2 表示为 $s_2(t)$，用该信号的一个伪随机码周期的本地伪随机码样本数

据，对采样信号数据进行捕获跟踪，当达到稳定跟踪状态时，接收机输出的载波相位估计值为

$$\phi_{s_2}(t)=\omega_c t+\hat{\omega}'_d(t)t+\hat{\varphi}_2 \tag{7.2-6}$$

在两个接收机都稳定跟踪的状态下，可以近似认为 $\hat{\omega}_d(t)\approx\hat{\omega}'_d(t)$，因此两个接收机输出的载波相位估计值相减得

$$\hat{\varphi}_{1,2}=[\omega_c t+\hat{\omega}_d(t)t+\hat{\varphi}_1]-[\omega_c t+\hat{\omega}'_d(t)t+\hat{\varphi}_2]\approx\hat{\varphi}_1-\hat{\varphi}_2 \tag{7.2-7}$$

式中，$\hat{\varphi}_{1,2}$ 为信号分量 1 与分量 2 之间的载波相位互差估计值。该值与理论设计的载波相位之差为 $\varphi_{1,2}$，即为该积分周期内信号分量 1 与分量 2 之间载波相位偏差 $\Delta\varphi_{1,2}$。

$$\Delta\varphi_{1,2}=\hat{\varphi}_{1,2}-\varphi_{1,2} \tag{7.2-8}$$

设 m 和 n 分别表示信号分量 m 和信号分量 n，k 表示第 k 个 DLL-PLL 跟踪环积分周期，$\hat{\varphi}_{m,n}(k)$ 表示第 k 个 DLL-PLL 跟踪环积分周期时信号分量 m 和 n 的调制载波初始相位互差估计值，$\varphi_{m,n}(k)$ 表示理论设计的信号分量 m 和 n 的载波相位互差。则第 k 个 DLL-PLL 跟踪环积分周期时信号分量 m 与信号分量 n 之间载波相位偏差可表示为

$$\Delta\varphi_{m,n}(k)=\hat{\varphi}_{m,n}(k)-\varphi_{m,n}(k) \tag{7.2-9}$$

在多个积分周期内取绝对值并求最大值，用最大值表示该类型的导航信号分量之间的信号分量相位偏差为

$$\varphi_{m,n}=\max([\,|\Delta\varphi_{m,n}(1)|\quad|\Delta\varphi_{m,n}(2)|\quad\cdots\quad|\Delta\varphi_{m,n}(N)|\,]) \tag{7.2-10}$$

式中，$\varphi_{m,n}$ 表示最终估计的信号分量 m 与信号分量 n 之间的载波相位偏差，单位为 rad；N 表示信号分量相位偏差估计时所用到的样本总周期数。

图 7.2-2 给出了对 2015 年北斗区域各颗卫星信号调制特性的统计分析结果。分析结果表明，在观测时间段内，北斗区域内各颗卫星信号调制性能良好，满足绝对值小于 3°的指标要求。

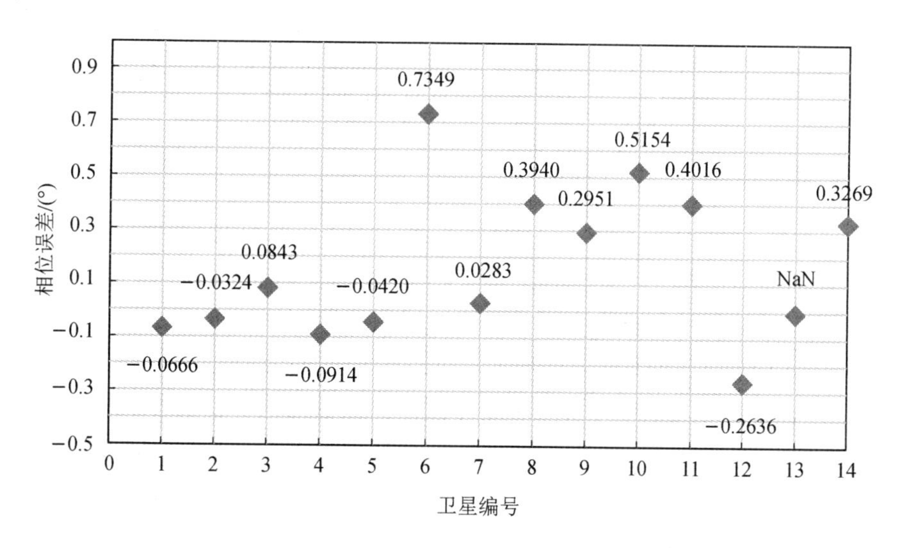

图 7.2-2　2015 年 1—12 月份 BDS-2 各颗卫星相位误差统计均值

下面以 Galileo E1 CBOC(6,1,1/11)调制信号为例，给出该星实测信号星座图云图分析结果。借助于新疆天文台南山观测站 25 m 天线系统，采集 Galileo GIOVE-B E1 卫星信号并通过

评估软件进行分析，得到调制后信号的星座图云图，如图 7.2-3 所示。图中用符号"+"标注的点，表示理想信号星座点，星座图中的颜色越深，则表示信号叠加的点数越多。

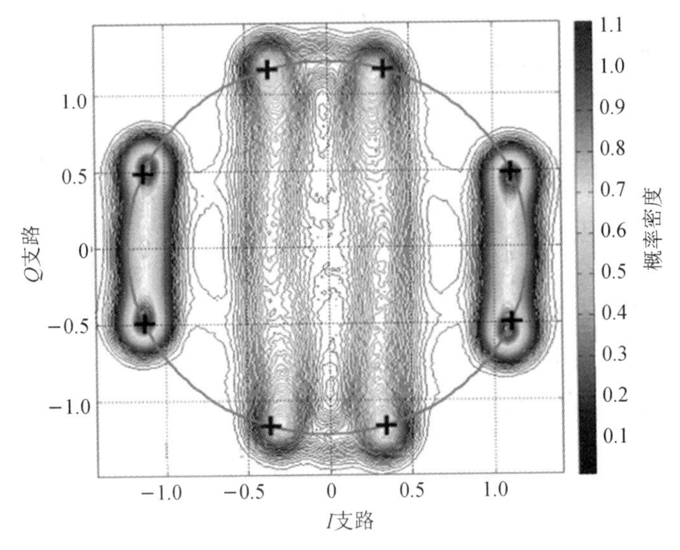

图 7.2-3　Galileo 信号星座图云图分析结果

从图 7.2-3 可以看出，接收信号仍是恒包络的，实测信号星座点较集中地分布于理想点周围，各星座点间的转化轨迹也基本正常，未发现有明显的畸变现象。理想信号星座图的八个相位的角度分别是 $\theta_1=23.6645°$，$\theta_2=73.1638°$，$\theta_3=106.8362°$，$\theta_4=156.3355°$，$\theta_5=203.6645°$，$\theta_6=253.1638°$，$\theta_7=286.8362°$，$\theta_8=336.3355°$，统计得出的实测信号星座图各点相位分别为 $\theta_1=23.0387°$，$\theta_2=74.0012°$，$\theta_3=106.6592°$，$\theta_4=155.8919°$，$\theta_5=203.0182°$，$\theta_6=253.8594°$，$\theta_7=286.7206°$，$\theta_8=335.7659°$。对采集到时长为 1 s 的数据，计算其实测信号各相位与理想相位的相位差统计均值为 0.3016°，这表明信号调制性能良好。另外，从图中还可以看出，解调信号星座图相位翻转迹线正常，无异常跳变或中断现象，可以判断接收到的信号调制性能良好，未出现畸变现象。

7.2.3　常见信号调制特性畸变

以 QPSK 调制为例，I、Q 相位正交性和幅度不平衡性对信号质量的影响如图 7.2-4 所示。正常情况下，当 I、Q 支路编码符号均为 +1 时，同相分量信号矢量为 $\overrightarrow{OA}$，正交分量信号矢量为 $\overrightarrow{OB}$，合成信号矢量为 $\overrightarrow{OD_1}$，其他符号组合分别对应 $\overrightarrow{OD_2}$、$\overrightarrow{OD_3}$ 和 $\overrightarrow{OD_4}$；D_1、D_2、D_3 和 D_4 位于以 O 为圆心的单位圆上，信号包络恒定；异常情况下，由于 I、Q 支路调制幅度不同，Q 支路信号矢量变为 $\overrightarrow{OB'}$，由于 I、Q 支路相位非正交，存在偏离角 θ，Q 支路信号矢量变为 $\overrightarrow{OC}$，合成信号矢量由 $\overrightarrow{OD_1}$ 变为 $\overrightarrow{OE_1}$；其他符号组合对应 $\overrightarrow{OE_2}$、$\overrightarrow{OE_3}$ 和 $\overrightarrow{OE_4}$，信号包络非恒定。对于独立跟踪 I、Q 支路的终端来说，I、Q 相位非正交性会影响解调性能，Q 支路信号的同相分量不为 0，使得同相支路的实际观测量为 $\overrightarrow{OA_1}$、$\overrightarrow{OA_2}$、$\overrightarrow{OA_3}$ 和 $\overrightarrow{OA_4}$，从而增加 I 支路解调误码率。由于相位正交性的偏差，合成信号矢量和理想信号矢量存在相位差 α，当调制幅度不平衡度很小时，$\alpha\approx\theta/2$。相位正交偏差会带来载波相位的跟踪偏差，影响卫星高精度定位性能。

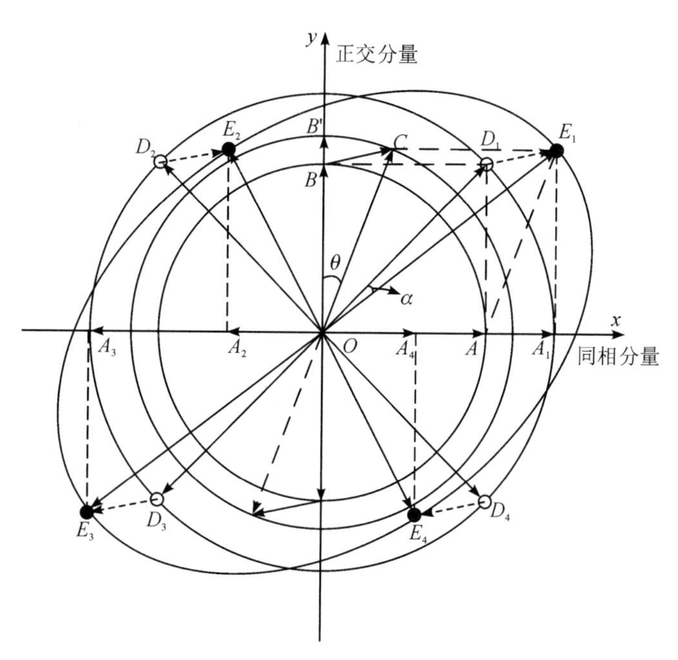

图 7.2-4 幅度和相位失真信号星座图

对 I、Q 相位正交性和幅度平衡性分析可采用以下步骤：

(1) 对最强信号分量进行载波跟踪，以其复现载波为参考，旋转接收信号矢量，以多普勒修正后基带信号采样点的同相分量为横坐标，正交分量为纵坐标，构建星座图。

(2) 将星座图中各信号矢量聚类，以各自重心为信号矢量观测值(减小观测噪声)。

(3) 用同相分量幅度观测值 $\overrightarrow{OA_1}$、$\overrightarrow{OA_2}$、$\overrightarrow{OA_3}$ 和 $\overrightarrow{OA_4}$ 来估计 I 支路信号幅度。

$$|\overrightarrow{OA}|=\frac{|\overrightarrow{OA_1}|+|\overrightarrow{OA_2}|+|\overrightarrow{OA_3}|+|\overrightarrow{OA_4}|}{4} \tag{7.2-11}$$

(4) 以同相信号分量的幅度为基准进行归一化。

(5) 计算误差信号矢量：

$$\overrightarrow{D_1E_1}=\overrightarrow{OE_1}-\overrightarrow{OD_1} \tag{7.2-12}$$

(6) 计算 Q 支路信号矢量。

$$\overrightarrow{OC}=\overrightarrow{OB}+\overrightarrow{BC}=\overrightarrow{OB}+\overrightarrow{D_1E_1} \tag{7.2-13}$$

(7) 分析 I 支路、Q 支路幅度不平衡性。

(8) 分析 I 支路、Q 支路的相位正交性。

下面我们以 QPSK 调制为例，详细分析常见星座图畸变模型及其对信号质量的影响。

(1) 信号幅度不平衡失真模型。理想情况下，当 I、Q 支路测距码符号均为+1，同相分量信号矢量为 $\overrightarrow{OA}$，正交分量信号矢量为 $\overrightarrow{OB}$，合成信号矢量为 $\overrightarrow{OD_1}$，相应的其他符号组合分别对应为 $\overrightarrow{OD_2}$、$\overrightarrow{OD_3}$ 和 $\overrightarrow{OD_4}$。如图 7.2-4 所示，D_1、D_2、D_3、D_4 四个星座点位于以 O 为圆心的单位圆上(如图中的黑点)，信号包络恒定。

在幅度异常情况下，由于 I、Q 支路信号幅度不同，I 支路信号矢量变为 $\overrightarrow{OA_1}$ 与 $\overrightarrow{OA'_1}$，且 $|\overrightarrow{OA_1}|=|\overrightarrow{OA'_1}|$；$Q$ 支路信号矢量变为 $\overrightarrow{OB_1}$ 与 $\overrightarrow{OB'_1}$，且 $|\overrightarrow{OB_1}|=|\overrightarrow{OB'_1}|$。则此时畸变信号星座点变为 D'_1、D'_2、D'_3 和 D'_4，如图 7.2-5 所示。

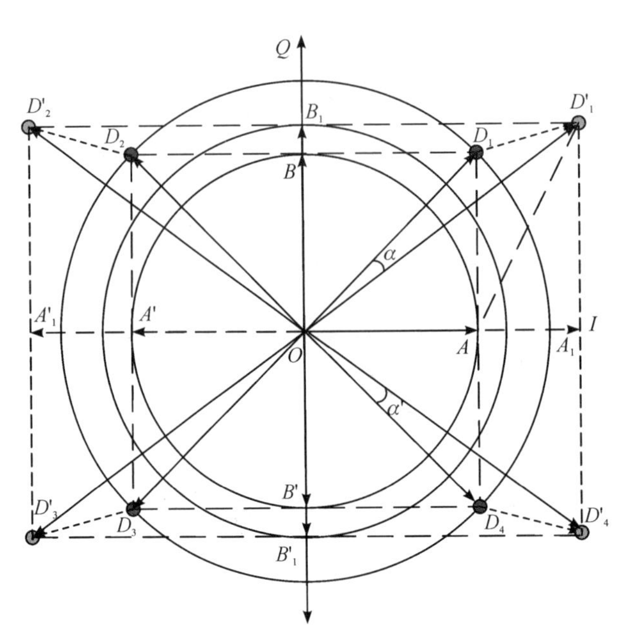

图 7.2-5　幅度不平衡信号星座图

此时 I/Q 幅度不平衡度可表示为

$$A_{\text{imbla}} = 20 \times \lg\left(\frac{\frac{1}{N}\sum_{j=1}^{N}|\overrightarrow{OA_1}|_j}{\frac{1}{N}\sum_{j=1}^{N}|\overrightarrow{OB_1}|_j}\right) \tag{7.2-14}$$

由于幅度的变化，产生正交分量角度的偏移，偏移角度为 $\alpha+\alpha'$，幅度变化后的 EVM 值为

$$\text{EVM} = 100\% \times \sqrt{\frac{\frac{1}{N}\sum_{j=1}^{N}(|\overrightarrow{AA_1}|_j^2 + |\overrightarrow{BB_1}|_j^2)}{|\overrightarrow{OD_1}|_{\max}^2}} \tag{7.2-15}$$

(2) I/Q 支路非正交失真模型。该模型指的是 I 支路信号矢量的幅度和相位均不变，Q 支路信号矢量幅度保持不变仅相位发生偏移。如图 7.2-6 所示，由 $\overrightarrow{OB}$ 偏移 α 后变为 $\overrightarrow{OB_1}$。此时 I、Q 支路信号幅度发生变化，I/Q 幅度不平衡度表达式为

$$A_{\text{imbla}} = 20 \times \lg\left(\frac{\frac{1}{N}\sum_{j=1}^{N}|\overrightarrow{OA} + \overrightarrow{OB_1} \cdot \sin\alpha|_j}{\frac{1}{N}\sum_{j=1}^{N}|\overrightarrow{OB_1} \cdot \cos\alpha|_j}\right) \tag{7.2-16}$$

由于幅度的变化，产生正交分量角度的偏移，偏移角度为 $(\alpha-\alpha')/2$，幅度变化后的 EVM 值为

$$\text{EVM} = 100\% \times \sqrt{\frac{\frac{1}{N}\sum_{j=1}^{N}((\overrightarrow{OB_1} \cdot \sin\alpha)_j^2 + (\overrightarrow{OB} - \overrightarrow{OB_1} \cdot \cos\alpha)_j^2)}{|\overrightarrow{OD_1}|_{\max}^2}} \tag{7.2-17}$$

(3) 幅度和相位变化均失真模型。幅度失真和相位失真同时存在时如图 7.2-7 所示。这里仍以第一象限为例，I 支路信号矢量不变，Q 支路信号矢量幅度和相位都发生变化，由

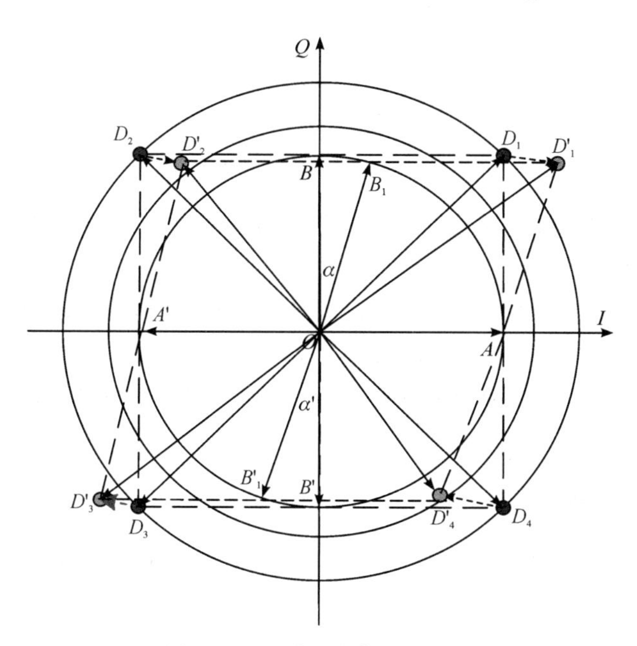

图 7.2-6　非正交信号星座图

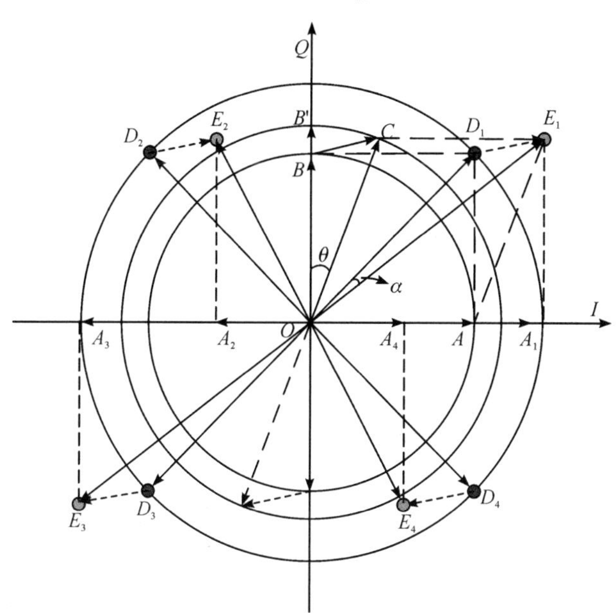

图 7.2-7　组合调制误差信号星座

$\overrightarrow{OB}$ 偏移 θ 后变为 $\overrightarrow{OC}$，此时合成信号矢量由 $\overrightarrow{OD_1}$ 变为 $\overrightarrow{OE_1}$；其他符号组合对应 $\overrightarrow{OE_2}$、$\overrightarrow{OE_3}$ 和 $\overrightarrow{OE_4}$，信号包络非恒定。此时，I、Q 支路信号幅度发生变化，I/Q 幅度不平衡度可表示为

$$A_{\text{imbla}}=20\times\lg\left(\frac{\dfrac{1}{N}\sum_{j=1}^{N}\left|\overrightarrow{OA}+\overrightarrow{OC}\cdot\sin\alpha\right|_j}{\dfrac{1}{N}\sum_{j=1}^{N}\left|\overrightarrow{OC}\cdot\cos\alpha\right|_j}\right)\tag{7.2-18}$$

由于幅度的变化，产生正交分量角度的偏移，偏移角度为$(\alpha-\alpha')/2$，幅度变化后的

EVM 值为

$$\mathrm{EVM}=100\% \times \sqrt{\frac{\frac{1}{N}\sum_{j=1}^{N}((\overrightarrow{OC}\cdot\sin\alpha)_j^2+(\overrightarrow{OB}-\overrightarrow{OC}\cdot\cos\alpha)_j^2)}{|\overrightarrow{OD}_1|_{\max}^2}} \tag{7.2-19}$$

以上方法是基于高信噪比条件下，对简单的 BPSK 或 QPSK 信号调制特性进行估计，当信噪比很低时，可以采用如下方法计算信号调制特性。

假设接收信号伪码正常无误码，且各信号分量对应的伪码序列正交性很好，利用软件接收机对各 I、Q 支路的信号分量进行独立跟踪，提取载波相位估计值和信号功率估计值，用类似新型复合调制信号评估理论直接计算通道幅度平衡性和相位正交性。该方法对设备要求更低，但要求伪码已知且无差错。

7.2.4 实测数据处理流程

图 7.2-8 所示给出了基于实测采集数据的基带信号调制特性评估方法的处理流程。

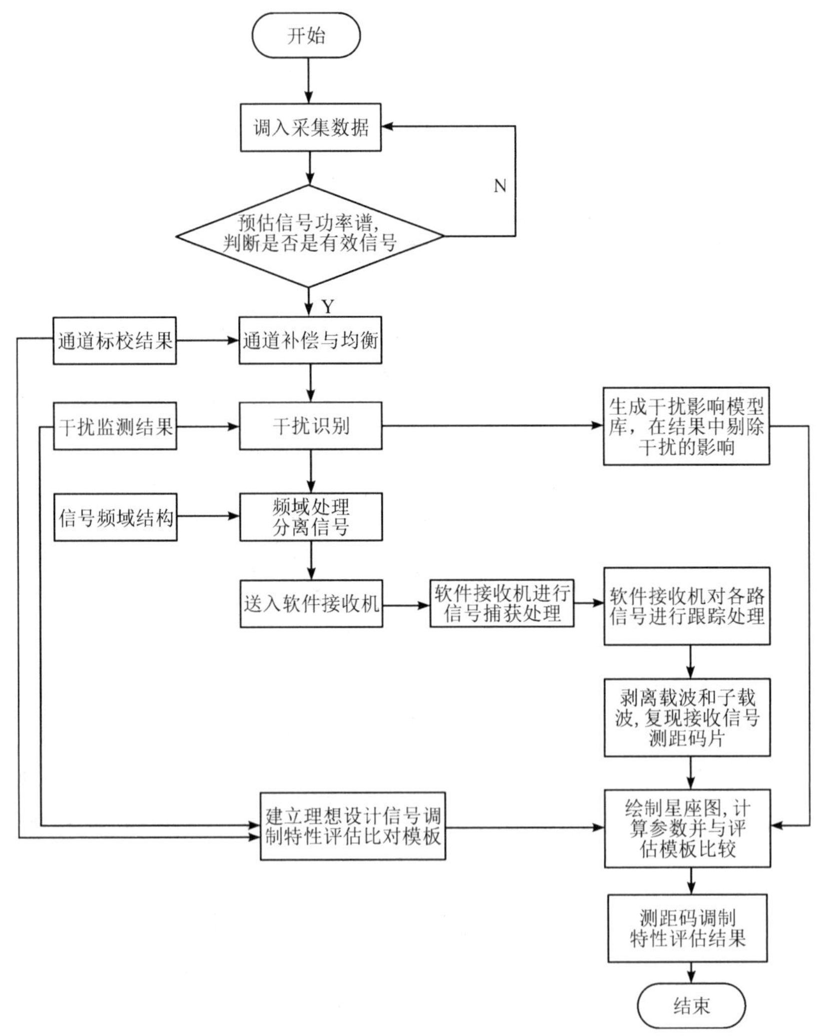

图 7.2-8 基带信号调制特性评估方法处理流程

7.2.5　主要评估参数及评估指标

对信号调制特性进行评估，最主要的评估参数是信号分量间的相位偏差。这是因为对于高精度需求的高端接收机及联合跟踪接收机而言，信号间相位偏差将会影响码跟踪精度，从而降低高精度 PNT 性能。幅度误差、幅度不平衡度及 EVM 值的计算方法详见 7.2.3 节。

利用不同信号分量之间的相位关系来表征信号调制特性。信号分量间相位偏差是指同频点不同信号分量之间的相位关系与设计值的差值。

在实际应用中，一般将多个积分周期内计算的信号分量间的相位偏差取绝对值并求最大值，用最大值表示该类型的导航信号分量之间的信号分量相位偏差。

北斗信号性能评估中有关同频点各信号分量间相位偏差的评估指标要求为≤0.1 rad。

7.3　MATLAB 实现

本程序用于分析信号调制特性。

```
%选取数据分析的起始位置［ms］
startT＝1000；
%每次处理的码周期数
NumOfPeriod＝50；
%采样率
fs＝250e6；
%信号采样方式
zeroIF＝＝0；% 0 表示射频直采，1 或其他表示 IQ 正交采样
%%打开文件
fid＝fopen(settings.fileName,'r')；
if fid<0
    error('WHEN plot constellation：can not open file!')；
end
%%剥离载波，产生基带信号
%文件数据类型
dataType＝'int16'；%%数据格式，例如为'uchar'，'in8'等，请根据实际数据格式调整
此参数
%每 ms 采样点数
NumOfPerms＝fs/1000；%%假设无多普勒，实际参数应根据软件接收机跟踪过程中
读取的每毫秒数据长度为准
%采样时间点
t＝(1:NumOfPerms)/fs；
%每行存放 1 ms 基带信号
res＝zeros(NumOfPeriod,NumOfPerms)；
```

```
%%%%%%%%%%%%%%%%%%%%%%%%%%%%%%%% 读取数据
for i=1:NumOfPeriod
    %获取文件读取位置、载波频率、载波相位等信息
    fpos=trackResults.absoluteSample(startT+i-1);
    carrFreq=trackResults.carrFreq(startT+i-1);
    carrPhase=trackResults.carrPhase(startT+i-1);
    %读入信号
    fseek(fid,fpos, 'bof');
    if zeroIF==0
        signal=fread(fid,NumOfPerms,dataType); %% 直接采样
    else
        signalTmp=fread(fid,NumOfPerms*2,dataType); %% 正交采样
        signal=signalTmp(1:2:end)+1j*signalTmp(2:2:end);
    end
    signal=(signal-mean(signal))';        %除去直流分量

%%%%%%%%%%%%%%%%%%%%%%%%%%%%%%%%%%%%%%%%%%%%%%%%%%%%%%%%%%%%% 剥离载波并低通滤波
    localCarr=cos(2*pi*t*carrFreq+carrPhase)-...
        1j*sin(2*pi*t*carrFreq+carrPhase);
    baseSignal=localCarr.*signal;
    res(i,:)=lp_filterM(baseSignal,f_code,fs); %%% 剥离载波后的基带信号低通
滤波器，其中 f_code 是信号测距码速率
end
%关闭文件
fclose(fid);
%%%%%%%%%%%%%%%%%%%%%%%%%%%%%%%%%%%%%%%%%%%%%%%%%%%%%%%%%%%%%%%% 统计矢量点的分布情况
scale=1000;
Grid=zeros(scale,scale);
%找到最大分量(即找到矢量点分布的区域)
Xmax=max(max(abs(real(res))))+0.01;
Ymax=max(max(abs(imag(res))))+0.01;
Max=max(Xmax,Ymax);
% 计算每个矢量点分布在哪个小块中
step=2*Max/scale;
Xpos=floor((real(res)+Max)/step)+1;
Ypos=floor((imag(res)+Max)/step)+1;
%%%%%%%%%%%%%%%%%%%%%%%%%%%%%%%%%%%%%%%%%%%% 统计每个小块中矢量点的个数
for i=1:NumOfPeriod
    for j=1:NumOfPerms
```

```
        Grid(Ypos(i,j),Xpos(i,j))=Grid(Ypos(i,j),Xpos(i,j))+1;
    end
end
y=-1*Max:step:Max-step;
x=y;
%%%%%%%%%%%%%%%%%%%%%%%%%%%%%%%%%%%%%%%%%%%%%%%%%%%%%%%%%%%%%%%%%%%%%%%%%%%%%%%%%%%%%%%%%%%%%%%%%%%%%%%%%%%%%%%%%% 除去中间16块
ed=scale/2+2;
bgn=ed-4;
for i=bgn:ed
    for j=bgn:ed
        Grid(i,j)=Grid(i+10,i+10);
    end
end

%%%%%%%%%%%%%%%%%%%%%%%%%%%%%%%%%%%%%%%%%%%%%%%%%%%%%%%%%%%%%%%%%%%%%%%%%%%%%%%%%%%%%%%%%%%%%%%%%%%%%%%%%%%%%%%%%% 绘制星座图
figure;
hdl=surf(x,y,Grid);
set(hdl,'edgecolor','none');
view(2);
axis tight;
title('信号星座图');
xlabel('同相分量');
ylabel('正交分量');
colorbar;

%%%%%%%%%%%%%%%%%%%%%%%%%%%%%%%%%%%%%%%%%%%%%%%%%%%%%%%%%%%%%%%%%%%%%%%%%%%%%%%%%%%%%%%%%%%%%%%%%%%%%%%%%% 寻找星座图相位点

x_sum=sum(Grid);              % 每一列上所有元素的加和值
y_sum=sum(Grid,2);            % 每一行上所有元素的加和值
xpos=findmax(x_sum);          % 查找两个维度上的极大值点，颜色最深的点位置
ypos=findmax(y_sum);
if length(xpos)*length(ypos)<N      % 未找到足够的位置，N为星座点个数，例如
    disp('查找中心点失败!');
    Point=[];
elseif length(xpos)*length(ypos)==N      % 位置数目刚好和要找的数目相等
    Point=zeros(2,N);
    Point(1,:)=reshape(repmat(xpos,length(ypos),1),1,N);
    Point(2,:)=repmat(ypos,1,length(xpos));
else                                      % 找到的位置数目过多，根据距离
```

```
选优
    allpoint=zeros(2,length(xpos) * length(ypos));
    allpoint(1,:)=reshape(repmat(xpos,length(ypos),1),1,length(xpos) * length
(ypos));
    allpoint(2,:)=repmat(ypos,1,length(xpos));
    [xt,yt]=find(Grid==max(max(Grid)));
    xt=xt(1);
    yt=yt(1);
    MaxPosD=x(xt).^2+y(yt).^2;
    disError=zeros(1,size(allpoint,2));
    for i=1: size(allpoint,2)                    %距离差，选取最小值
        disError(i)=abs(x(allpoint(1,i))^2+y(allpoint(2,i))^2-MaxPosD);
    end
    [res,I]=sort(disError);
    idx=I(1:N);
    Point=allpoint(:,idx);
end
NP=size(Point,2);
for i=1:NP
    Point(:,i)=refinePoint(x,y,Grid,Point(:,i));
end
%%%%然后可以将实测信号星座点的位置与其理论设计信号星座点的位置进行比较，从而计算得到相位偏差。
```

第8章

信号相关域特性评估

在卫星导航领域，相关函数运算是用户接收机进行导航定位解算的关键步骤，同时也是衡量卫星导航信号性能的一个重要指标。本章主要介绍信号相关函数曲线的主要特点，给出了相关域特性评估时几个重要评估参数的具体评估方法，如相关损失、S曲线过零点偏差、鉴相曲线过零点斜率偏差及信号分量有效功率比偏差，同时给出了相应的评估指标及用 MATLAB 的具体实现方式。

8.1 本章引言

在数字信号处理中，相关是个很重要的概念。自相关函数描述随机信号 $x(t)$在任意两个不同时刻 t_1 和 t_2 的取值之间的相关程度；互相关函数描述随机信号 $x(t)$和 $y(t)$在任意两个不同时刻 t_1 和 t_2 的取值之间的相关程度，互相关函数给出了在频域内两个信号是否相关的一个判断指标，可以用来确定输出信号有多大程度来自输入信号，这对于修正测量中的接入噪声源产生的误差非常有效。

在实际应用中，测量得到的信号都不可避免地含有各种噪声，因而如何实现信号的检测、识别和提取显得尤为重要。相关函数是描述随机信号的重要统计量，通过对采集到的信号做相关函数处理，可以较方便地实现信号的检测、识别和提取，方法比较简洁。相关函数不仅被用来分析随机信号的功率谱密度和描述平稳随机信号的统计特性，对确定信号的分析也有很重要的作用。如果要处理的数据量比较大，可利用相关函数和卷积函数的关系，即通过 FFT(快速傅里叶变换)和 IFFT(快速反傅里叶变换)实现对信号的相关函数的计算。

在卫星导航领域，相关函数运算是用户接收机进行导航定位解算的关键步骤，同时也是衡量卫星导航信号性能的一个重要指标。通过将接收到的卫星下行信号与本地参考信号做互相关运算，能够考察导航信号的畸变程度，分析和评估由于信道限带和失真效应等引起的有用相关功率的损耗及其对导航性能的影响。

本节对相关函数的定义进行介绍，8.2 节将详细阐述基于相关函数运算的卫星导航信号相关特性的评估方法及理论。

1. 能量有限信号的相关序列

假设一维信号 $x(n)$和 $y(n)$是两个能量有限的实信号序列，则能量信号的互相关序列为

$$R_{xy}(m)=\sum_{n=-\infty}^{+\infty}x(n)y(n-m)=\sum_{n=-\infty}^{+\infty}x(n+m)y(n) \tag{8.1-1}$$

$$R_{yx}(m)=\sum_{n=-\infty}^{+\infty}y(n)x(n-m)=\sum_{n=-\infty}^{+\infty}y(n+m)x(n) \tag{8.1-2}$$

式中，$m=0, \pm1, \pm2, \cdots$。可以看出，$R_{xy}(m)=R_{yx}(-m)$。另外，$R_{xy}(m)=x(m)*y(-m)$，我们可以利用卷积运算来计算两个序列的相关。在实际应用中可以直接利用 MATLAB 中自带的 xcorr 函数和 conv 函数计算信号的相关函数。其中，xcorr 是相关运算；conv 是卷积运算，在利用卷积计算相关函数时，需要先将其中一个信号翻转后再求卷积。

自相关序列为互相关序列的一种特殊形式，可以表示如下：

$$R_{xx}(m)=\sum_{n=-\infty}^{+\infty}x(n)x(n-m)=x(m)*x(-m) \tag{8.1-3}$$

$$R_{yy}(m)=\sum_{n=-\infty}^{+\infty}y(n)y(n-m)=y(m)*y(-m) \tag{8.1-4}$$

2. 功率有限信号的相关序列

假设一维信号 $x(n)$和 $y(n)$是两个周期为 N 的功率信号，则互相关序列可表示如下：

$$R_{xy}(m)=\frac{1}{N}\sum_{n=0}^{N-1}x(n)y(n-m)=\frac{1}{N}\sum_{n=0}^{N-1}x(n+m)y(n) \tag{8.1-5}$$

$$R_{yx}(m)=\frac{1}{N}\sum_{n=0}^{N-1}y(n)x(n-m)=\frac{1}{N}\sum_{n=0}^{N-1}y(n+m)x(n) \tag{8.1-6}$$

同理可知，自相关序列可表示为如下形式：

$$R_{xx}(m)=\frac{1}{N}\sum_{n=0}^{N-1}x(n)x(n-m)=\frac{1}{N}\sum_{n=0}^{N-1}x(n+m)x(n) \tag{8.1-7}$$

$$R_{yy}(m)=\frac{1}{N}\sum_{n=0}^{N-1}y(n)y(n-m)=\frac{1}{N}\sum_{n=0}^{N-1}y(n+m)y(n) \tag{8.1-8}$$

可知，周期为 N 的功率信号的相关函数也是周期为 N 的序列。

另外，相关函数还具有以下性质：

$$R_{xx}(0)=E_x \tag{8.1-9}$$

$$R_{yy}(0)=E_y \tag{8.1-10}$$

$$|R_{xx}(m)|\leqslant R_{xx}(0)=E_x \tag{8.1-11}$$

$$|R_{xy}(m)|\leqslant\sqrt{R_{xx}(0)R_{yy}(0)}=\sqrt{E_xE_y} \tag{8.1-12}$$

3. 相关系数的定义

相关系数是表示变量之间相关程度的指标。一维信号 $x(n)$和 $y(n)$是两个能量有限信号，则它们之间的相关系数 ρ_{xy} 可以表示为

$$\rho_{xy}=\frac{\sum_{n=0}^{+\infty}x(n)y(n)}{\sqrt{\sum_{n=0}^{+\infty}x^2(n)\sum_{n=0}^{+\infty}y^2(n)}} \tag{8.1-13}$$

式中，分母为两个信号各自能量乘积的开方，即$\sqrt{E_xE_y}$，对于确定信号来说该值为常数。因此，相关系数 ρ_{xy} 的大小主要由其分子决定。由许瓦兹不等式可知$|\rho_{xy}|\leqslant1$，当两个信号完全相等时，有 $\rho_{xy}=1$；当两个信号在某种程度上相似时，有 $0<|\rho_{xy}|<1$，当两信号完全无关时，有 $\rho_{xy}=0$。

相关系数只是一个比率，无单位，不是等单位量度，也不是相关的百分数，一般取小数点后两位来表示。相关系数的正负号只表示相关的方向，绝对值表示相关的程度。因为不是等单位的度量，所以不能说相关系数 0.7 是 0.35 两倍，只能说相关系数为 0.7 的变量间相关程度比相关系数为 0.35 的变量间相关程度更为密切和更高；也不能说相关系数从 0.70 到 0.80 与相关系数从 0.30 到 0.40 增加的程度一样大。

通常认为变量间的相关程度与其相关系数间的关系如表 8.1-1 所示。

表 8.1-1　相关程度与其相关系数间的关系

序　号	相关系数	相关程度
1	0.00～±0.10	无相关性
2	±0.10～±0.30	弱相关性
3	±0.30～±0.50	中等相关
4	±0.50～±0.80	显著相关
5	±0.80～±1.00	高度相关

4. 维纳-辛钦定理

维纳-辛钦定理(Wiener-Khinchin theorem)表明，自相关函数和功率谱密度函数是一对傅里叶变换对：

$$R(\tau)=\int_{-\infty}^{+\infty} S(f)\mathrm{e}^{\mathrm{j}2\pi f\tau}\mathrm{d}f \tag{8.1-14}$$

$$S(f)=\int_{-\infty}^{+\infty} R(\tau)\mathrm{e}^{-\mathrm{j}2\pi f\tau}\mathrm{d}\tau \tag{8.1-15}$$

在利用 MATLAB 计算过程中，由于直接利用 xcorr 来计算信号间的相关性耗时比较长，因此实际上，通常是利用 Fourier 变换中的卷积定理进行 xcorr 过程求解的。如计算信号 $f(t)$和 $g(t)$之间的相关，可以利用下式直接计算得到。

$$R(t)=\mathrm{IFFT}[\mathrm{FFT}(f(t))\times \mathrm{FFT}(g(t))] \tag{8.1-16}$$

8.2　信号相关域特性评估理论

信号相关函数曲线在信号捕获、跟踪和定位等方面有着极其重要的作用。接收端在进行捕获跟踪和定位解算时，主要是根据本地产生的测距信号与接收信号之间的互相关性进行计算的。信号的任何失真或畸变基本都会反映在信号的相关函数曲线上，最终影响信号的跟踪精度。

本节首先介绍信号相关函数曲线的作用及其计算方法，然后给出相关峰的主要畸变类型及评价方法，在此基础上详细介绍了相关损失、S 曲线过零点偏差、鉴相曲线过零点斜率偏差以及信号有效功率比偏差等的评估理论及其具体的计算方法。

8.2.1　信号相关函数曲线

1. 相关函数及其特性

以北斗区域卫星信号为例，其理想码片波形为典型的矩形方波，因此为了便于分析和比较，图 8.2-1 给出理想通道和畸变通道情况下的信号波形情况。

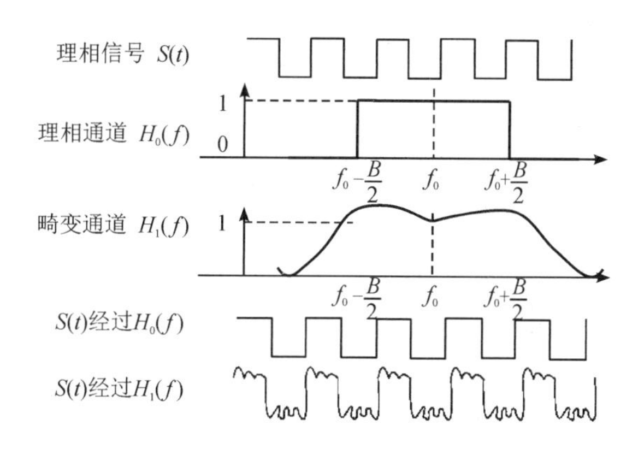

图 8.2-1 信号畸变产生示意图

理想信号产生后，需要经过星上各器件、空间环境及接收机通道后才能到达接收机数据处理单元进行测距解算。因此，本节将整个信号传输通道定义为 $H_i(f)$：其中，$i=0$ 时表示在理想情况下没有任何失真的传输通道；$i=1$ 时则表示存在一定程度的失真。如果理想无失真信道的带宽 B 足够宽，我们可以认为信号经过 $H_0(f)$后无失真，而信号经过有失真的通道后会产生畸变。实际情况是信号传输通道必然会存在某种程度的失真。实际上理想带限通道带来的信号失真不会引起伪距偏差，不同卫星信号的传输通道特性不一致是伪距偏差产生的根本原因。

当有畸变的导航信号与接收机本地复现码进行相关运算时，会导致相关峰曲线产生畸变，从而影响跟踪和测距，最终可能会影响定位精度，以图 8.2-2 为例进行详细说明。

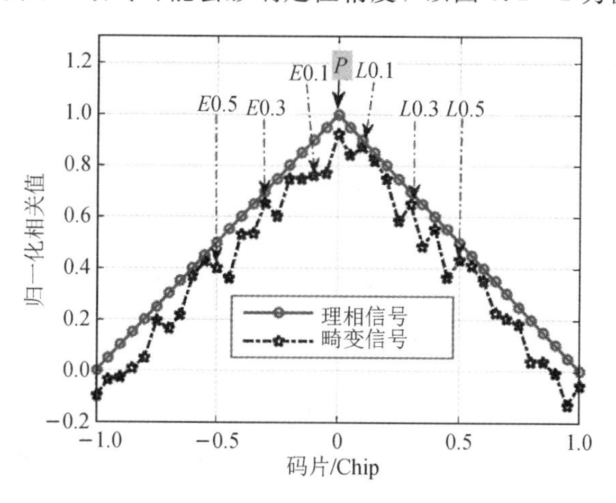

图 8.2-2 理想信号及畸变信号的相关曲线

为了向读者详细展示信号畸变是如何影响伪距偏差测量结果的，这里以超前减滞后鉴相器(EML)输出的跟踪偏差随相关器间隔的变化情况来介绍信号畸变与伪距偏差之间的关系。图 8.2-2 给出了理想信号自相关函数曲线以及理想信号与畸变信号的互相关函数曲线。从图中可以明显看出，畸变信号的相关曲线相比理想相关曲线，有较严重的扭曲变形以及不对称，从而导致不同相关器间隔下的跟踪误差相差较大，如图 8.2-3 所示。图 8.2-3 给出的是从图 8.2-2 中理想相关曲线和畸变信号相关曲线计算得到的跟踪偏差。从图 8.2-3 中可以很直观地看出信号畸变对用户测距的影响情况。

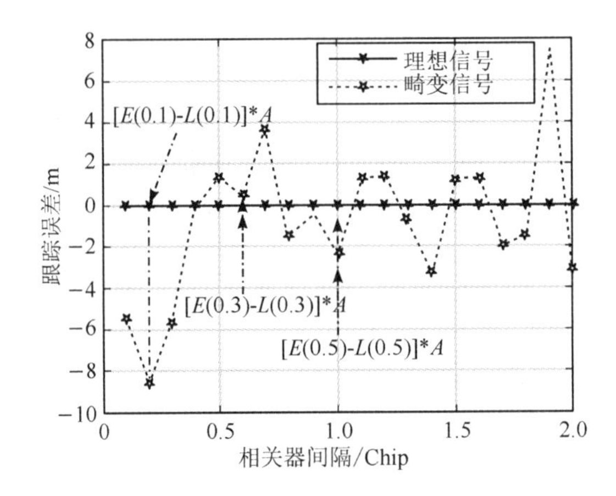

图 8.2-3　不同相关器间隔下的跟踪偏差

理想情况下，接收机在跟踪过程中的鉴别器曲线过零点的偏移量为零。而在实际应用中，由于接收到的卫星下行信号存在不同程度的畸变，因此实测鉴别曲线的过零点会产生锁定点偏差。又由于不同卫星在相同信号间的畸变程度不同，所以会产生伪距偏差。

下面以简化示意形式简要介绍跟踪偏差计算方法。

首先将早迟相关器输出的结果作差，然后将差值乘以一个因子 A：

$$\varepsilon(\tau)=\left[E\left(\frac{\tau}{2}\right)-L\left(\frac{\tau}{2}\right)\right]\cdot A \tag{8.2-1}$$

$$A=\frac{1}{2P}\cdot\frac{1}{f_{\mathrm{B}}}\cdot c \tag{8.2-2}$$

式中，τ 为接收机早迟相关器间隔；$\varepsilon(\tau)$ 为跟踪偏差；$E(\tau/2)$ 和 $L(\tau/2)$ 分别为早、迟相关器输出；P 为即时相关器输出；f_{B} 为北斗信号测距码速率；c 为光速。

由此可见接收到的卫星导航信号码片波形若出现失真，则不仅表现在相关输出的幅度衰减上，还会引起相关函数的变形。信号失真带来的相关特性变化对测距性能的影响主要表现在以下三个方面：

(1) 相关峰值下降，主要影响载波跟踪精度和解调性能。

(2) 相关函数不对称，从而导致码跟踪偏差。

(3) 相关函数的斜率发生变化，影响码鉴别函数过零点的斜率，造成码跟踪精度变化。

对相关曲线进行分析，可以评估由信道带限和失真等因素引起的相关功率损耗，以及信号失真对导航性能的影响。下面将详细介绍卫星导航信号相关函数曲线的具体计算和分析方法。

首先，根据软件接收机跟踪环的输出，对接收到的卫星导航信号进行载波剥离和多普勒去除；然后，根据测得的信道传输特性进行均衡处理，得到实测信号测距码；最后，计算其与本地参考码的归一化互相关函数，即可得到卫星导航信号的相关函数曲线，如式(8.2-3)所示。

$$\mathrm{CCF}(\tau)=\frac{\int_0^{T_{\mathrm{p}}} S_{\mathrm{Rec}}(t)\cdot S_{\mathrm{Ref}}^{*}(t-\tau)\mathrm{d}t}{\sqrt{\left(\int_0^{T_{\mathrm{p}}}\left|S_{\mathrm{Rec}}(t)\right|^{2}\mathrm{d}t\right)\cdot\left(\int_0^{T_{\mathrm{p}}}\left|S_{\mathrm{Ref}}(t)\right|^{2}\mathrm{d}t\right)}} \tag{8.2-3}$$

式中，S_{Rec} 为实测卫星信号测距码；S_{Ref} 为本地接收机产生的理想复制码；积分时间 T_{p} 通常对应于参考信号的一个主码周期。

在实际工程实现中，为了得到较高时域分辨率的相关函数，可以提高数字信号的采样率，或采用多周期重叠累加技术。为了减少噪声的影响，可在多个码周期内对相关函数进行平均。

2. 相关峰曲线畸变

相关峰曲线畸变主要包括相关峰扁平(如数字畸变引起的相关曲线畸变)、相关峰波动(如模拟畸变引起的相关曲线畸变)、相关峰不均匀不对称(如数/模混合畸变及波形不对称引起的相关曲线畸变)。

这些相关曲线畸变最终将会导致伪码测距结果偏离正常值，特别是会导致宽窄相关测距结果不一致。这种导航信号波形畸变虽然在中心站星历与钟差计算过程中以及原有的完好性监测机制中都不容易被发现，且对于一般用户而言影响甚微，但对于差分用户来说，由于用户机与基准站工作于不同的延迟锁相环带宽，所以会带来较大的差分定位误差。

实测信号的相关函数 $R_{\text{rx}}(\tau)$ 可以理解为理想信号的相关函数 $R(\tau)$ 经过卫星传输通道 h_{sv} 和接收通道 h_{rx} 之后得到的，如式(8.2-4)所示。

$$R_{\text{rx}}(\tau)=h_{\text{sv}} * h_{\text{rx}} * R(\tau) \qquad (8.2-4)$$

在实际应用中，卫星传输通道和接收通道并不是理想的，而是存在一定程度的失真或畸变，因此实测信号的相关函数相比理想信号的相关函数存在不对称和相关损失，从而会产生S曲线过零点偏差，导致测距误差和定位误差。

图8.2-4所示为利用宽相关法和窄相关法进行伪距测量的示意图。其中，虚线代表理想信号的自相关曲线，实线代表实测信号的相关峰曲线。从图8.2-4中可以发现，实测相关峰曲线不仅相对于理想相关曲线向右平移，而且在峰值位置并非尖锐，而是变得扁平。另外，曲线有较大程度的波动，左右分布不均匀、不对称。

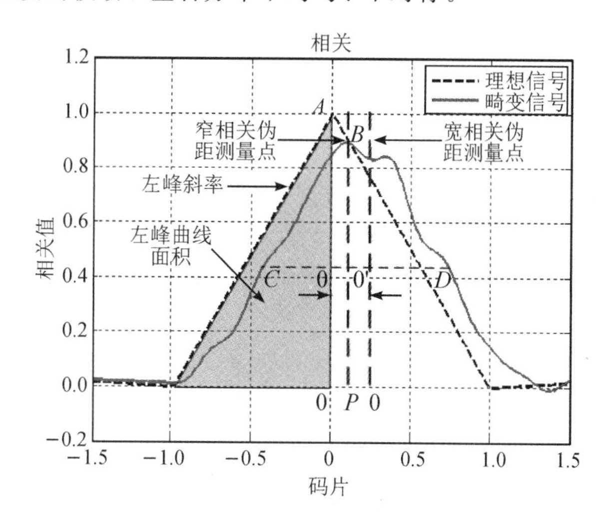

图8.2-4　宽窄相关法进行伪距测量示意图

可以用宽窄相关器输出结果的伪距一致性来评估接收的卫星导航信号相关峰是否存在畸变：若宽窄相关器的伪距测量结果的一致性较好，则认为信号基本无畸变；反之，则认为存在较大畸变现象。相关峰的对称性除了可以利用左右峰曲线的拟合斜率比进行评估外，还可以利用左右峰曲线面积比来量化分析相关峰的对称性。下面将具体介绍相关峰的评估参数。

波形失真会引起相关函数的变形，最具危害的是相关函数对称性的丧失。这是由于码跟踪环路相位调整的方向是由超前与滞后相关器输出的相对幅度决定的，只有互相关函数左右对称才能实现无偏跟踪。相关峰对称性的分析可以综合以下几种方法进行评估。

(1) 利用左峰和右峰曲线的拟合斜率比来分析。拟合斜率比越接近 1，对称性越好。

(2) 利用左峰和右峰曲线所覆盖的面积比来量化分析相关峰的对称性。左峰和右峰曲线覆盖面积比越接近 1，对称性越好。

(3) 利用鉴别曲线过零点偏差来分析。如图 8.2-5 所示，在互相关函数不对称的情况下，曲线上对应同一幅度值的两点的中点偏离纵轴，从而产生码跟踪误差 ε。为方便分析，可构造不同相关器间隔 d 对应的超前减滞后鉴别曲线，以曲线过零点偏差 $\varepsilon(d)$ 作为评价标准。因此，相关峰曲线的不对称性所产生的影响可以用跟踪误差来衡量，即利用 S 曲线过零点偏差来进行分析。

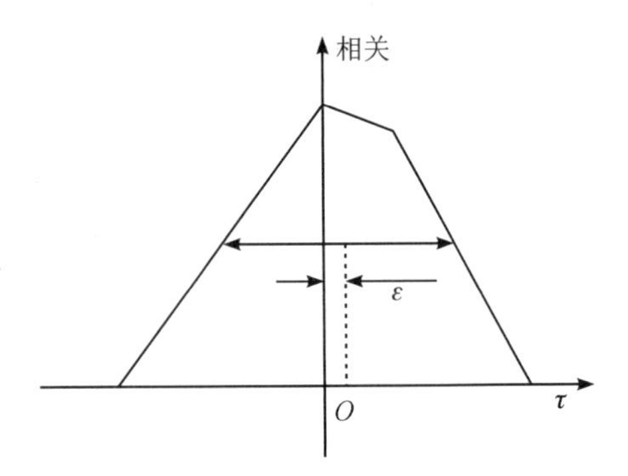

图 8.2-5　相关函数非对称性示意图

测量型接收机通常就是利用多相关器输出法进行信号监测的。测量型监测接收机可以实现对伪距进行不同码片间隔的多相关器输出，因此通过评估不同相关器测距结果的互相符合性，即可实现对导航信号的监测。常见的测量型监测接收机每个频点对应两个不同的通道。一个监测接收卫星信号的相关峰，另一个监测自检信号的相关峰，其内部的后处理软件负责两种相关峰、宽窄相关器伪距一致性的比较。所以，通过设置不同的相关器间隔，利用 S 曲线过零点，得出在不同相关器间隔下的测距结果，根据这些结果的变化情况进一步可以分析信号相关峰曲线的失真情况。

(4) 对相关峰波形的分析，还可以利用二阶中心距来进行。相关峰曲线的形状直接反映了信号的畸变、多径效应、带限失真和干扰等对卫星导航信号的影响。利用波形的二阶中心矩特性，可以分析相关峰形状的变化。设归一化后一个周期内的相关函数为 $y=f(x)$，相关峰横轴采样点为 x_i，单位为 1 chip，相关峰纵轴幅度为 y_i。对于归一化后的相关曲线，在理想情况下 y_i 的取值最大为 1，相关峰最高点的横坐标对应点为 $x_0=0$。则二阶矩计算公式为

$$Z=\sum_{i=1}^{N}\left|(x_i-x_0)\times y_i^2\right| \tag{8.2-5}$$

利用二阶矩分析相关曲线特性的方法如下：

➢ 若实测二阶矩结果大于理想设计信号二阶矩的计算结果，说明实测信号相关峰相对于理想设计信号相关峰被展宽；反之，若实测二阶矩结果小于理想设计信号二阶矩的计算结果，说明实测信号相关峰相对于理想设计信号相关峰被压缩。由于各卫星的滤波器和发射特性不同，所以实际信号相关峰与理想设计信号相关峰有一定的偏离是正常的；但是若

这种偏离较大，则说明实测信号有较大的畸变。

➢ 由于理想设计信号的相关曲线是对称的，所以左峰和右峰的二阶矩相同，因此若实测信号左峰和右峰二阶矩测量结果不相等，则说明相关曲线不是对称的。然后再根据左峰和右峰二阶矩结果判断相关曲线的不对称特点。

8.2.2　评估理论

1. 相关损失特性评估

在信号设计带宽上的实际接收信号功率与理想信号功率间的差值即为相关损失。利用接收信号测距码与本地复现码做相关，即可得到相关损失。

对于简单的BPSK或QPSK调制信号，通常情况下各支路信号测距码及功率比已知，此时可以直接利用实测接收信号功率及理想设计信号功率的差值计算相关损失。而在保证恒包络的前提下，新型调制信号由多个信号分量通过一定的复用方式并加入一些交调分量组合得到，所以对于新型调制信号而言，各支路信号的相关损失计算必须以信号间功率配比为基础，然而通常情况下用户无法得知信号交调项，因此无法精确计算信号间的功率比。在实际应用中，建议首先根据信号设计情况仿真得到理想无失真信号，然后通过比较分析实测信号的相关损失及仿真理想无失真信号的相关损失，得到由通道失真等影响造成的信号相关损失值。具体计算方法如下。

本地参考信号和接收信号的互相关函数为

$$R_0=\int_0^{T_p} S_{\text{Real}}(t)\cdot S_{\text{Ref}}^*(t-\tau)\,\mathrm{d}t \tag{8.2-6}$$

式中，$S_{\text{Real}}(t)$为经过带宽为信号设计带宽滤波器后的实测基带信号，$S_{\text{Ref}}^*(t)$为经过带宽为信号设计带宽滤波器后的本地参考信号的共轭；T_p为测距码周期。

将互相关进行归一化，归一化因子G可取理想信号功率和接收信号功率乘积的根式，即

$$G=\sqrt{\left(\int_0^{T_p}|S_{\text{Real}}(t)|^2\mathrm{d}t\right)\cdot\left(\int_0^{T_p}|S_{\text{Ref}}(t)|^2\mathrm{d}t\right)} \tag{8.2-7}$$

从而归一化互相关函数为

$$\text{CCF}(\tau)=\frac{R_0}{G}=\frac{\int_0^{T_p} S_{\text{Real}}(t)\cdot S_{\text{Ref}}^*(t-\tau)\,\mathrm{d}t}{\sqrt{\left(\int_0^{T_p}|S_{\text{Real}}(t)|^2\mathrm{d}t\right)\cdot\left(\int_0^{T_p}|S_{\text{Ref}}(t)|^2\mathrm{d}t\right)}} \tag{8.2-8}$$

而信号的相关功率为互相关函数的峰值数值，以dB为单位表达如下：

$$P_{\text{CCF}}=\max_{\text{over all }\varepsilon}(20\cdot\lg(|\text{CCF}(\tau)|)) \tag{8.2-9}$$

在包含非合作信号(如授权信号)的频点中，由于非合作信号信息未公开，因而可利用随机信号仿真非合作信号测距码的方式获得理想信号，然后仿真分析理想信号的各支路信号的功率比和复用效率，计算理想无失真信号在本地理想FIR滤波器及信号设计带宽下的信号相关功率$P_{\text{CCF_Ref}}$；在同样的滤波器及带宽条件下求得实际接收信号相关功率$P_{\text{CCF_Real}}$，将两者相减可获得由于通道失真、信号功率再分配等因素造成的相关损失值：

$$\text{CL}=P_{\text{CCF\_Ref}}-P_{\text{CCF\_Real}} \tag{8.2-10}$$

式中，P_{CCF} 为信号相关功率；P_{CCF_Ref} 为理想信号相关功率；P_{CCF_Real} 为实际接收信号相关功率；CL 为相关损失。

由于受到噪声或其他干扰的影响，以及在不同码周期内其他信号或信息分量的相互影响等因素，实际测量得到的相关损失与不同码周期的计算结果是略有差异的，因此，实际应用中通常采取平均的方式计算相关损失。

一般情况下，引起相关损失的原因主要有两个：

(1) 同一载频复用多信号分量，而有用信号功率只占总功率的一部分。

(2) 信道带限和失真等的影响，使得输入信号与本地参考信号之间不匹配。

相关损失越低，伪距测量精度越高，接收机门限越低。在利用式(8.2－10)计算相关损失时，应考虑到由实际带限滤波器引起的不同带宽信号分量之间功率分配相对变化量对计算结果的影响。

图 8.2－6 为 2020 年 4—9 月 24 颗 MEO 卫星在 B1、B2 和 B3 三个频点各支路民用信号相关损失分析结果的均值统计值。图中的横坐标 C 和 M 分别表示 BDS-3 的两个卫星研制方，与图 6.2－8 中的 S1 和 S2 类似。从图中可以看出，两个卫星研制方的卫星下行信号相关损失特性基本相当；三个频点中相关损失从小到大依次是 B2<B1Cd<B1Cp<B1I<B3I；不同卫星中 B3I 相关损失结果基本相当(0.4 dB 左右)，稳定性最好，B2 频点次之，B1 频点结果差异稍大。分析结果显示 B3I 相关损失较大，推断可能是由于 B3 是由多路复用得到的，而其中仅 B3I 支路为已知公开信号，其余信号均为授权信号，推断可能是由于 B3 频点信号中仅 B3I 支路为民用信号，其他支路信号均为非公开信号，在未知其他非公开信号前提下计算得到的相关损失会有一定偏大。

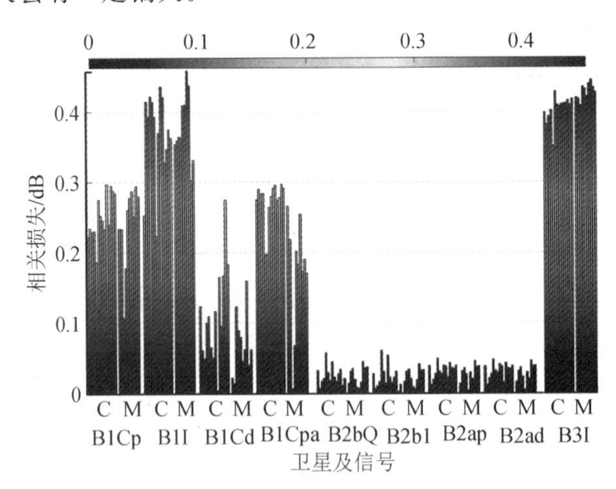

(指标要求：B1C 各支路相关损失≤0.3 dB，其余支路相关损失≤0.6 dB)

图 8.2－6　相关损失分析结果均值

2. S 曲线过零点偏差特性评估

理想情况下，接收机码跟踪环鉴相曲线(S 曲线)的过零点应位于码跟踪误差为零处，而实际应用中由于信道传输失真、多径和噪声等影响，导致接收机码跟踪环锁定点产生偏差。

几种常见的接收机码跟踪环鉴相器主要包括非相干超前减滞后幅值鉴相器、非相干超前减滞后功率鉴相器、似相干点积功率鉴相器和相干点积功率鉴相器。本节将针对各类常见码跟踪环鉴相器，介绍S曲线过零点偏差分析方法。

设超前相关器与滞后相关器的间隔为δ，单位为码片，即时相关器输出为P_0，超前相关器输出为$E_{-\frac{\delta}{2}}$，滞后相关器输出为$L_{\frac{\delta}{2}}$，则不同码跟踪环鉴相器的S曲线计算方法分别如下：

(1) 非相干超前减滞后幅值鉴相器的S曲线计算方法为

$$S_{\text{curve}}(\varepsilon,\delta)=\begin{cases}\dfrac{1}{2}\left(E_{-\frac{\delta}{2}}-L_{\frac{\delta}{2}}\right) & (\text{相关函数已归一化})\\[2ex] \dfrac{1}{2}\left(\dfrac{E_{-\frac{\delta}{2}}-L_{\frac{\delta}{2}}}{E_{-\frac{\delta}{2}}+L_{\frac{\delta}{2}}}\right) & (\text{未归一化})\end{cases} \tag{8.2-11}$$

(2) 非相干超前减滞后功率鉴相器的S曲线计算方法为

$$S_{\text{curve}}(\varepsilon,\delta)=\begin{cases}\dfrac{1}{2}\left(E^2_{-\frac{\delta}{2}}-L^2_{\frac{\delta}{2}}\right) & (\text{相关函数已归一化})\\[2ex] \dfrac{1}{2}\left(\dfrac{E^2_{-\frac{\delta}{2}}-L^2_{\frac{\delta}{2}}}{E^2_{-\frac{\delta}{2}}+L^2_{\frac{\delta}{2}}}\right) & (\text{未归一化})\end{cases} \tag{8.2-12}$$

此种方法被大多数接收机所采用。

(3) 似相干点积功率鉴相器的S曲线计算方法为

$$S_{\text{curve}}(\varepsilon,\delta)=\begin{cases}\dfrac{1}{2}\left(\left(I_{E_{-\frac{\delta}{2}}}-I_{L_{\frac{\delta}{2}}}\right)I_{P_0}+\left(Q_{E_{-\frac{\delta}{2}}}-Q_{L_{\frac{\delta}{2}}}\right)Q_{P_0}\right) & (\text{相关函数已归一化})\\[2ex] \dfrac{1}{4}\left(\dfrac{\left(I_{E_{-\frac{\delta}{2}}}-I_{L_{\frac{\delta}{2}}}\right)}{I_{P_0}}+\dfrac{\left(Q_{E_{-\frac{\delta}{2}}}-Q_{L_{\frac{\delta}{2}}}\right)}{Q_{P_0}}\right) & (\text{未归一化})\end{cases} \tag{8.2-13}$$

点积功率鉴相器并非直接利用三种相关器(即时相关器输出P、超前相关器输出E和滞后相关器输出L)的输出，而是直接利用I支路的即时I_P、超前I_E和滞后I_L相干积分数据，以及Q支路的即时Q_P、超前Q_E和滞Q_L相干积分结果进行鉴相。式(8.2-13)中的下标$\pm\dfrac{\delta}{2}$表示超前或滞后的码片间隔，其中$+\dfrac{\delta}{2}$表示滞后，$-\dfrac{\delta}{2}$表示超前。由该式可知此种方法所需的相关器较多，因此接收机成本较大。

(4) 相干点积功率鉴相器的S曲线计算方法为

$$S_{\text{curve}}(\varepsilon,\delta)=\begin{cases}\dfrac{1}{2}\left(I_{E_{-\frac{\delta}{2}}}-I_{L_{\frac{\delta}{2}}}\right)I_{P_0} & (\text{相关函数已归一化})\\[2ex] \dfrac{1}{4}\dfrac{\left(I_{E_{-\frac{\delta}{2}}}-I_{L_{\frac{\delta}{2}}}\right)}{I_{P_0}} & (\text{未归一化})\end{cases} \tag{8.2-14}$$

相干点积功率鉴相方法最简单，接收机计算量最小，但要求信号功率集中在I支路上。若接收机载波环采用锁相环，且工作在稳态区，此时可满足要求；但若接收机载波环为锁频环，或锁相环还未稳定，则部分信号功率会流失在 Q 支路，此时该鉴相器性能将降低。

利用上述方法计算得到 S 曲线后，则锁定点偏差 $\varepsilon_{\text{bias}}(\delta)$ 的表达式为

$$S_{\text{curve}}(\varepsilon_{\text{bias}}(\delta),\delta)=0 \tag{8.2-15}$$

绘制接收信号鉴相曲线锁定点偏差 $\varepsilon_{\text{bias}}(\delta)$ 随超前-滞后相关器间隔 δ 的变化曲线，即可得到 S 曲线过零点偏差曲线 $S_{\text{curve}}(\delta)$。然后计算遍历的所有相关器间隔 δ 内的 S 曲线过零点偏差最大值与最小值之差，即可得到该测距码周期内的鉴相曲线过零点偏差值。

$$\text{SCB}=\max_{\text{over all }\delta}(\varepsilon_{\text{bias}}(\delta))-\min_{\text{over all }\delta}(\varepsilon_{\text{bias}}(\delta)) \tag{8.2-16}$$

式中，δ 取值范围是 $[0,\delta_{\max}]$，通常情况下对于不同调制方式，$\delta_{\max}$ 的取值为

$$\delta_{\max}[\text{chips}]=\begin{cases}\dfrac{1.5}{4\dfrac{m}{n}-1} & (\text{BOC}(m,n)\text{ 信号})\\ 1.5 & (\text{BPSK}-n\text{ 信号})\end{cases} \tag{8.2-17}$$

为最大程度减小噪声的影响，在实际应用中，通常统计多个不同测距码周期内的鉴相曲线过零点偏差值的平均值，得到该时间段内的 S 曲线过零点偏差均值。另外，在计算过程中，应尽量避免测量系统本身引入的不确定性和不稳定性的影响。

图 8.2-7 为 2020 年 4—9 月 24 颗 MEO 卫星在 B1、B2 和 B3 三个频点各支路民用信号 S 曲线偏差分析结果均值统计值。图中需要说明的是，由于 B1Cp 信号是 MBOC 调制的，所以在其相关曲线主瓣内存在斜肩，一般建议接收机相关器间隔避免取 0.16～0.36 B1Cp 码片，因此为了便于区分，本文选取了两个相关器间隔取值区间的 S 曲线偏差，在分析 S 曲线偏差时将相关器间隔小于 0.15 码片时记为 B1Cp，将相关器间隔取 0.37～0.46 码片时记为 B1Cp*。

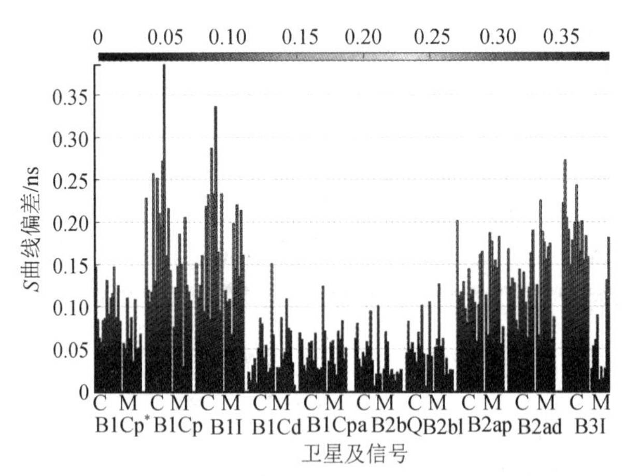

（指标要求：≤0.5 ns）

图 8.2-7 S 曲线偏差分析结果均值

从图 8.2-7 中可以看出，两个卫星研制方的卫星下行信号 S 曲线偏差基本相当，卫星研制方 M 的 B1I、B1Cp 和 B3I 信号 S 曲线偏差稍好于研制方 C。从总体来看，在三个频点 S 曲线偏差分析结果中，B1Cd、B1Cpa 和 B2b 各支路信号 S 曲线偏差基本相当，B1Cp、B1I、B2a 和 B3I 各支路信号 S 曲线偏差基本相当，而且前一组稍好于后组。不同卫星间 B1Cp 和 B1I 信号 S 曲线偏差分析结果差异稍大。因此，相比其他支路信号，B1Cp 和 B1I

信号间的伪距偏差也稍大一些。

下面以 B1I 和 B1Cd 信号为例，给出了 BDS-3 24 颗 MEO 卫星 B1I 和 B1Cd 信号在主瓣带宽为 4 MHz 条件下的伪距偏差测量结果，如图 8.2－8 所示。图中实线代表研制方 C 研制的卫星，虚线代表研制方 M 研制的卫星。这里假设各用户接收机的其他参数设置均相同，仅相关器间隔参数设置不同。其中，图(a)中的参考接收机相关器间隔取 1.0 B1I 码片，图(b)中的参考接收机相关器间隔取 0.5 B1Cd 码片，因此当用户接收机 B1I 信号和 B1Cd 信号的相关器间隔分别取 1.0 B1I 码片和 0.5 B1Cd 码片时，伪距偏差为 0。

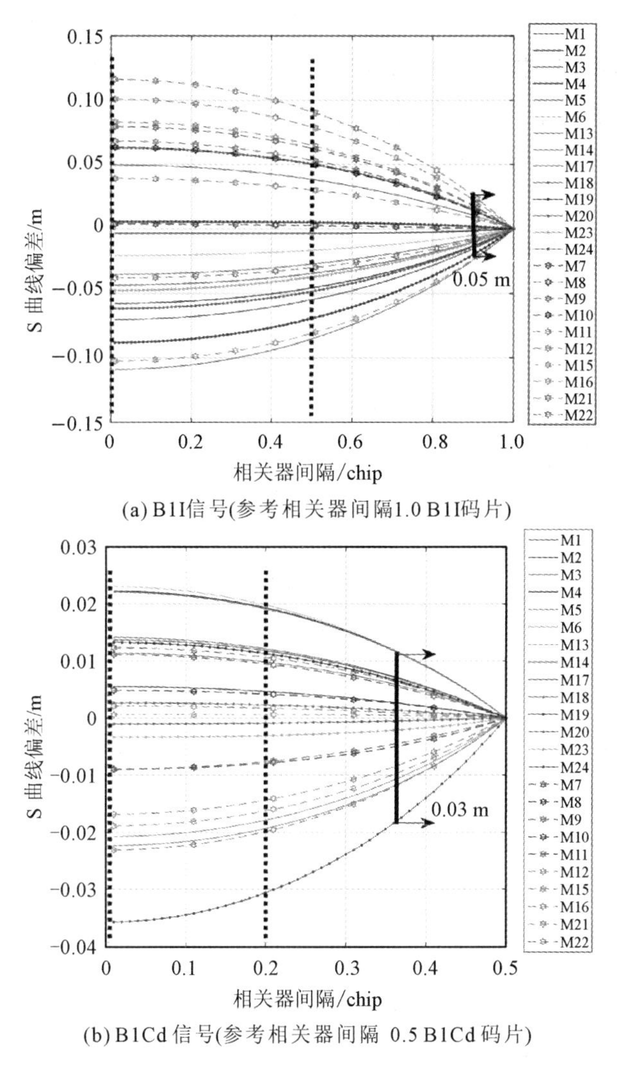

(a) B1I信号(参考相关器间隔1.0 B1I码片)

(b) B1Cd 信号(参考相关器间隔 0.5 B1Cd 码片)

图 8.2－8　B1I 和 B1Cd 信号伪距偏差分析结果

从图中可以看出：

(1) B1I 信号不同卫星间的伪距偏差比 B1Cd 稍大。

(2) 对于 B1I 信号，当参考接收机相关器间隔取 1.0 B1I 码片时，若用户接收机相关器间隔取接近于 0 码片，则此时不同卫星间伪距偏差最大可达 0.23 m 左右；若用户接收机相关器间隔取 0.881 码片，则能够基本保证伪距偏差小于 0.05 m；此时可以认为 B1I 信号伪距偏差很小或基本不存在。

(3) 对于 B1Cd 信号，当参考接收机相关器间隔取 0.5 B1Cd 码片时，若用户接收机相关器间隔取接近于 0 码片，则此时不同卫星间伪距偏差最大不超过 0.06 m；当用户接收机相关器间隔取 0.36 0.5 码片时，则能够基本保证伪距偏差小于 0.03 m。分析结果表明 B1Cd 信号伪距偏差现象基本不存在。

(4) 为了减小伪距偏差对用户测距结果的影响，建议用户接收机相关器间隔及前端带宽等参数取值尽可能接近，从而最大程度上避免伪距偏差给高精度用户带来的影响(贺成艳 等，2018；He et al.，2020；贺成艳 等，2021)。

3. 鉴相曲线过零点斜率偏差特性评估

通常首先在信号发射带宽或主瓣带宽下求得信号的 S 曲线过零点偏差曲线 $S_{\text{curve bias}}(\delta)$，其中超前相关器与滞后相关器的间隔为 δ，则 S 曲线过零点斜率 $D(\delta)$定义为

$$D(\delta)=\frac{\mathrm{d}(S_{\text{curve bias}}(\delta))}{\mathrm{d}\delta} \tag{8.2-18}$$

对于曲线斜率的评估有两种分析方法：差值法和比值法。下面将主要针对这两种分析方法分别进行说明。

1) *差值法*

差值法是将实测导航信号分量的 S 曲线过零点斜率与其理论设计导航信号 S 曲线过零点斜率直接作差，得到差值的方法。

假设理论设计信号的 S 曲线过零点斜率为 $D_{\text{Ideal}}(\delta)$，实测导航信号 S 曲线过零点斜率为 $D_{\text{Receive}}(\delta)$，则在不同相关器间隔下 S 曲线过零点斜率偏差可表示为

$$\Delta D(\delta)=D_{\text{Receive}}(\delta)-D_{\text{Ideal}}(\delta) \tag{8.2-19}$$

统计多个不同测距码周期内的鉴相曲线过零点斜率偏差的平均值，并计算不同相关器间隔下斜率偏差的最大值，得到待评估导航信号分量的鉴相曲线过零点斜率偏差。

2) *比值法*

比值法是将实测导航信号分量的 S 曲线过零点斜率与其理论设计导航信号 S 曲线过零点斜率相比，得到比值的方法。

假设理论设计信号的 S 曲线过零点斜率为 $D_{\text{Ideal}}(\delta)$，实测导航信号 S 曲线过零点斜率为 $D_{\text{Receive}}(\delta)$，则不同相关器间隔下 S 曲线过零点斜率偏差可表示为

$$\Delta D(\delta)=\left(1-\frac{D_{\text{Receive}}(\delta)}{D_{\text{Ideal}}(\delta)}\right)\times 100\% \tag{8.2-20}$$

统计多个不同测距码周期内的鉴相曲线过零点斜率偏差的平均值，并计算不同相关器间隔下的斜率偏差最大值，得到待评估导航信号分量的鉴相曲线过零点斜率的偏差。

请读者思考：比值法和差值法进行鉴相曲线过零点斜率偏差计算的优缺点。

4. 信号分量有效功率比偏差特性评估

由于新型卫星导航信号在每个频点中一般都复用了多个支路信号，因此信号分量间的有效功率比也是衡量信号质量优劣的一项重要参数。

信号分量间的有效功率比计算要求各分量数据的读取起点相同，具体评估原理是对于待评估的导航信号，首先确定其中一个信号分量为基准信号，并定义为信号分量 1，本地生

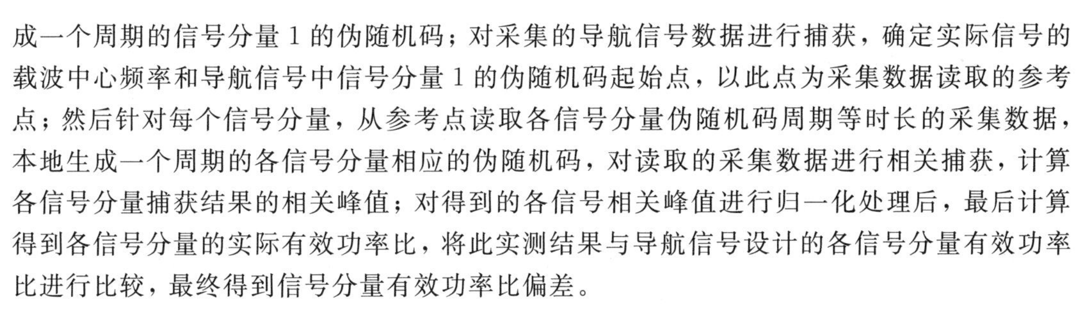

成一个周期的信号分量 1 的伪随机码；对采集的导航信号数据进行捕获，确定实际信号的载波中心频率和导航信号中信号分量 1 的伪随机码起始点，以此点为采集数据读取的参考点；然后针对每个信号分量，从参考点读取各信号分量伪随机码周期等时长的采集数据，本地生成一个周期的各信号分量相应的伪随机码，对读取的采集数据进行相关捕获，计算各信号分量捕获结果的相关峰值；对得到的各信号相关峰值进行归一化处理后，最后计算得到各信号分量的实际有效功率比，将此实测结果与导航信号设计的各信号分量有效功率比进行比较，最终得到信号分量有效功率比偏差。

具体计算方法如下：

按照前面介绍的相关损失计算方法，计算实测信号与本地生成信号的互相关函数，得到各信号分量的相关函数峰值为 $\mathrm{CCF}_{i\_\max}$，其中下标 i 为信号分量。以信号分量 1 为基准对其他各信号分量相关峰值进行归一化处理，得到归一化后各分量的相关函数峰值表达式为

$$\mathrm{CCF}_{i\_\max}=\left(\frac{T_{\mathrm{c1}}}{T_{\mathrm{c}i}}\right)^2\times\mathrm{CCF}_{i\_\max} \tag{8.2-21}$$

式中，$T_{\mathrm{c}i}$ 为信号分量 i 的测距码周期，单位为 s。

因此，可以得到实测信号各分量的有效功率比为

$$P_{\mathrm{Receive}}(i)=\frac{\mathrm{CCF}_{i\_\max}}{\sum\limits_{j=1}^{N}\mathrm{CCF}_{j\_\max}} \tag{8.2-22}$$

式中，$P_{\mathrm{Receive}}(i)$为实测信号中信号分量 i 所占有效信号的功率比；N 为该频点所需评估信号的分量总数。

有效功率比偏差是实测信号相对于理想设计信号而言的，因此各信号分量的有效功率比偏差可用下式计算得到：

$$\Delta P(i)=10\lg\left(\frac{P_{\mathrm{Receive}}(i)}{P_{\mathrm{Ideal}}(i)}\right) \tag{8.2-23}$$

式中，$\Delta P(i)$为信号分量 i 的有效功率比偏差，单位为 dB；$P_{\mathrm{Ideal}}(i)$为导航信号在设计时规定的在理想情况下信号分量 i 占有效信号的功率比。

图 8.2-9 为 2020 年 4—9 月 24 颗 MEO 卫星在 B1、B2、B3 三个频点各支路民用信号

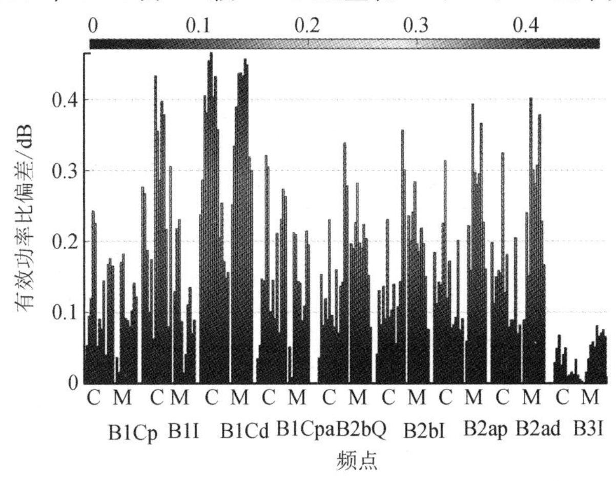

图 8.2-9　有效功率比偏差分析结果均值(指标要求：≤0.5 dB)

有效功率比偏差分析结果的均值统计值。从图中可以看出，两个卫星研制方的卫星下行信号的有效功率比偏差基本相当，研制方 M 的卫星 B1I 信号的有效功率比偏差稍好于研制方 C 的卫星，研制方 C 卫星的 B3I 信号的有效功率比偏差稍好于研制方 M 的卫星；三个频点信号的有效功率比偏差从好到稍差依次是 B3I＜其他支路＜B1Cd。

5. 实测数据的处理流程

图 8.2-10 给出了基于实测采集数据的信号相关域特性评估方法的处理流程。

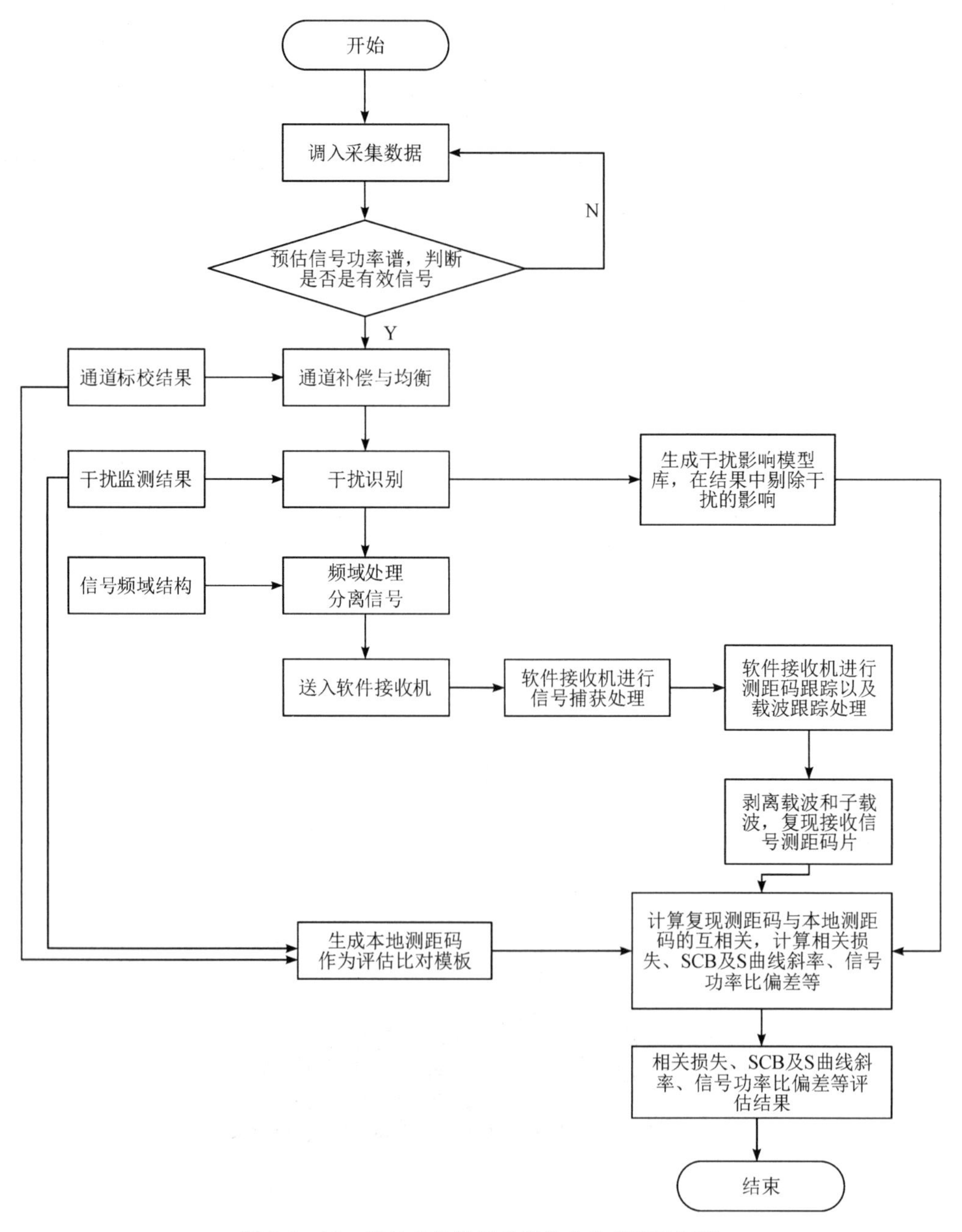

图 8.2-10　信号相关域特性评估方法处理流程图

8.2.3　主要评估参数及评估指标

由前面几节的介绍可知，对卫星导航信号相关特性的评估，主要评估参数包括信号相关损失、S曲线过零点偏差、鉴相曲线过零点斜率及信号分量的有效功率比等。

1. 相关损失

信号设计带宽内的实际接收信号功率与设计信号功率的差值表征信号捕获跟踪性能。在信号设计带宽上的实际接收信号功率与设计信号功率间的差值即为相关损失。利用接收信号测距码与本地复现码做相关运算，即可得到相关损失。

相关损失影响接收机接收信号并进行相关处理后的功率值，直接影响信号的测距精度。

北斗卫星导航系统各频点公开信号的相关损失评估指标如下：

B1I信号：0.6 dB；

B1C信号：0.3 dB；

B2aI信号：0.6 dB；

B2aQ信号：0.6 dB；

B3I信号：0.6 dB。

2. S曲线过零点偏差

S曲线过零点偏差是指接收机对实测卫星导航信号的码环鉴相曲线(S曲线)过零点(锁定点)相比理想设计信号的码环鉴相曲线过零点的偏差。

由于不同用户接收机的前端带宽及相关器间隔等参数的设置不同，这种S曲线过零点偏差可能会导致严重的测距误差及定位误差。

在主瓣带宽情况下，北斗卫星导航系统各频点公开信号的S曲线过零点偏差评估指标如下：

➢ BPSK信号：在相关器间隔为1码片内，S曲线过零点偏差小于0.5 ns；

➢ BOC(m, n)信号：在相关器间隔为$n/(2m)$码片内时，S曲线过零点偏差小于0.5 ns；

➢ MBOC信号：在相关器间隔为0～0.15码片、0.37～0.46码片范围内时，S曲线过零点偏差小于0.5 ns；在0.16～0.36码片(MBOC平台处)内S曲线过零点偏差小于10 ns。

3. 鉴相曲线过零点斜率偏差

鉴相曲线过零点斜率偏差是指接收机对实测卫星导航信号的码环鉴相曲线过零点曲线斜率，相比理想设计信号的码环鉴相曲线过零点曲线斜率之间的偏差。

北斗B1C信号在相关器间隔取0.13～0.37码片间隔范围内，偏差小于30%；其余相关器间隔内，偏差小于10%。

4. 信号分量的有效功率比偏差

信号分量的有效功率比偏差是指同频点各支路信号分量的实际有效功率比与该频点导航信号设计的各理想信号分量的有效功率比之间的偏差。

主瓣带宽内，各支路信号间的有效功率比偏差小于±0.5 dB。

8.3 MATLAB 实现

本程序用于计算信号相关曲线特性。

```
%计算相关曲线时，利用跟踪结果对码相位进行同步，避免出现 S 曲线偏差计算过大的情况
% PathInfo 每路信号的基本信息，包括中频、伪码、伪码速率、码相位等信息
% trackResults 记录了跟踪过程的计算结果
global sampling_subPN
NumOfCurves=50; %%计算相关曲线条数，便于后续进行多条相关曲线取平均
%码周期毫秒数
msOfCode=5000; %%假设采集 5 s 数据
%起始分析位置
startT=1000;
startT=startT-mod(mod(startT,msOfCode)-1,msOfCode);
%信号采样方式
zcroIF——0; % 0 表示射频直采，1 或其他表示 IQ 正交采样
%获取文件数据类型
dataType='int16';
%打开文件
fid=fopen(fileName,'r');
if fid>0
    %存放结果

corrCurve= zeros(NumOfCurves, max(trackResults. numOfRead(startT: startT+NumOfCurves-1)));
    corrLoss=zeros(1,NumOfCurves);
    %创建进度条
    hwb=waitbar(0,'准备计算相关曲线','Name',['正在计算'trackResults(1). text(end-2: end) '相关曲线']);
    %计算各条相关曲线
    for mtklo=1:NumOfCurves
        %更新进度
        update=mtklo/NumOfCurves;
            waitbar(update, hwb, ['已完成: ' sprintf('%. 1f', update * NumOfCurves) '%']);
        %采样率
        fs=250e6;
```

```
%读入软件接收机跟踪过程参数
carrPhase=trackResults.carrPhase(startT+(mtklo-1)*msOfCode); %载波相位跟踪结果
carrFreq=trackResults.carrFreq(startT+(mtklo-1)*msOfCode); %载波频率跟踪结果
codePhase=trackResults.codePhase(startT+(mtklo-1)*msOfCode); %码相位跟踪结果
codeFreq=trackResults.codeFreq(startT+(mtklo-1)*msOfCode); %码频率跟踪结果
fpos=trackResults.absoluteSample(startT+(mtklo-1)*msOfCode); %数据指针位置
%读取数据的采样点数
NumOfReadin=sum(trackResults.numOfRead(startT+(mtklo-1)*msOfCode:...
    startT+mtklo*msOfCode-1));
%获得重采样比和采样时间
t=(1:NumOfReadin)/fs;
%读入数据
fseek(fid,fpos,'bof');
if zeroIF==0
    [signal,samplesRead]=fread(fid,NumOfReadin,dataType);
else
    [signalTmp,samplesRead]=fread(fid,NumOfReadin*2,dataType);
    signal=signalTmp(1:2:end)+1j*signalTmp(2:2:end);
    samplesRead=samplesRead/2;
end
if (samplesRead ~=NumOfReadin)
    disp('Not able to read the specified number of samples, exiting!');
    fclose(fid);
    return
end
signal=signal';
signal=signal-mean(signal);
if codePhase>codeLength/2
    codePhase=codePhase-codeLength;
end

%读入伪码、子载波和相应的码片速率
PN=PathInfo.PN;
```

```
    subPN=PathInfo.subPN;
    fPN=PathInfo.codeRate;
    fsubPN=PathInfo.chipRate;
    NsubFreq=fsubPN/fPN;

    %伪码调制子载波
    idx1=mod(floor((t*codeFreq+codePhase)*NsubFreq),size(subPN,2))+1;
    idx2=mod(floor(t*codeFreq+codePhase),size(PN,2))+1;
    sampling_subPN=PN(idx2).*subPN(idx1);

    %查找合适的载波相位并剥离载波
    localCarr=cos(2*pi*carrFreq*t+carrPhase)-...
        1j*sin(2*pi*carrFreq*t+carrPhase);

    %得到剥离载波后的基带信号
    baseSignal=signal.*localCarr;
    f0=1.023e6;
    bandwidth=band*f0; %设置滤波带宽

    %滤波后本地复现测距码(包含子载波)
    sampling_subPN_f=fft_filter(sampling_subPN,bandwidth,fs);
    %滤波后的实测信号
    signal_receive_f=fft_filter(baseSignal,bandwidth,fs);
    %%计算经过滤波器后的相关曲线的部分
    corrV=ifft(fft(signal_receive_f).*conj(fft(sampling_subPN_f)));
    pos=find(max(abs(real(corrV)))==abs(real(corrV)));
    Bin=1:length(corrV);
    corrCurve(mtklo,Bin)=real(corrV)*sign(real(corrV(pos(1))));
    corrCurve(mtklo,Bin)=fftshift(corrCurve(mtklo,Bin));
  %%计算相关损失
    self_local=sum(sampling_subPN_f.^2);    %%%%%用滤波之后的数据计
算相关损失
    signal_re=sum(signal_receive_f.^2);
    K=sqrt(signal_re*self_local);
    corrCurve(mtklo,:)=corrCurve(mtklo,:)/K;
    corrLoss(mtklo)=20*log10(max(corrCurve(mtklo,:)));
end

if NumOfCurves==1
```

```
        avg=corrCurve;
    else
        avg=sum(corrCurve);
    end

    step=1/fs * mean(trackResults.codeFreq(startT: startT+NumOfCurves-1));
    MaxPos=find(avg==max(avg));

    if avg(MaxPos-1)>avg(MaxPos+1)
        xbia=(avg(MaxPos-1)-avg(MaxPos+1))...
            /(avg(MaxPos)-avg(MaxPos+1)) * step/2;
    elseif avg(MaxPos-1)<avg(MaxPos+1)
        xbia=-1 * (avg(MaxPos+1)-avg(MaxPos-1))...
            /(avg(MaxPos)-avg(MaxPos-1)) * step/2;
    else
        xbia=0;
    end
    x=[xbia-step * (MaxPos-1):step:xbia-step xbia xbia+step:step:xbia+step
 * (length(avg)-MaxPos)];
    pos1=find(x>=-3);
    pos2=find(x<=3);
    idx=pos1(1):pos2(end);
    x=x(idx);
    signal_temp=ifft(fft(sampling_subPN_f). * conj(fft(sampling_subPN_f)));
    signal_temp=signal_temp/max(signal_temp);
    signal_temp=fftshift(signal_temp);
    signal_ideal=signal_temp(idx);
    corrCurve=corrCurve(:,idx);

    fs=fs;
    fclose(fid);
    close(hwb);
else
    fclose(fid);
    error('计算相关曲线时，无法打开文件!');
end
```

%%%%%%%%%然后可以根据各条相关曲线计算结果，对多条相关曲线取平均，根据鉴相方法得到S曲线，再根据公式计算S曲线偏差。

```
%% S曲线计算，以非相干超前鉴相器减滞后鉴相器为例

[m,n]=size(corrCurve);
for k=1:m
    D=0:0.01:1;    %相关器间隔遍历范围
    sCurveRestmp=zeros(2,length(D));
        xlab=linspace(x(1),x(end),multiple * length(x));
        yCurve=spline(x,corrCurve(k,:),xlab);
    for j=1:length(D)
        %%%计算S曲线
        yCurve=yCurve/max(yCurve);
        p=xlab(2)-xlab(1);
        shift=round(D(j)/p/2) * 2;
        EarlyCurve=[yCurve zeros(1,shift)];
        LateCurve=[zeros(1,shift) yCurve];
        Scurve=EarlyCurve-LateCurve;
        x1=[xlab(1)-shift/2 * p:p:x(1)-p x x(end)+p:p:x(end)+p * shift/2];
        %%%绘制早迟曲线图
        figure;
        plot(x1,EarlyCurve,'r','LineWidth',2);
        hold on;
        plot(x1,LateCurve,'b','LineWidth',2);
        hold on;
        plot(x1,Scurve,'k','LineWidth',2);
    end
end
```

第9章

载波与伪码相干特性评估

伪码观测量和载波相位观测量是卫星导航与授时(PNT)服务中最重要的测量值，二者之间的相干性直接影响了卫星导航系统的服务性能。本章简要介绍了载波与伪码相干性评估的基本理论、主要评估参数及其相应的评估指标，最后给出了用 MATLAB 具体实现的方式。

9.1 本章引言

在轨卫星下行信号的伪码和载波相位测距观测量是卫星无线电导航系统定位、导航与授时(PNT)服务的两个最基本也是最重要的观测量。我们知道卫星导航系统工作的基本原理是用户同时测得多颗导航卫星的伪码和载波相位测距观测量，通过计算得到用户与卫星之间的距离，进而计算用户的三维坐标。在正常情况下，伪码与载波相位测距观测量之差应为零均值的观测噪声，否则就说明在轨导航卫星信号的伪码和载波测距观测量之间的相干性发生了变化，这样会直接影响导航系统的定位精度等服务性能。

在进行星载设备的地面检测时，常用载波与伪码相干性(简称码载相干性)来评估卫星天线出口码相位与载波相位的一致性。通常我们通过评估测距码伪距与载波相位伪距的一致性，来衡量卫星导航信号在调制过程中载波与码的相对抖动情况。在理想情况下，地面用户接收机在相同时间间隔内收到同一颗卫星在同一频率上相邻两个历元的测码伪距的增量应该等于载波相位伪距的增量；但是受电离层延迟效应和多路径的影响，或者卫星发射信号本身存在故障，都会导致导航信号的测距码与载波表现出不同的传输特性，导致测距码与载波不一致，即导致码载之间不相干。

鉴于码载一致性参数的重要性，国际民航组织(ICAO)对GNSS码载波相干性指标有明确规定，以GPS民用监测性能规范的具体指标要求为例，在任意100～7200 s时间间隔内，测距码与载波相干性偏差不大于6.1 m(Nagel et al.，2009)。

9.2 载波与伪码相干特性评估理论

在实现的过程中，卫星星上导航信号的测距码与载波都是基于同一时钟源产生的，因此测距码与其调制的载波二者之间存在确定的相位关系。若测距码与所调制载波之间相位不是严格相干，则可能会对信号的接收和处理带来影响，如在用载波环辅助码环跟踪和载波平滑伪距时等，严重情况下可能会对用户定位解算带来较大的误差的和严重的影响。

9.2.1 评估理论

在正常情况下，测距码与载波相位之间应该严格相干，即使星钟存在偏差和频漂，载波相位与码相位之间相位差也应严格等于标称值。通常情况下，对码载相干性的评估是用接收机输出的测距码伪距和载波相位两个观测量进行计算的，通过计算测距码伪距与载波相位伪距之间的差值并统计其特性，来考察测距码与载波相位之间是否严格相干。

为了评估码载相干性，在本地生成待评估信号分量的一个伪随机码周期的本地复现测距码，对采集得到的卫星下行信号数据进行捕获处理，得到待评估信号分量为随机码的起始点，以该点为参考点重新读取采集数据再进行DLL-PLL跟踪处理，等该信号分量跟踪稳定后，统计并分析多个周期内的码载相干性测量结果，根据评估指标考察观测时间段内的载波与伪码相干性。

对码载相干性的评估可采用卫星发射前的地面暗室测试以及发射后的实测下行信号测试两种方式。在地面暗室进行测试时，无电离层、对流层和多径等的影响。下面将分别对地面暗室测试和实测下行信号测试两种方式阐述码载相干性的计算方法。

1. 地面暗室测试

在地面暗室方式下，无须考虑空间环境等因素对信号测距性能的影响，因此可以直接利用接收机输出的同频点载波相位和测距码伪距来计算载波与测距码的相干性。以北斗系统为例，对于 B_i 频点的载波与测距码相干性 CCD_{B_i} 可直接通过统计测距码与载波相位测距差的标准差得到。具体表达式为

$$\mathrm{CCD}_{B_i}(t_0, T+t_0) = \Delta\rho_{B_i}(t_0, T+t_0) - \Delta\Phi_{B_i}(t_0, T+t_0) \tag{9.2-1}$$

式中：

$$\Delta\rho_{B_i}(t_0, T+t_0) = \rho_{B_i}(T+t_0) - \rho_{B_i}(t_0) \tag{9.2-2}$$

$$\Delta\Phi_{B_i}(t_0, T+t_0) = \Phi_{B_i}(T+t_0) - \Phi_{B_i}(t_0) = \lambda \cdot \varphi_{B_i}(T+t_0) - \lambda \cdot \varphi_{B_i}(t_0) \tag{9.2-3}$$

式中，B_i 表示北斗信号频点，$i=1, 2, 3$；$\rho_{B_i}(t_0)$表示 t_0 时刻的伪距测量值，单位为 m；$\varphi_{B_i}(t_0)$表示 t_0 时刻载波相位测量值，单位为周；λ 表示 B_i 频点信号波长；$\Phi_{B_i}(t_0) = \lambda \cdot \varphi_{B_i}(t_0)$表示 t_0 时刻的载波相位测距值，单位为 m；T 表示时间间隔，单位为 s。

2. 实测下行信号测试情况

用户接收到的卫星下行信号经过空间传播和地面接收环节，因此空间传播环境及地面接收端性能也会给码载相干性带来影响。在一般情况下，导致码载不相干的主要因素有以下几个方面：

(1) 星上因素。卫星导航系统星上发射源的测距码与载波相位不一致；

(2) 空间传播环境。电离层风暴和对流层等空间环境引入的各种误差；

(3) 接收端因素。接收机内部码环或载波环异常等因素。

为了尽可能消除空间传播环境和接收端的影响，通常可以采用零基线连接的多台接收机同时观测的方式进行测试。接收机之间是零基线连接的，可以认为各台接收机所收到的相同卫星信号的电离层延迟、对流层延迟和相对论效应延迟等均相同。故此，对两台接收机的伪距观测值进行 O-C 双差处理时，能够消除接收机钟差、卫星钟差、接收机频间差、卫星频间差、电离层延迟、对流层延迟、相对论效应延迟等项，最终反映卫星发射信号的码载一致性。

为了对测距码和载波相位一致性进行实时监测，要求监测接收机能够分别对载波相位和各支路测距码测距结果独立输出，且尽量不要采用载波平滑伪距算法，这样做可以尽可能地保证码伪距和载波相位测量数据间的相互独立性。

GPS 在 2009 公布的《GPS 民用监测性能规范》中明确规定了码载相干性的计算方法及其指标。具体计算方法如下：

在 $t \sim t+T$ 时间间隔内，利用在 Lj 和 Lk 频点的载波相位测量值作为电离层修正，则 Li 频点上的码与载波相干性计算方法如式(9.2-4)所示(Nagel et al.，2009)：

$$\mathrm{CCD}_{\mathrm{L}j,\mathrm{L}k}^{\mathrm{L}i}(t,t+T)=[\rho_{\mathrm{L}i}(t+T)-\rho_{\mathrm{L}i}(t)]-[\Phi_{\mathrm{L}i}(t+T)-\Phi_{\mathrm{L}i}(t)]-2\left(\frac{f_{\mathrm{L1}}}{f_{\mathrm{L}i}}\right)^2\Delta I_{\mathrm{L}j,\mathrm{L}k}(t,t+T) \tag{9.2-4}$$

式中，$t=1, 2, 3, \cdots$为时间，单位为 s；T 为测距码周期；Li、Lj 和 Lk 为信号频点，以 GPS 为例，有 L$i \in \{L1, L1C, L2C, L5\}$；L$j \in \{L1, L1C\}$；$LLk \in \{$L2, L5$\}$；$\rho_{\mathrm{L}i}(t)$为 t 时刻 Li 测距码的伪距；$\Phi_{\mathrm{L}i}(t)$为 t 时刻 Li 载波相位的伪距；$f_{\mathrm{L}i}$ 为以 Hz 为单位的 Li 频点载波频率。$\Delta I_{\mathrm{L}j,\mathrm{L}k}(t,t+T)$为在$[t,t+T]$时间间隔内利用 L$j$ 和 Lk 双频载波相位差计算得到的 L1 频率电离层迟延，表达式为

$$\Delta I_{\mathrm{L}j,\mathrm{L}k}(t,t+T)=\frac{\Phi_{\mathrm{L}j}(t+T)-\Phi_{\mathrm{L}j}(t)-[\Phi_{\mathrm{L}k}(t+T)-\Phi_{\mathrm{L}k}(t)]}{1-\left(\frac{f_{\mathrm{L}j}}{f_{\mathrm{L}k}}\right)^2} \tag{9.2-5}$$

综上所述，载波与伪码相干性主要是通过接收机稳定跟踪后输出的码伪距与载波相位观测值来进行计算的。

图 9.2-1 所示为 2020 年 4～9 月 24 颗 MEO 卫星 B1、B2、B3 三个频点各支路民用信号的码载一致性的分析结果均值统计值。从图 9.2-1 中可以看出，两个卫星研制方研制卫星的下行信号的码载一致性基本相当；三个频点的码载一致性从好到稍差依次是 B3I<B2<B1；不同卫星间 B3I 码载一致性分析结果差异最小(0.11°左右)，稳定性最好，B2 频点次之，B1 频点结果差异稍大。

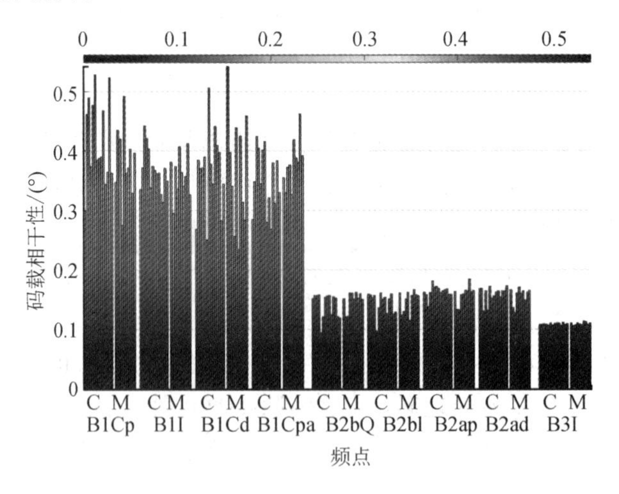

图 9.2-1 码载一致性分析结果均值(指标要求：≤1°)

9.2.2 实测数据的处理流程

图 9.2-2 所示为基于实测采集数据的码与载波相位一致性评估数据的处理流程。

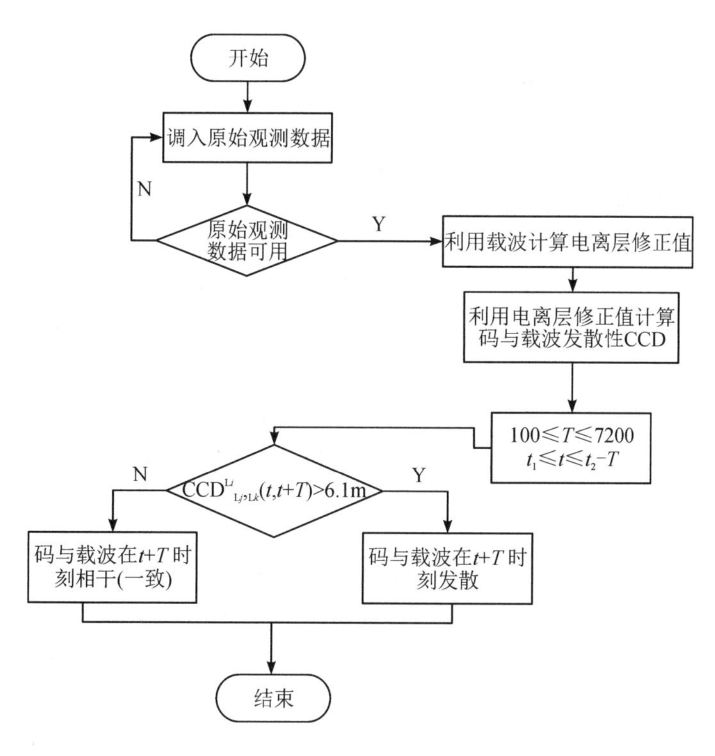

图 9.2-2　码与载波相位一致性评估数据处理流程图

9.2.3　主要评估参数及评估指标

码载相干性，通常情况下也称为码载一致性，是判断信号质量优劣的重要参数之一。

利用码伪距和载波相位测距值之差表征卫星信号在调制过程中载波与码的相对抖动情况。具体计算方法如 9.2.2 节所示，此处不再赘述。

目前，GPS 系统在其 2009 年颁布的《GPS 民用监测性能规范》中明确规定，若同时满足下列条件，则认为在观测时间 $t_1 \sim t_2$ 内，测距码与载波在 $t+T$ 时是非相干的。

$$100 \leqslant T \leqslant 7200$$

$$t_1 \leqslant t \leqslant t_2 - T$$

$$\mathrm{CCD}_{\mathrm{L}j,\mathrm{L}k}^{\mathrm{L}i}(t, t+T) > 6.1\ \mathrm{m}$$

9.3　MATLAB 实现

```
clear;
close all;
clc;
fprintf('请打开待分析数据\n')   %%读取所要分析的数据文档
%%%假设观测数据存储文件后缀为.obs，文件打开读取方式如下。
%%%另外此处还可以进行相关设置，例如，打开 txt 文本文件或其他类型文件
```

```
[filepath,namepath]=uigetfile('*.obs');
DATA1=importdata([namepath filepath]);
DATA1=DATA1.data;

sec=3600; %%每小时的秒数

originaldata_begin  =1*sec;   %%参数可根据实测数据调整，选取待分析原始数据的起始点
originaldata_end   =6*sec-1;   %%参数可根据实测数据调整，选取待分析原始观测数据的结束点
DATA=DATA1(originaldata_begin:originaldata_end,:);
clear DATA1

B1Ir=DATA(:,4);   %% r表示伪距观测量，这里表示第4列为B1I伪距测量结果，若待分析数据文件存储方式不同，则需要相应更改列的数值
B3Ir=DATA(:,6);
B3Qr=DATA(:,8);

B1Ic=DATA(:,10);   %% c表示载波相位观测量
B3Ic=DATA(:,11);
B3Qc=DATA(:,12);

fprintf('待分析数据加载完成!\n');

%%将载波相位测量结果转化为距离
Lenth=length(B1Ir);
k=[1:Lenth];
k=k';
time=(1:Lenth)/sec;   %%以小时为单位的数据长度
c=299792458;   %%光速

%%%以B1I和B3I信号为例
f_B1I=1561.098*10^6;   %% B1信号的频率;
lamta_B1I=c./f_B1I; %% B1信号的波长(需考虑多普勒，这里为了便于说明假设无多普勒)
Phi_B1I=lamta_B1I.*B1Ic(k);   %%距离为单位的载波相位

f_B3I=1268.52*10^6;
lamta_B3I=c./f_B3I;
```

```
Phi_B3I=lamta_B3I. * B3Ic(k);
Phi_B3Q=lamta_B3I. * B3Qc(k);

%%利用双频法修正电离层偏差

ION_B1I=(f_B3I.^2). * ((B3Ir-B1Ir)./(f_B1I.^2-f_B3I.^2));
ION_B3I=(f_B1I.^2). * ((B3Ir-B1Ir)./(f_B3I.^2-f_B1I.^2));
ION_B3Q=(f_B3I.^2). * ((B1Ir-B3Qr)./(f_B3I.^2-f_B1I.^2));

%%分析在不同时间间隔时的码载相干性

Tk=[1 100 500 1000 2000 3600];    %%T的范围在100到7200之间;CCD(码与载
波的发散性)小于6.1 m;
Num=length(Tk);
rg_num=length(B1Ir);

figure;
for kk=1:Num

T=Tk(kk);
Delt_B1Ir=B1Ir(T+1:end)-B1Ir(1:end-T);
Delt_Phi_B1I=Phi_B1I(T+1:end)-Phi_B1I(1:end-T);

Delt_B1Ic=Phi_B1I(T+1:end)-Phi_B1I(1:end-T);
Delt_B3Ic=Phi_B3I(T+1:end)-Phi_B3I(1:end-T);
Delt_ION_B1I=(f_B1I/f_B1I).^2 * (Delt_B1Ic-Delt_B3Ic)/(1-(f_B1I/f_B3I).^
2);

CCD_B1I=Delt_B1Ir-Delt_Phi_B1I-2 * Delt_ION_B1I;

CCD_B1I_ns (kk,:)=10^9 * CCD_B1I/c;
CCD_B1I_STD(kk)=std(CCD_B1I_ns(kk,:));
CCD_B1I_RMS=sqrt(sum(CCD_B1I_ns(kk,:). * CCD_B1I_ns(kk,:))/length(CCD
_B1I_ns(kk,:)))

x_label=(T+1:rg_num)/sec;
plot(x_label,CCD_B1I_ns(kk,:),'m');
hold on
end
```

```
xlabel('时间(小时)');
ylabel('一致性偏差(m)');
title('B1I 码与载波相位一致性偏差');
grid on;
legend('T=1','T=100','T=500','T=1000','T=2000','T=3600');
hold off;
ylim([-60 60]); %%限定 Y 坐标范围,可根据实际情况进行调整
```

附录 缩 略 语

GNSS	global navigation satellite system 全球卫星导航系统
SBAS	satellite based augmentation system 星基增强系统
GBAS	ground based augmentation system 地基增强系统
GPS	global positioning system 全球定位系统(美国)
GLONASS	GLObal NAvigation Satellite System 全球卫星导航系统(俄罗斯)
Galileo	Galileo navigation satellite system 伽利略卫星导航系统
BDS	BeiDou navigation satellite system 北斗卫星导航系统
QZSS	Quasi-Zenith satellite system “准天顶”卫星系统(日本)
NavIC	navigation with Indian constellation 印度卫星导航系统(目前称呼)
IRNSS	Indian regional navigation satellite system 印度区域卫星导航系统(早期称呼)
WAAS	wide area augmentation system 广域增强系统(美国)
SDCM	system for differential corrections and monitoring 差分校正和监测系统(俄罗斯)
BDSBAS	BeiDou satellite-based augmentation system 北斗星基增强系统
EGNOS	European geostationary navigation overlay service 欧洲静地导航重叠服务
MSAS	multi-functional satellite augmentation system 多功能 GPS 卫星增强系统(日本)
GAGAN	GPS aided geo augmented navigation GPS 辅助地理增强导航(印度)
KASS	Korean augmentation satellite system 韩国卫星增强系统
A-SBAS	ASECNA satellite-based augmentation system ASECNA(非洲和马达加斯加航空安全局)星基增强系统
ASECNA	agence pour la sécurite de la navigation aérlenne en Afrique et à Madagascar 非洲和马达加斯加航空安全局
LAAS	local area augmentation system 局域增强系统(美国)
JPALS	joint precision approach and landing system 联合精确进近与着陆系统
CORS	continuously operating reference station 连续运行参考站
IWG	interoperability working group SBAS 互操作工作组
RTK	real time kinematic 实时动态定位

PPP	precise point positioning　精密单点定位
PPP-AR	precise point positioning-ambiguity resolution　精密单点定位-模糊度解算
PPP-RTK	precise point positioning-real time kinematic　精密单点定位-实时动态定位
PRN	pseudo-random noise　伪随机噪声
FOC	full operational capability　全面运行能力
TOA	time of arrival　到达时间
DSSS	direct sequence spread spectrum　直接序列扩频通信
GMSDT	GPS modernization signal design team　GPS 现代化信号设计组
JPO	joint program office　美国 GPS 联合计划办公室
EIRP	effective isotropic radiated power　有效全向辐射功率
I	in-phase component　同相分量
Q	quadrature component　正交分量
P(Y)码	p(y) code　P 码加密后称为 Y 码
P 码	precise code　精码
M 码	military code　军码
Mcps	mega chips per second　百万码片每秒
s/s	symbol per second　每秒符号数
b/s	bits per second　比特/秒
SV	space vehicle　空间飞行器(卫星)
SVN	space vehicle number　空间飞行器(卫星)序号
PPS	pulse per second　秒脉冲
RF	radio frequency　射频
RMS	root mean square　均方根
dBc	decibel with respect to carrier　相对于载波而言的功率增益分贝
dBW	decibel with respect to 1W　相对于 1 W 的功率增益分贝
BOC	binary offset carrier　二进制偏移载波
FDMA	frequency division multiple access　频分多址
CDMA	code division multiple access　码分多址
TDMA	time division multiple access　时分多址
HEO	highly elliptical orbits　高椭圆轨道
ODTS	orbit determination and time synchronization　精密定轨与时间同步
OS	open service　开放服务
QPSK	quadrature phase shift keying　正交相移键控
BPSK	binary phase shift keying　二进制移相键控

ICD	interface control document 接口控制文件
RNSS	radio navigation satellite service 卫星无线电导航服务
RDSS	radio determination satellite service 卫星无线电测定服务
MEO	medium earth orbit 中圆地球轨道
GEO	geostationary earth orbit 地球静止轨道
IGSO	inclined geo-synchronous orbit 倾斜地球同步轨道
SAR	search and rescue 搜索救援服务
BDGIM	BeiDou global broadcast ionospheric delay correction model 北斗全球广播电离层延迟修正模型
IOV	in-orbit validation (伽利略)在轨验证卫星
GSTF	Galileo signal task force Galileo 信号设计任务组
WRC	world radio-communication conference 全球无线电大会
IMO	international maritime organization 国际海事组织
ISRO	Indian space research organization 印度空间研究组织
WWRNS	world-wide radio navigation system 世界无线电导航系统
SPS	standard positioning service 标准定位服务
RS	remote sensing 遥感
SLA	submeter level augmentation service 亚米级增强服务
CLAS	centimeter level augmentation service 厘米级增强服务
WMS	wide area master station 主控站
WRS	wide area reference station 广域参考站
GUS	ground uplink station 地面上行注入站
OC	operational center 系统运行中心
TCN	terrestrial communication network 陆地通信网络
GES	ground earth station 地球站
GDOP	geometric dilution of precision 几何精度因子
UDRE	user differential range error 用户差分测距误差
GIVE	grid point ionospheric vertical delay error 格网点电离层垂直延迟改正数误差
NTRIP	network transport of RTCM via internet protocol 通过互联网进行 RTCM 网络传输的协议
SF	single frequency 单频
DFMC	double frequency multi-constellation 双频多星座
RURA	regional user range accuracy 区域用户距离精度

ICAO	international civil aviation organization　国际民航组织
ESA	European space agency　欧洲空间局
EC	European Commission　欧盟委员会
EUROCONTROL	European organization for the safety of air navigation　欧洲航行安全组织（欧洲空管）
MCC	main control center　主控中心
RIMS	ranging and integrity monitoring station　测距与完好性监视站
NLES	navigation land earth service　导航地面站
EWAN	EGNOS wide area network　EGNOS 广域网
MCS	mission critical services　关键任务服务
MTSAT	multi-functional transport satellite　多功能运输卫星
INRES	Indian reference station　印度参考基准站
INMCC	Indian master control center　印度主控中心
INLUS	Indian land uplink station　印度地面上行链路站
OCC	operational control center　运行控制中心
MOLIT	ministry of land，infrastructure and transport　国土交通部(韩国)
KARI	Korea aerospace research institute　韩国航空航天研究所
SoL	safety of life　生命安全
SPAN	southern positioning augmentation network　南方定位增强网络
DFMC	dual frequency multi-constellation　双频多星座
CAT-I	civil aviation technical requirements for category I precision approach　I 类精密进近
VDB	very high frequency data broadcast　甚高频数据广播
MMR	multi-mode receiver　多模式接收机
APL	airport pseudolite　机场伪卫星
VDL	VHF data link　甚高频 VHF 数据链
LB-JPALS	Land based JPALS　陆基 JPALS
SB-JPALS	Sea based JPALS　海基 JPALS
LDGPS	local differential GPS　本地差分 GPS
SRGPS	shipboard relative GPS　舰载相对 GPS
GIS	geographic information system　地理信息系统
PDOP	position dilution of precision　位置精度因子
MBOC	multiplexed binary offset carrier　复用二进制偏移载波调制
AltBOC	alternative binary offset carrier　交替二进制偏移载波调制

CBOC	composite binary offset carrier 复合二进制偏移载波调制
TMBOC	time-multiplexed binary offset carrier 时分复用二进制偏移载波调制
QMBOC	quadrature multiplexed binary offset carrier 正交复用二进制偏移载波
TDDM	time division data modulation 时分数据调制
MSK	minimum shift keying 最小频移键控
GMSK	Gaussian-filtered minimum shift keying 高斯滤波最小频移键控
GMSK-BOC	Gaussian-filtered minimum shift keying-BOC 高斯滤波最小频移键控-BOC
CASM	coherent adaptive sub-carrier modulation 相干自适应副载波调制
DualQPSK	dual quadrature phase shift keying 双正交相移键控
POCET	phase-optimized constant-envelope transmission 最优相位恒包络发射
TD-AltBOC	time division AltBOC 时分 AltBOC
GCE-BOC	generalized constant envelop BOC 广义恒包络 BOC
ACE-BOC	asymmetric constant envelop BOC 非对称恒包络 BOC
UQPSK	un-equilibrium quadrature phase shift keying 非均衡正交相移键控
GMV	generalized majority voting 多数表决算法
ADual QPSK	asymmetric dual quadrature phase shift keying 非对称双正交相移键控
AGC	auto gain control 自动增益控制
RBW	resolution bandwidth （频谱分析仪的）分辨率带宽
VBW	video bandwidth （频谱分析仪的）视频带宽
CNR	carrier-to-noise ratio 载噪比（也称 C/N_0）
FT	Fourier transformation 傅里叶变换
DTFT	discrete-time Fourier transform 离散时间傅里叶变换
DFT	discrete Fourier transform 离散傅里叶变换
FFT	fast Fourier transformation 快速傅里叶变换
FS	Fourier series 傅里叶级数
DFS	discrete fourier series 离散傅里叶级数
IFFT	inverse fast Fourier transformation 快速傅里叶逆变换
PSD	power spectral density 功率谱密度
2OS	2nd-order step 二阶阶跃
TMA	thread model A 威胁模型 A（也称数字畸变模型）
TMB	thread model B 威胁模型 B（也称模拟畸变模型）
TMC	thread model C 威胁模型 C（也称混合畸变模型）

WRaFES	waveform rising and falling edges symmetry　波形上升沿下降沿不对称性分析模型
EVM	error vector magnitude　误差向量幅度
DLL	delay locked loop　延迟锁定环
PLL	phase locked loop　锁相环
SCB	S-curve bias　S 曲线偏差
FIR	finite impulse response　有限脉冲响应
IIR	infinite impulse response　无限脉冲响应
PNT	Positioning，Navigation and Timing　定位、导航和授时

参 考 文 献

蔡洪亮，2019. 北斗三号导航定位技术体制与服务性能[C]. 第十届中国卫星导航年会，北京.

曾思弘，2015. GBAS技术特征与应用[J]. 科技通报，(9)：150-199.

陈刘成，2004. EGNOS系统进展情况[J]. 四川测绘，(04)：147-152.

陈校非，2013. 卫星导航信号多路复用理论及仿真分析[D]. 西安：西安电子科技大学.

楚恒林，李春霞，2010. BOC调制导航信号关键技术研究[J]. 无线电工程，40(06)：34-37+47.

戴超，2014. 室内伪卫星实时定位技术及其实现[D]. 上海：上海交通大学.

房成贺，2019. 一种利用接收机载噪比监测卫星功率变化的方法[R]. 2019年中国卫星导航年会，北京。

丰勇，郭义，2010. GPS连续运行参考站系统(CORS)原理及应用[J]. 内蒙古科技大学学报，29(04)：298-301.

甘兴利，2008. GPS局域增强系统的完善性监测技术研究[D]. 哈尔滨：哈尔滨工程大学.

郭树人，刘成，高为广，等，2019. 卫星导航增强系统建设与发展[J]. 全球定位系统，44(02)：1-12.

贺成艳，2013. GNSS空间信号质量评估方法研究及测距性能影响分析[D]. 北京：中国科学院大学.

贺成艳，郭际，卢晓春，等，2015. GNSS导航信号常见畸变产生机理及对测距性能影响分析[J]. 系统工程与电子技术，37(7)：112-121.

贺成艳，郭际，卢晓春，2018. BDS B1信号伪距偏差问题研究[J]. 电子与信息学报，40(11)：2698-2704.

贺成艳，郭际，卢晓春，等，2019a. GNSS卫星导航信号质量评估方法[M]. 北京：测绘出版社.

贺成艳，卢晓春，郭际，2019b. 一种新型卫星导航信号波形畸变特性评估新方法[J]，电子与信息学报，41(5)：1017-1024.

贺成艳，郭际，郝振圆，等，2021. 北斗卫星导航系统伪距偏差特性及减轻措施研究[J]；电子学报；49 (5)：920-927.

黄硕辉，2016. GNSS中TDDM-BOC信号同步方法研究[D]. 沈阳：沈阳理工大学.

黄新明，2015. 现代GNSS信号恒包络生成与稳健接收技术[D]. 长沙：国防科技大学，2015.

雷志远，2012. 新型导航信号调制性能分析及复用技术研究[D]. 北京：中国科学院大学.

刘春保，2019. Galileo故障事件或引发卫星导航产业动荡[N]. 中国航天报，08-05(003).

刘慧颖，2007. Matlab R2006a基础教程[M]. 北京：清华大学出版社.

刘菁，2014. 基于联合精密进近着陆系统(JPALS)技术研究[J]. 现代导航，5(01)：75－78.
刘美红，2016. 卫星导航 C 频段信号体制研究[D]. 上海：上海交通大学.
刘天雄，2019. 卫星导航差分系统和增强系统[J]. 卫星与网络.(06)：68－71.
刘文焘，谢金石，2009. MSAS 基带信号处理关键技术[J]. 时间频率学报，32(02)：129－133.
刘桢. 新一代 GNSS 信号复用与处理方法研究[D]. 郑州：解放军信息工程大学.
聂俊伟，李峥嵘，芈小龙，等，2006. 伽利略系统信号调制体制研究[J]. 全球定位系统，(06)：1－6.
牛飞，2008. GNSS 完好性增强理论与方法研究[D]. 郑州：解放军信息工程大学.
欧阳晓凤，2013. 北斗导航系统信号质量分析与评估技术[D]. 长沙：国防科学技术大学.
潘伟川，2015. 导航卫星多路复用信号性能分析[D]. 北京：中国科学院大学.
冉承其，2019. 北斗卫星导航系统建设与发展[J]. 卫星应用.(07)：8－11.
邵佳妮，冯炜，申俊飞，等. QZSS 系统及其信号设计[J]. 测绘科学，34(S2)：225－227.
沈大海，蒙艳松，边朗，等，2019. 基于低轨通信星座的全球导航增强系统[J]. 太赫兹科学与电子信息学报，17(02)：209－215.
石建峰，2015. AltBOC 信号族信号跟踪算法设计及性能分析[D]. 武汉：华中科技大学.
宋炜琳，谭述森，2007. WAAS 技术现状与发展[J]. 无线电工程.(06)：50－52.
谭述森，2006. 论卫星导航体制设计[J]. 测绘科学技术学报，23(5)：313－316.
谭述森，2008. 北斗卫星导航系统的发展与思考[J]. 宇航学报，29(2)：391－396.
汤卫红，2016. 海基 JPALS 系统完好性技术分析[J]. 现代导航，7(06)：391－395.
唐祖平，2009. GNSS 信号设计与评估若干理论研究[D]. 武汉：华中科技大学.
唐祖平，魏蛟龙，张小清，等，2013. 一种用于卫星导航系统的射频信号质量评估方法：201310428735.X[P]，2015.03.18.
王建新，宋辉等，2004. 基于星座图的数字调试方式识别[J]. 通信学报，25(6). 166－173.
王菁，田秋丽，代君，2019. SDCM 星基增强系统星座性能分析[J]. 电子测试，(15)：57－59.
王雷，倪少杰，王飞雪，2014. 地基增强系统发展及应用[J]. 全球定位系统，39(04)：26－30.
王玉明，2009. LAAS 的地面站设计及其完善性的仿真研究[D]. 哈尔滨：哈尔滨工程大学.
夏轩，2019. 高谱效导航信号调制及伪码设计[D]. 武汉：华中科技大学.
谢钢，2013. 全球导航卫星系统原理 GPS、格洛纳斯和伽利略系统[M]. 北京：电子工业出版社.
熊于菽，2007. GMSK 调制解调技术研究[D]. 重庆：重庆大学.
严涛，王瑛，刘潇，等，2017. 一种适用于导航信号质量评估的相关域参数精确解算方法：201710739768.4[P]，2020.04.10.
闫振华，2016. BOC 及 MBOC 调制信号的捕获与跟踪算法研究[D]. 重庆：重庆邮电大学.
杨鑫，2015. LOCATA 系统定位算法研究[D]. 成都：西南交通大学，2015.
杨元喜，2010. 北斗卫星导航系统的进展、贡献与挑战[J]. 测绘学报，39(1)：1－6.

姚铮，陆明泉，冯振明，2010. 正交复用 BOC 调制及其多路复合技术[J]. 中国科学 G 辑，40(5)：575 - 580.

姚铮，2011. 新一代全球导航卫星系统中的信号调制与复用技术[D]. 北京：清华大学.

姚铮，陆明泉，2016. 新一代卫星导航系统信号设计原理与实现技术[M]. 北京：电子工业出版社.

张瀚青，2019. QMBOC 信号分析与捕获设计实现[D]. 北京：中国科学院大学.

张锴，2013. 现代卫星导航信号恒包络发射与抗多径接收技术研究[D]. 长沙：国防科学技术大学.

张媛，2014. TDDM 调制的卫星导航信号捕获跟踪方法研究[D]. 北京：中国科学院大学.

赵毅，郑晋军，刘崇华，等，2011. 导航卫星多数表决恒包络技术研究[J]. 航天器工程，20(03)：38 - 43.

钟涛，王晓旺，2016. 美军 JPALS 系统现状与发展趋势分析[J]. 现代导航，7(02)：152 - 156.

周艳玲，罗雪姣，温小清，等，2015. 卫星导航信号 AltBOC 调制方式分析[J]. 湖北大学学报(自然科学版)，37(04)：334 - 339+350.

周杨，2016. TDDM-BOC 信号的盲估计研究[D]. 重庆：重庆邮电大学.

周昀，陶晓霞，苏哲，等，2016. 卫星导航星基增强系统及信号体制的比较[J]. 空间电子技术，13(05)：52 - 57.

朱祥维，黄新明，宿晨庚，等，2017. 北斗全球系统导航信号恒包络调制和复用技术[J]. 国防科技大学学报，39(05)：6 - 13.

邹海宁，2015. 美国海军精确进近着降系统(JPALS)架构研究[J]. 飞机设计，35(02)：41 - 44.

AVILA-RODRIGUEZ J A, Hein G W, WALLNER S, et al., 2007. The MBOC Modulation: The Final Touch to the Galileo Frequency and Signal Plan[C]. ION GNSS 20th International Technical Meeting of the Satellite Division, September: 1515 - 1529.

BARKER B, BETZ J, CLARK J, et al., 2006. Overview of the GPS M Code Signal[C]. Proceedings of the National Technical Meeting of the Institute of Navigation, USA, January, 1115 - 1128.

BERNHARD H W, LICHTENEGGER H, WASLE E, 2008. GNSS-Global Navigation Satellite Systems GPS, GLONASS, Galileo, and more [J]. Austria: New York: Springer-Verlag Wien. ISBN 978-3-211-73012-6.

BETZ J, 1999. The Offset Carrier Modulation for GPS Modernization[C]. Proceedings of The Institute of Navigation's National Technical Meeting, USA, January: 639 - 648.

CAHN C R and DAFESH P A, 2011. Phase-optimized constant-envelope transmission (POCET) method, apparatus, and system[P], US. 2011/0051783, 2011.03.03.

DAFESH P A and CAHN C R, 2009. Phase-optimized constant-envelope transmission (POCET) Modulation Method for GNSS Signals[C]. Proceedings of International Technical Meeting of the Satellite Division of the Institute of Navigation: 2860 -

2866.

EDGAR C, CZOPEK F and BARKER L B, 1999. A cooperative anomaly resolution on PRN-19 [C]. Proceedings of the Institute of Navigation GPS: 2269 - 2271.

ELLIOTT D and KAPLAN, 2002. GPS 原理与应用(Understanding GPS: principles and applications)[M]. 邱致和, 王万义, 译. 北京: 电子工业出版社.

EUNSUNGL, 2016. Korea SBAS Program [C]. SBAS IWG 30, Changsha China, May, 16 - 17.

FONTANELLA D, PAONNI M and EISSFELLER B, 2010. A novel evil waveforms threat model for new generation GNSS signals-theoretical analysis and performance[C]. 2010 5th ESA Workshop on Satellite Navigation Technologies and European workshop on GNSS signals processing (NAVITEC), Noordwijk, Holand: 1 - 8.

GALILEO P, 2018. GIOVE A+B (#102) Public Navigation SIS ICD V1. 1[S]. Galileo Project Office, ESA DTEN NG ICD 02837.

GLONASS-ICD, 2008. GLONASS INTERFACE CONTROL DOCUMENT (ICD) Navigational radio-signal in bands L1, L2 (Edition 5. 1) [S]. MOSCOW, Russian Institute of Space Device Engineering.

HE C, GUO J, LU X, et al, 2018. A new evil waveforms evaluating method for new BDS navigation signals[J]. GPS Solutions, 22(2): 1 - 13.

HE C, LU X, GUO J, et al, 2020. Initial analysis for characterizing and mitigating the pseudorange biases of BeiDou navigation satellite system[J]. Satellite Navigation. 1(1): 1 - 10.

HEIN G, GODET J, ISSLER J, et al, 2001. The Galileo Frequency Structure and Signal Design[C]. Proceedings of the Institute of Navigation GPS, Salt Lake City, USA, September: 1273 - 1282.

HEIN G, ISSLER J, MARTIN J, et al, 2002. Status of Galileo Frequency and Signal Design [C]. Proceedings of the Institute of Navigation GPS, Portland, Oregon: 266 - 277.

HERRING T, 2006. SNR Analysis Package [OL]. http://www-gpsg. mit. edu/~tah/snrprog.

HUANG X,ZHU X,OU G, 2015a. Constant-envelope dualQPSK-like modulation and its generalized form for modern GNSS signals [J]. Electronics Letters, 51(2): 175 - 177.

HUANG X,ZHU X,TANG X, et al. , 2015b. GCE-BOC: a generalized constant envelope multiplexing technology for dual-frequency GNSS signals [C]. Proceeding of 6th China Satellite Navigation Conference: 47 - 55.

JAHROMI A. J, BROUMANDAN A, DANESHMAND S, et al. , 2016. Galileo signal authenticity verification using signal quality monitoring methods [C], Localization and GNSS (ICL-GNSS), Barcelona, Spain, 2016: 1 - 8.

LAURENT L, GERALDINE A, JEAN L, 2008. AltBOC for Dummies or Everything You Always Wanted to Know About AltBOC[C]. Proceedings of the Institute of Navigation GNSS, Savannah, GA, US, 16 - 19 September: 961 - 970.

MICHAEL J D, 2011. Global Positioning Systems Directorate Systems engineering & integration interface specification[Z]. IS-GPS-200F.

MAURIZIO F, GIANLUCA M, PAOLO M, et al, 2008. Performance Analysis of MBOC, AltBOC and BOC Modulations in Terms of Multipath Effects on the Carrier Tracking Loop within GNSS Receivers[C]. IEEE: 369 - 376.

MENSHIKOV V and SOLOVYEV G, 2011. Global Navigation Satellite System (GLONASS)[J]. Global Positioning System Theory & Applications, 25(2):67 - 85.

MUROTA K and HIRADE K, 1981. GMSK modulation for digital mobile radio telephony. IEEE Transactions on Communications, 29(7): 1044 - 1050.

NAGEL T, 2009. Department of Transportation-Global Positioning System (GPS) Civil Monitoring Performance Specification[S]. April 30. DOT-VNTSC-FAA-09-08.

NOSENKO Y, 2008. GLONASS in a Multi-GNSS World [C]. Proceedings of the Institute of Navigation GNSS 2008, September, Savannah, GA, USA: 7 - 19.

PHELTS R E, 2001. Multicorrelator techniques for robust mitigation of threats to GPS signal quality[D]. USA: Stanford University: 1 - 345.

QIN C, LV J, LI Y et al, 2010, Research of AltBOC Modulation[C]. IEEE International Conference on Communication Technology: 925 - 929.

REBEYROL E, MACABIAU C, LESTARQUIT L et al., 2005. BOC Power Spectrum Densities[C], ION NTM 2005, San Diego, CA, USA.

REVNIVYKH S, 2007. GLONASS status, development, and application [R]. Proceedings of the 2th meeting of the International Committee on Global Navigation Satellite System (ICG-02), Sept 4-7. Bangalore, India.

RODRIGUEZ A, 2008a. On generalized signal waveforms for satellite navigation[D]. Germany, University FAF Munich.

RODRIGUEZ A, HEIN G W, WALLNER S, et al., 2008b. The MBOC Modulation: The Final Touch to the Galileo Frequency and Signal Plan[J], NAVIGATION, The Journal of the Institute of Navigation, Vol 55, No. 1.

SAITOH S, YOSHIHARA T, FUKUSHIMA S et al., 2004. Detection of Anomaly Signal by Signal Quality Monitoring Receiver [C]. Proceedings of the Institute of Navigation ION-GNSS-2004, Long Beach, September. 1 - 6.

THOELERT S, ERKER S, FURTHNER J et al., 2011. Latest signal in space analysis of GPS IIF, COMPASS and QZSS [C]. Proceedings of the 5th ESA Workshop on Satellite Navigation Technologies: 1209 - 1213.

TSUI J, 2008. GPS 软件接收机基础(fundamental of Global Positioning system Receivers:

a software approach)[M]. 陈军，潘高峰，李飞，等，译. 北京：电子工业出版社.

UNION E, 2010. European GNSS (Galileo) open service signal in space interface control document[M]. Publications Office of the European Union.

WANG Y, YAN T, 2019. Analysis of Interaction Between Navigation Payload and Constant Envelope Design of Navigation Signal[C]. 10th China Satellite Navigation Conference (CSNC). VOL I: 421 - 431.

ZHANG K, ZHOU H, WANG F, 2011. Multiplexing performance assessment of POCET method for Compass B1/B3 signals [J]. The Journal of Navigation, 64(s1): 541 - 554.

ZHANG K, 2013. Generalized constant-envelope Dual QPSK and Alt BOC modulations for modern GNSS signals[J]. Electronics Letters, 49(21) : 1335 - 1337.